“互联网＋认证认可”共性技术研究与应用

陈胜 等 编著

中国质量标准出版传媒有限公司
中　国　标　准　出　版　社

北　京

图书在版编目（CIP）数据

“互联网+认证认可”共性技术研究与应用 / 陈胜等编著．
—北京：中国质量标准出版传媒有限公司，2022.4

ISBN 978-7-5026-4988-3

Ⅰ．①互… Ⅱ．①陈… Ⅲ．①互联网络—通信技术—研究
Ⅳ．①TN91

中国版本图书馆CIP数据核字（2021）第199082号

中国质量标准出版传媒有限公司
中　国　标　准　出　版　社　出版发行

北京市朝阳区和平里西街甲2号（100029）

北京市西城区三里河北街16号（100045）

网址：www. spc. net. cn

总编室：（010）68533533　发行中心：（010）51780238

读者服务部：（010）68523946

中国标准出版社秦皇岛印刷厂印刷

各地新华书店经销

*

开本 787×1092　1/16　印张 16　字数 286 千字

2022年4月第一版　　2022年4月第一次印刷

*

定价：96.00元

前 言

2015年7月，国务院发布的《关于积极推进“互联网+”行动的指导意见》中指出，“互联网+”是把互联网的创新成果与经济社会各领域深度融合，推动技术进步、效率提升和组织变革，提升实体经济创新力和生产力，形成更广泛的以互联网为基础设施和创新要素的经济社会发展新形态。在全球新一轮科技革命和产业变革中，互联网与各领域的融合发展具有广阔前景和无限潜力，已成为不可阻挡的时代潮流，正对各国经济社会发展产生着战略性和全局性的影响。积极发挥我国互联网已经形成的比较优势，把握机遇，增强信心，加快推进“互联网+”发展，有利于重塑创新体系、激发创新活力、培育新兴业态和创新公共服务模式，对打造大众创业、万众创新和增加公共产品、公共服务“双引擎”，主动适应和引领经济发展新常态，形成经济发展新动能，实现中国经济提质增效升级具有重要意义。

在“互联网+”时代背景下，传统行业纷纷转型、改造、渗透，新产业、新业态和新模式不断涌现，各行各业都面临着机遇和挑战。互联网与各领域的融合发展已成为不可阻挡的时代潮流。“互联网+”正加速实现质量信息的对称性、完备性和及时性，正在重构万物互联背景下的社会诚信体系，传统认证的价值创造模式和生存空间面临着全方位挤压的严峻挑战。以“传递信任、服务发展”为立身之本的认证行业，正在面临全方位挑战。充分利用互联网思维和技术，创新认证服务的价值创造模式，势在必行。

2016年，国家认证认可监督管理委员会（CNCA）鼓励互联网平台和大数据技术在认证认可行业的应用，希望能推动行业在以下方面的变革：

一是服务运营模式的变革。互联网应用已经改变了部分认证服务运营模式，不管是在申请、过程阶段，还是完成阶段，不再需要客户专门跑到机构去沟通，最后跑机构领取证书或寄送证书。但是以客户为中心的人性化运行需要深化，如手机移动客户端App的应用，客户与工程师技术沟通的即时性和自然留痕记录等，希望能实现客户随时随地点击应用程序完成认证全过程的服务。

二是评价模式的变革。国际标准化组织合格评定委员会（以下简称 ISO/CASCO）将检验检测认证流程按照合格评定功能法，分为了 4 大环节，要从功能法角度进行变革分析。第 1 个环节是选取。无论是产品、过程、服务还是管理体系认证，都是通过对代表性的样品进行评价从而反映全貌，传统上我们依据抽样技术规则进行简单人工抽样。如利用大数据的分析技术选取样品，我们可以更加有的放矢，大大减少样品数量，从而达到降低评价成本、提高评价效率，代表性更强，并且不降低结果准确性可信度目的。第 2 个环节是确定，即对评定对象的测试、检验和工厂审查等评价。该环节标准、技术规范的全部条款是评价的依据，可以利用互联网互联互通数据共享。我们收集大量历史检测和应用数据，应用大数据分析技术，就有足够的信心对部分或全部条款做出评价判断。第 3 个环节是复核与证明。尤其是证明环节，无论是报告、证书还是标志，利用互联网技术，电子化、编码信息化是各方迫切需要也是目前最具备条件推进的，解决企业反应报告、证书数量太多、监管机构信息获取不便、消费者获取信息不畅不完整等问题，电子化后授权方在需要时随时打印即可。第 4 个环节是监督，是证书持续有效维持的重要环节，互联网和大数据为证后监督提供了更广阔更全面的监督方式，不再是简单地进行工厂监督、市场监督或抽样检查。互联网大数据对我们传统的 8 种评价模式面临着变革，使评价模式更加趋同、更加全面、更加严格，但是不增加成本，还会增加结果准确可信度。

三是监管模式的变革。国家在大力推行“双随机，一公开”监管方式，在行政资源不足的情况下，可以利用互联网大数据技术，真正实现分类监管，实现不干预或少干预规范运作机构，使不规范机构在严密的监管控制之下成为可能。

基于上述需求，“十三五”国家重点研发计划专项“国家质量基础的共性技术研究与应用”设立项目“互联网 + 认证认可”共性技术研究与应用（2017YFF0211400），对互联网技术在认证认可领域的应用进行专项研究，通过重点研究“互联网 +”条件下，认证认可活动的选取、确定、复核与证明、监督 4 大环节共性技术，总结、综合各类认证认可活动的模式，由此编写本书是为互联网环境下认证认可机构相关活动提供指引。

本书在总结上述科研项目成果的基础上，结合合格评定功能法，阐述互联网技术在认证认可活动中选取、确定、复核与证明、监督等环节的应用，探索互联网环境下的认证技术指南标准体系的建立，可用于指导和规范认证机构如何应用最新互联网技术，更好、更快、更有效地完成认证活动，提升社会对认证行业和认证结论的认可度。

参与本书编写人员有广州海关技术中心陈胜、郑建国；上海电器科学研究所（集团）有限公司姚应涛；中标合信（北京）认证有限公司蒋洁；广州中标联检验认证技术开发有限公司郭新锋；标新科技（北京）有限公司赵志伟；中国质量认证中心武汉分中心王祥；中华全国供销合作总社济南果品研究院闫新焕、杨正福、李志成；厦门海关技术中心普旭力；青岛海关技术中心叶曦文。感谢他们的辛苦付出！

陈　胜

2021 年 12 月 30 日

目 录

第一章　认证和认证技术

第一节　认证概述

一、认证制度起源和发展

认证制度是伴随着产品的交换和流通而产生的。据文字记载，公元前一世纪，因商品生产和交换已相当发达，而有了简单的质量标准和检验制度。国家还规定了对重要产品的质量监督管理和奖惩办法，实行了对玉、金、银和布帛等的合格封检标记制度。这就是产品质量认证的雏形，我们称之为原始（或古代）认证制度。

近代的产品认证制度最早出现在英国。质量认证是伴随着工业大生产和当代标准化活动的出现而发展的。19 世纪末期，在新兴的工业化国家，随着蒸汽机和电的发明，锅炉爆炸和电器失火的事故不断发生，原有的由生产厂商自我申明的产品质量可靠以及供销商验收货物的方式，开始引起消费者的不信任，纷纷呼吁国家立法，并建立可靠的第三方评价认证制度。1903 年，英国工程标准委员会首创了世界上第一个用于符合尺寸标准的铁道钢轨的标志，即英国 BS 认证标志（风筝标志）（见图 1-1）。1922 年，按英国商标法注册，成为受法律保护的认证标志。

图 1-1　英国 BS 认证标志（风筝标志）

由于认证制度所体现出的优越性，经济发达的国家纷纷仿效，自 20 世纪初，德国、丹麦、奥地利等国相继建立起自己的认证制度，质量认证得到了较快发展。

20 世纪 50 年代，认证制度在工业发达国家基本得到普及。例如，日本依据本国“工业标准化法”的规定，首先在水泥、铸铁等 10 种产品上通过认证批准使用 JIS 认证标志。20 世纪 60 年代，一些发展中国家（如新加坡、马来西亚、泰国），通过国家立法建立起本国的认证制度。

鉴于国家认证制度的局限性，认证制度有了新的发展，国与国之间双边、多边承认对方的认证结果，以至于扩大到以区域标准（如欧盟标准）为依据建立起区域性认证制度，以消除国与国之间或本区域国家之间贸易上的技术壁垒，促进区域性经济贸易的发展。

1982 年，国际标准化组织（ISO）出版了《认证的原则与实践》，总结了各国开展产品认证所使用的 8 种模式（见图 1-2）。20 世纪 80 年代初，ISO 和国际电工委员会（IEC）向各国正式提出建议，以第 5 种形式为基础，建立各国的国家认证制度。

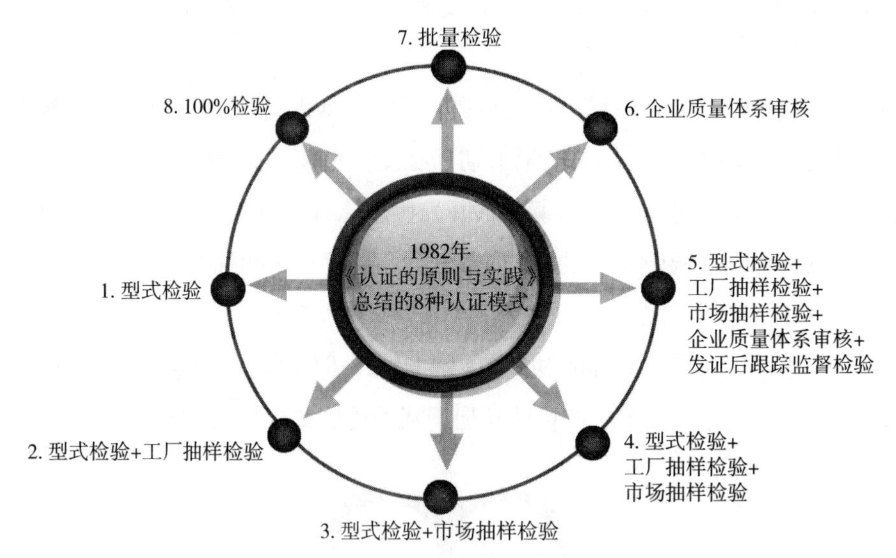

图 1-2　产品认证采用的 8 种认证模式

二、认证定义

认证的英文为 certification，其中文含义是确认或证明。随着社会、经济活动的发展和技术的成熟，认证的定义和内涵也逐步转换和完善。

1983 年，ISO 将认证定义为：“用合格证书或合格标志证明某一产品或服务符合特定标准或其他技术规范的活动。”1986 年，ISO 将其修改为：“由可以充分信任的第三方证实某一经鉴定的产品或服务项目符合特定的标准或其他技术规范的活动。”1991 年，ISO 进一步将其修改为：“由第三方确认产品、过程或服务符合特定要求并给予书面保证的程序。”2004 年，ISO 在 ISO/IEC 17000：2004《合格评定　词汇和通用原则》中将其认定为“与产品、过程、体系或人员有关的第三方证明”。ISO/IEC 17000：2020《合格评定　词汇和通用原则》中将其认定为“除认可外，与合格评定对象有关的第三方证明”（Third-party attestation related to an object of conformity assessment，with the exception of accreditation），这是 ISO 有关“认证”的最新定义。

从认证的定义看，它包含以下几方面含义。

（一）认证是由第三方认证机构进行的一种合格评定活动

这表明，首先，认证是一种合格评定活动。所谓合格评定，是指一个国家或地区为保证本国或本地区产品质量和使用安全，面对企业的市场准入而施行的一种监控手段。通过合格评定，使符合安全、技术、操作规范要求的评定对象获得进入市场的资格，并通过颁发相关认证证书等使其获得监管机构、交易对象以及相关市场主体的认同。其次，认证的主体是第三方认证机构。通常把独立于供需双方之外的一方叫作第三方。这种第三方在认证方面还有其特定含义，依据国际惯例要求，这种第三方机构必须经过国家政府机构按必要程序进行审批和授权，并要求这种第三方必须是具有独立地位的法人机构。

（二）认证的对象是产品、过程、体系或人员

虽然 GB/T 19000—2016《质量管理体系　基础和术语》中产品定义更加完整：在组织和顾客之间未发生任何交易的情况下，组织能够产生的输出。GB/T 19000—2000 更加容易理解，产品是指过程的结果，并给出 4 种通用的产品类别：服务（如运输）、软件（如计算机程序、词典）、硬件（如发动机、机械部件）、流程性材料（如润滑油）。许多产品由分属不同类别的成分所组成，产品属于服务、软件、硬件还是流程性材料，取决于其中起主导作用的成分。服务是一种特殊的、无形的产品，是发生在服务提供方和顾客之间活动的结果，如运输服务等；体系主要指管理体系，是指建立方针和目标并实现这些目标的相互关联或相互作用的一组要素，管理体系又分为质量管理体系、环境管理体系、职业安全与健康管理体系等很多种。认证就是由依法成立的认证机构对这些产品、服务和管理体系是否符合相关要求，

实施的一种外部的或者说是第三方的权威证明。

（三）认证的依据是相关技术规范、相关技术规范的强制性要求或者标准

这里所称的标准是依据《中华人民共和国标准化法》规定的包括推荐性标准和强制性标准。相关技术规范是指认证机构自行制定的用于产品、服务、管理体系认证的符合性要求的技术性文件。相关技术规范的强制性要求是指规定必须强制执行的产品特性或其相关工艺和生产方法，包括适用的管理规定在内的文件。相关技术规范的强制性要求目前分散于法律、行政法规、部门规章之中；强制性标准是指为保障人体健康、人身、财产安全的标准和法律、行政法规规定强制执行的标准。

（四）认证的实质是证明产品、过程、体系或人员符合相关技术规范、相关技术规范的强制性要求或者标准

证明产品、过程、体系或人员是否符合相关技术规范强制性要求或者强制性标准的认证是一种强制性认证，只有获得此类认证，认证对象才能够获得市场准入资格；其他认证则属于自愿认证。这种认证并不实质上影响产品、服务的市场准入及管理体系的客观存在，而只是对其是否符合相关要求的一种外部的或者说是第三方的权威证明。

三、认证分类

（一）按认证属性分类

认证制度按认证属性可分为强制性认证和自愿性认证两大类。

1. 强制性认证

强制性认证是各国政府为保护广大消费者人身生命安全、保护环境、保护国家安全，依照法律法规实施的一种产品合格评定制度，它要求产品必须符合国家标准和技术法规。强制性产品认证是通过制定强制性产品认证的产品目录和实施强制性产品认证程序，对列入目录中的产品实施强制性的检测和审核。凡列入强制性产品认证目录内的产品，没有获得指定认证机构的认证证书，没有按规定加施认证标志，一律不得进口、不得出厂销售和在经营服务场所使用。

认证制度由于其科学性和公正性，已被世界大多数国家广泛采用。实行市场经济制度的国家，政府利用强制性产品认证制度作为产品市场准入的手段，正在成为

国际通行的做法。强制性产品认证制度在推动国家各种技术法规和标准的贯彻、规范市场经济秩序、打击假冒伪劣产品、促进产品的质量管理水平和保护消费者权益等方面，具有其他工作不可替代的作用和优势。

世界上主要的强制性产品认证制度有：美国联邦通讯委员会的 FCC 认证、美国食品与药物委员会的 FDA 认证、欧盟的 CE 认证、加拿大工业部针对电子产品的 IC 认证、澳大利亚通信局的 C-Tick 认证、日本的 PSE 认证，以及中国的 CCC 认证。

中国强制性产品认证又称为中国强制认证（China Compulsory Certification，简称 CCC，也可简称为 3C 标志），由国家认证认可监督管理委员会（简称国家认监委，CNCA）根据 2001 年 12 月 3 日公布的《强制性产品认证管理规定》（国家质量监督检验检疫总局令第 5 号）制定，由 CNCA 负责执行，于 2002 年 5 月 1 日起实施。这一制度要求产品认证机构应按照 ISO/IEC 17065《合格评定　产品、过程和服务认证机构要求》认可评定，并应得到政府的授权。国家认监委对产品强制性认证，使用统一的中国认证标志（CCC 标志），实行内外一致的认证收费标准，整顿和规范市场。

2. 自愿性认证

组织根据本身或其顾客、相关方的要求自愿申请的认证。自愿性认证有管理体系认证，也包括企业对未列入 CCC 认证目录的产品所申请的产品认证。自愿性认证的目的是增强客户对产品或组织机构的信任。目前，发达国家普遍拥有以自愿性认证为主体的成熟完备的产品认证体系，而我国的自愿性产品认证的社会认知度还不高，这在一定程度上制约了中国产品的国际竞争力。为了满足产业升级和消费升级的要求，通过产品认证促进供给端和需求端有效对接，为供给和需求“双升级”释放新动能，CNCA 于 2015 年 11 月发布了《关于加快发展自愿性产品认证工作的指导意见》，出台鼓励自愿性产品认证的一系列促进政策，大力培育检验检测认证高技术服务业，鼓励从业机构开发满足市场差异化需求的新型认证服务，多角度助推中国产品迈向中高端水平，取得了良好的成效。

（二）按认证对象分类

在《中华人民共和国认证认可条例（2020 年修订版）》中，将认证类别分为产品、服务和管理体系。

1. 产品认证

产品认证是在发达国家和发展中国家广泛开展的活动，其历史长于管理体系认证。产品认证可能是最常见的认证形式，因诸多产品均带有不同产品认证机构颁发的各种符合性标志。有些产品，如电器产品及电信设备上常带有多个标志，以满足不同市场监管者和消费者需求。

对公众和消费者而言，产品认证可能是最为接受和熟知的形式。许多消费者不必了解各产品标准的目的及认证这些产品的重要意义。例如，部分产品标准只涉及安全方面，或仅涉及耐久性。而另一些标准可能同时包括性能和安全特性。

产品标准用途可能还包括其他特点，如卫生和环境影响、兼容性、能效等。只要预期用途被标准覆盖，就有两个基本认证目标，即：帮助消费者和最终用户对市场产品做出明智选择和帮助产品供方得到市场承认。

实施产品认证可以从源头上保证产品质量，提高产品在国内外市场的竞争力，有利于突破国外设立的技术壁垒，有利于国际间的互认，促进外贸增长。实施产品认证是贯彻执行国家标准的有效手段，可对消费者选购放心产品起指导作用，营造公平竞争的市场环境，从根本上遏止假冒伪劣商品，更好地保护消费者的健康和生命安全。

产品认证还有其他类似的动力和益处。对于可能需符合技术法规要求的产品（如安全、电磁兼容、能效、环境影响、节能和检疫），产品认证常起到重要作用。在产品上加贴清晰标志来表明其符合监管者制定的强制性标准，有助于监管机构对其职责范围内的产品开展市场监督。

此外，如果元器件贴有符合制造商最终产品所要求的标准的标志，有助于制造商为其产品选择元器件。使用获证的元器件还可能为该制造商组装产品的后续认证提供便利。

零售商如果得到相应的产品认证支持，他们就有了提高其销售的产品信任度的工具。如果进口商和出口商所涉及的产品和服务经过了认证，从而促进被多个市场接受，他们也将获得类似的营销收益。

产品认证包括合格认证和安全认证两种。依据标准中的性能要求进行认证叫作合格认证，依据标准中的安全要求进行认证叫作安全认证。大部分的合格认证属于自愿性认证，大部分安全认证属于强制性认证。在我国，3C 认证即为强制性产品认证，列入我国强制性产品认证目录内的产品必须经过认证后方可在市面进行销售和流通。而在 3C 目录之外的产品认证则属于自愿认证，常见的如绿色食品认证、有机产品认证、国家推行 ROHS 认证、地理标志产品认证等。表 1-1 为常见产品认证制度。

表 1-1 常见产品认证制度

国家或区域	名称	产品范围	性质
国际	CB	CB 体系覆盖的产品是 IECEE 系统所承认的 IEC 标准范围内的产品。当 3 个以上的成员国宣布他们希望并支持某种标准加入 CB 体系时，新的 IEC 标准将被 CB 体系采用	自愿性
欧盟	CE	对于进入欧洲的电子电器产品电磁兼容（EMC）、低电压指令（LVD）、电信（Telecommunication）等方面的要求	强制性
	e/E-mark	针对进入欧盟的汽车、摩托车整车及零部件产品的专用认证	强制性
	TUV-mark	进入欧盟特别是德国的终端电子产品提供的安全认证标志	自愿性
	GS	德国对终端电子产品的安全认证	自愿性
	VDE	德国对电子元器件、部件等产品的安全认证	自愿性
美国	FCC	进入美国市场的电子电器产品在 EMC、Telecommunication 等方面做了明确要求	强制性
	FDA	激光类电子产品、微波类电子产品、X 射线类电子产品	强制性
	UL	工作电压在 DC70V/AC50V 以上的电子电器产品进入美国市场通常都要做该认证	自愿性
	能源之星	美国环保署提出“Energy Star”项目（环保产品）	自愿性
加拿大	IC	加拿大工业部对电子电器产品 EMC、Telecommunication 等方面的认证要求，针对无线通信设备，是强制的	强制性
	CSA	加拿大的安全认证标志之一，适于进入加拿大的信息和通信产品	自愿性
	CUL	UL 公司针对进入加拿大市场的产品推广的安全标志	自愿性
澳大利亚	C-tick	对进入澳大利亚的电子产品进行电磁干扰（EMI）方面的测试，提供 C-tick 认证服务	强制性
	A-Tick	澳大利亚对通信产品的认证要求，其测试内容包含 EMI、Telecom、Safety	强制性
	SAA	澳大利亚安全认证	自愿性
日本	VCCI	日本 EMI 认证标志	自愿性
	JATE	所有进入日本的通信产品必须获得 JATE 的核准	强制性
	PSE	日本安全认证	强制性
中国	CCC	强制性产品认证目录共包括 17 大类 103 种产品	强制性

2. 服务认证

服务认证是由服务认证机构运用合格评定技术对服务提供者的服务及管理是否达到相关要求开展的第三方证明，服务认证机构应满足 ISO/IEC 17065 的要求。

当前，服务业在我国国民经济中占有举足轻重的地位。2018 年，我国服务业增加值 46.9 万亿元，占 GDP 总量的 52%。服务业在创造税收、吸纳就业、新设市场主体、固定资产投资和对外贸易等方面全面领跑，成为新常态下推动我国经济增长的主动力。服务认证是基于顾客感知、关注组织质量管理和服务特性满足程度的新型认证制度，是对服务提供者的管理及服务水平是否达到相关标准要求的合格评定活动。2004 年，我国开始服务认证的实践探索，陆续开展了绿色市场认证、信息安全服务资质认证、汽车玻璃零配安装服务认证和商品售后服务认证等工作。党中央、国务院对质量认证工作高度重视，2017 年 9 月，《中共中央 国务院关于开展质量提升行动的指导意见》提出，要提高生活性服务业品质，促进生产性服务业专业化发展。2018 年 1 月，国务院印发《关于加强质量认证体系建设促进全面质量管理的意见》，提出“发挥自愿性认证‘拉高线’作用，大力推行高端品质认证。开展健康、教育、体育、金融、电商等领域服务认证，增加优质服务供给”。随着国家政策的支持和推动，服务认证发展进入快车道。根据《国家认监委关于自愿性认证领域目录和资质审批要求的公告》，目前服务认证包括 22 个领域和 3 个国家推行制度。

根据《国家认监委关于自愿性认证领域目录和资质审批要求的公告》（2016 年第 24 号公告），服务认证共 22 个领域，体育场所服务认证、绿色市场认证、软件过程能力及成熟度评估认证 3 项认证为国家推行认证制度，其余为一般服务认证制度。具体目录见表 1-2。

表 1-2　服务认证领域目录

类别	认证领域
国家推行服务认证制度	体育场所服务认证
	绿色市场认证
	软件过程能力及成熟度评估认证
一般服务认证制度	01 无形资产和土地服务
	02 建筑工程和建筑物服务
	03 批发业和零售业服务
	04 住宿服务、食品和饮料服务
	05 运输服务（陆路运输服务、水运服务、空运服务、支持性和辅助运输服务）
	06 邮政和速递服务
	07 电力分配服务，通过主要管道的燃气和水分分配服务
	08 金融中介、保险和辅助服务
	09 不动产服务

续表

类别	认证领域
一般服务认证制度	10 不配备操作员的租赁或出租服务
	11 科学研究服务（研究和开发服务，专业、科学和技术服务、其他专业、科学技术和服务）
	12 电信服务、信息检索和提供服务
	13 支持性服务
	14 在收费或合同基础上的生产服务
	15 保养和修理服务
	16 公共管理和整个社区有关的其他服务，强制性社会保障服务
	17 教育服务
	18 卫生保健和社会福利服务
	19 污水和垃圾处置、公共卫生及其他环境保护服务
	20 成员组织的服务，国外组织和机构的服务
	21 娱乐、文化和体育服务
	22 家庭服务

（1）国家推行服务认证制度

1）体育场所服务认证

体育场所服务认证是指由认证机构证明体育场所、体育活动的组织与推广等服务，符合相关标准和技术规范要求的合格评定活动。

体育场所服务认证依据包括 GB 19079《体育场所开放条件与技术要求》系列标准和 GB/T 18266《体育场所等级的划分》系列标准以及体育场所服务认证技术规范。技术规范是体育服务标准的补充，两者的目的是保证体育服务认证结果的一致性，包括《体育场所服务认证实施规则》《体育场所服务保证能力要求》《体育场所开放条件审查方法》和《体育场所等级评定审查方法》。

体育场所等级认证的结果分为 5 个等级，分别用一星级、二星级、三星级、四星级和五星级来表示。通过等级认证的，其认证证书应明确服务等级，认证标牌上★的数目应与通过认证的体育服务等级对应。

2）绿色市场认证

绿色市场认证是认证机构依据 GB/T 19220—2003《农副产品绿色批发市场》、GB/T 19221—2003《农副产品绿色零售市场》及相关技术规范，对申请认证企业所建立和实施的文件化市场管理体系的符合性和运行的有效性进行合格评定的活动。

通过认证的企业可以获得绿色市场认证证书，并允许使用绿色市场标志。

3）软件过程能力及成熟度评估认证

软件过程及能力成熟度评估（简称 SPCA）是指由评估机构证明软件过程能力及成熟度符合相关技术规范和标准的认证活动。

认证依据包括 SJ/T 11234—2001《软件过程能力评估模型》、SJ/T 11235—2001《软件能力成熟度模型》，认证机构使用《软件过程及能力成熟度评估指南》的方法进行最终评估并定级。

（2）几种典型的一般服务认证制度

1）商品售后服务评价体系认证

商品售后服务评价体系认证是一种系统的商品售后服务评价认证体系。其认证依据为 GB/T 27922—2011《商品售后服务评价体系》。获证组织获得星级标志的标示权，并达到某一级星级。

2）信息安全服务资质认证

信息安全服务资质认证是依据国家法律法规、国家标准、行业标准和技术规范，按照认证基本规范及认证规则，对提供信息安全服务机构的信息安全服务资质进行评价。

认证依据包括：通用基础标准有 GB/T 32914—2016《信息安全技术　信息安全服务提供方管理要求》，特定评价标准有 GB/T 20984—2007《信息安全技术　信息安全风险评估规范》、GB/Z 20986—2007《信息安全技术　信息安全事件分类分级指南》、GB/T 20988—2007《信息安全技术　信息系统灾难恢复规范》、YD/T 1799—2008《网络与信息安全应急处理服务资质评估方法》。

认证流程为：认证申请及受理、文档审核、现场审核、认证决定、获证后监督。

3）养老服务认证

党的十九大提出“积极应对人口老龄化，构建养老、孝老、敬老政策体系和社会环境，推进医养结合，加快老龄事业和产业发展”的精神，落实民政部、原国家质检总局等 6 部门《关于开展养老院服务质量建设专项行动的通知》（民发〔2017〕51 号）中“加快养老院服务质量标准化和认证建设”要求，认证机构陆续开展了养老服务认证，为应对未来深度老龄化下的养老服务筑牢了质量基础。

4）金融服务领域相关服务认证

在金融中介、保险和辅助服务领域，认证机构推出了一系列金融领域相关的认证，如银行营业网点服务认证、农村普惠金融支付服务点认证非银行支付机构支付业务设施技术认证、移动金融技术服务认证、银行卡清算组织业务设施技术认证等，认证对象囊括金融基础设施、金融产品、金融科技产品和金融服务。通过认证的金融机构和金融科技机构过千家。

随着我国经济发展，对服务水平提出了更高需求，服务认证应运而生。服务认证具有如下作用：

- 对企业的作用：通过符合性评定与对企业服务特性的深度挖掘，提供给企业以改进服务的信息，激发企业提升服务质量和管理水平，争做行业标杆，提升市场竞争力；
- 对消费者的作用：消费需求伴随着社会经济的发展逐步走向高端化与多元化，而服务业蓬勃发展的同时也出现了良莠不齐的现象，这就需要消费者在选择服务时进行辨别。服务认证可以通过对顾客需求的诊断，来保证顾客最关心的关于服务质量的问题被纳入评价体系，引导顾客选择通过认证的服务提供者，以保证服务质量和自身合法权益；
- 对政府的作用：通过认证认可对行业的标准进行评定，或对标杆企业进行遴选，为政府了解产业发展现状、制定产业政策提供依据，为政府监管提供了有效手段，提升管理能力和效率。同时，随着服务贸易的日渐发展，我国的服务业要走出国门，实现从服务业大国向强国转变。我国服务业要与国际对标，并争创国际知名品牌，提升国际竞争力，需要发挥服务认证的国际化优势，助推我国服务业“走出去”。

3. 管理体系认证

20 世纪初，产品认证得到较快的发展，到 20 世纪中叶，已经发展得较为完善。但随着经济活动飞速发展的需求，需要在迅速扩大产能的同时，保证产品质量，针对单一单品进行认证的局限性越来越突出。主要问题有两点：第一，新产品不断出来，但新产品认证需要标准，而标准的制定往往会滞后；第二，对于一个生产多品种、多规格产品的企业，不可能对每个规格的申请都进行一次全流程的检测和认证。

第二次世界大战后，美国国防部将一些宝贵的“工艺文件化”经验进行总结、丰富，编制更周详的标准在全国工厂推广应用，取得了满意效果，后来，美国军工企业的这个经验很快被其他工业发达国家军工部门所采用，并逐步推广到民用工业，在西方各国蓬勃发展起来。随着上述品质保证活动的迅速发展，各国的认证机构在进行产品品质认证的时候，逐渐增加了对企业的品质保证体系进行审核的内容，进一步推动了品质保证活动的发展。到了20世纪70年代后期，英国标准协会（BSI）首先开展了单独的品质保证体系的认证业务，使品质保证活动由第二方审核发展到第三方认证，受到了各方面的欢迎，更加推动了品质保证活动的迅速发展。

通过三年的实践，BSI认为，这种品质保证体系的认证适应面广，灵活性大，有向国际社会推广的价值。于是，BSI在1979年向ISO提交了一项建议。ISO根据BSI的建议，当年即决定在ISO的认证委员会的品质保证工作组的基础上成立品质保证委员会。1980年，ISO正式批准成立了品质保证技术委员会（即TC 176），着手这一工作，从而引领了ISO 9000族标准的诞生，健全了单独的品质体系认证的制度，一方面扩大了原有品质认证机构的业务范围；另一方面又引领了一大批新的专门的品质体系认证机构的诞生。ISO 9000的成功，给管理体系认证的繁荣打开了大门，其理念和方法被广泛引入到其他管理体系。

为适应人类社会实施可持续发展战略的世界潮流的发展，ISO于1993年6月成立了一个庞大的技术委员会——环境管理标准化技术委员会（TC 207），按照ISO 9000的理念和方法，开始制定环境管理体系方面的国际标准，并于1996年10月1日发布了5个属于环境管理体系（EMS）和环境审核（EA）方面的国际标准，1998年又发布了一个环境管理（EM）方面的国际标准。

目前，常见的管理体系认证包括：

①质量管理体系认证，依据GB/T 19001—2016（等同ISO 9001：2015）；

②环境管理体系认证，依据GB/T 24001—2016（等同ISO 14001：2015）；

③职业健康安全管理体系认证，依据GB/T 28001—2011（等同OHSAS 18001：2007）；

④ HACCP认证，依据国家认监委（CNCA）2021年第12号公告公布的《危害分析与关键控制点（HACCP）体系认证实施规则》；

⑤食品安全管理体系认证，依据GB/T 22000—2006（等同ISO 22000：2005）；

⑥汽车生产件及相关服务件组织质量管理体系认证，依据GB/T 18305—2016（等同ISO/TS 16949：2009）；

⑦能源管理体系认证，依据GB/T 23331—2020（等同ISO 50001：2018）；

⑧售后服务体系认证，依据GB/T 27922—2011。

ISO/IEC 17021-1：2015《合格评定　管理体系审核认证机构要求　第1部分：要求》指出，认证是一种保证手段，即保证一个组织已在符合其政策的相关活动中实施了管理体系。此外，体系的认证提供如下独立的证明：证明经过认证的体系符合规定要求，证明体系能够始终满足其声明的组织方针、政策和目标，并证明有效的运行。

很多情况下，一个组织符合某管理体系标准的要求（并且经第三方认证予以确认）是由该组织的顾客提出。在这种情况下，认证符合性的动力可能来自商业需要。然而，另一种动力和益处通常是认证为这些体系提供的内部价值。对于已获认证的组织的成员而言，外部确认该组织符合国际承认标准的要求，可激励员工并提高员工满意度。

此外，对于组织的最高管理层而言，运行经过认证的体系能够确保该组织拥有一个运行框架，使其与内部利益相关方及外部各方（如客户、监管者等）共享组织目标（如质量、环境、安全等），还确保组织具有符合其政策和目标所需的稳定且持续更新的过程和资源信息。

如同其他形式合格评定一样，认证还会带来其他利益，例如，将组织认证状态通知给利益相关方这样的营销机会。全球市场中，在符合管理体系标准既可能是要求也可能是一种优势的情况下，使用认证就可能是贸易的必需。有些情况下，如果认证机构是经国际认可论坛多边互认协议（IAF MLA）签署者或区域合作者认可，其接受程度会更高。根据不同的管理体系运行类型（及认证的类型），还存在其他的动力和利益，如通过输入外部审核员获得持续改进机会，增强消费者信心，减少浪费，涉及生产、环境、工人安全和组织名誉的企业风险管理。

第二节　认证标准体系

一、认证与标准

认证活动与标准密不可分，主要体现在以下两方面：

（1）所有的各种认证都要用标准作为判定合格的依据，因此，标准是开展认证活动的基础。

ISO/IEC 17007《合格评定　合格评定用规范性文件的编写指南》概述了合格评定所使用标准的基本特性，其中作为合格判定依据的认证标准应具有如下特征：

1）标准的编写应适用于下列使用者：

①制造商或供方（第一方）；

②用户或采购方（第二方）；

③独立机构（第三方）。

2）标准的范围应明确描述适用的对象类型以及对象的规定特性。例如，一个适用于塑料供水管的标准可能仅规定了塑料水管用于供应饮用水的适宜性，而其他特性，如尺寸和机械强度，可能在其他标准中规定或者由制造商自己规定；

3）标准的编写应促进而不是阻碍技术进步，这一点通常通过只规定产品性能要求而不是设计要求来实现；

4）应明确规定要求，并给出所要求的限值和允差，以及验证规定特性的检测方法；

5）规定要求不应受主观因素的影响，应避免使用“足够强”或“强度足够大”之类的词语。

虽然这些特点更适用于实物产品，但是其原则也适用于关于服务、过程、体系、人员的标准，目的是避免由于对标准的不同解释和各使用方的不同期望而可能导致的问题。

（2）认证活动需要符合规范认证活动本身以及实施认证活动的机构行为的标准要求。这些标准和指南旨在确保各认证机构及其合作的机构的活动能够协调一致。这些标准和指南由国际标准化组织合格评定委员会（ISO/CASCO）制定，构成了人们熟悉的 CASCO 工具箱。

因为认证活动在产品和服务贸易中起着非常重要的作用，所以很有必要尽可能使国际上的认证活动和标准协调一致。如果认证活动和标准在各经济体内的实施是一致的，则对于国内消费者也会受益，这说明了认证活动标准化的重要性。

此外，标准不仅在贸易和商务中起重要作用，还涉及人们日常生活的许多方面，包括公共卫生、工人安全及环境和消费者保护等社会问题。

二、ISO/CASCO 工具箱与认证

考虑到标准在国民经济发展中的重要作用，不少国家成为 ISO 或 ISO/CASCO 的成员。截至目前，151 个 ISO 成员符合 CASCO 成员资格，其中，107 个成员参加了 ISO/CASCO，这些成员既有发达国家的，也有发展中国家的；76 名是积极成员（P 成员），31 名是观察成员（O 成员）。CASCO 的主要职责为：

（1）研究产品、过程、服务和管理体系与适用标准或其他技术规范的符合性的评定方法；

（2）制定与检测、检查，产品、过程、服务的认证以及管理体系的评审等的实践相关的标准和指南，制定与检测实验室、检查机构、认证和认可机构及其运行和接受相关的标准和指南；

（3）促进国家、区域合格评定体系的互认与接受，以及对检测、检查、认证、评审以及相关的其他用途国际标准的合理使用。

ISO/CASCO 出版的标准、指南及相关出版物构成 CASCO 工具箱。这些出版物是集中的资源，可用于确保对于合格评定有兴趣的各方可以得到反映国际合格评定实践的最新动态文件。不同的用户群体需要根据其是否实施合格评定活动，或者是否是这类服务的众多潜在最终用户之一，选择与其自身需求最相关的文件。其中一些工具由其他补充性工具支持。例如，ISO/IEC 17000 中包含的合格评定的词汇和通用要求，对于合格评定实施者以及合格评定结果的使用者（如监督管理机构）都是很重要的。在 ISO/IEC 17065：2012《合格评定　产品、过程和服务认证机构要求》（GB/T 27065—2015）中规定了对产品认证机构的要求。

ISO/IEC 17021-1：2012《合格评定　管理体系审核认证机构要求　第 1 部分：要求》作为管理体系审核和认证机构运行的基本准则。该标准为此类认证的国际一致性提供了基础，因而成为认可机构在评审管理体系认证机构能力中使用的基础标准。而对于规范编写者可能会对符合性标志相关的事项感兴趣，因而 ISO/IEC 17030：2003《合格评定　第三方符合性标志的通用要求》会是一份很有价值的标准。表 1-3 列出了 ISO/CASCO 工具箱中与认证有关的国际标准。

表 1-3　ISO/CASCO 中与认证有关的国际标准

国际标准编号及名称	对应的中国国家标准
ISO/IEC 17000：2020 合格评定　词汇和通用原则	GB/T 27000—2006（待修订） （ISO/IEC 17000：2004） 合格评定　词汇和通用原则
ISO/PAS 17001：2005 合格评定　公正性　原则和要求	GB/T 27001—2011 合格评定　公正性　原则和要求
ISO/PAS 17002：2004 合格评定　保密性　原则和要求	GB/T 27002—2011 合格评定　保密性　原则和要求
ISO/PAS 17003：2004 合格评定　投诉和上诉　原则和要求	GB/T 27003—2011 合格评定　投诉和申诉　原则和要求
ISO/PAS 17004：2005 合格评定　信息公布　原则和要求	GB/T 27004—2011 合格评定　信息公开　原则和要求

续表

国际标准编号及名称	对应的中国国家标准
ISO/PAS 17005：2008 合格评定　管理体系的使用　原则和要求	GB/T 27005—2011 合格评定　管理体系的使用　原则和要求
ISO/IEC DIS 17007：2009 合格评定　合格评定用规范性文件的编写指南	GB/T 27007—2011 合格评定　合格评定用规范性文件的编写指南
ISO/IEC 17021-1：2015 合格评定　管理体系审核认证机构要求　第1部分：要求	GB/T 27021.1—2017 合格评定　管理体系审核认证机构要求　第1部分：要求
ISO/IEC 17021-2：2016 合格评定　管理体系审核认证机构要求　第2部分：环境管理体系审核认证能力要求	GB/T 27021.2—2017 合格评定　管理体系审核认证机构要求　第2部分：环境管理体系审核认证能力要求
ISO/IEC 17021-3：2017 合格评定　管理体系审核认证机构的要求　第3部分：质量管理体系审核与认证能力要求	GB/T 27021.3—2021 合格评定　管理体系审核认证机构的要求　第3部分：质量管理体系审核与认证能力要求
ISO/IEC TS 17021-4：2013 合格评定　管理体系审核认证机构要求　第4部分：大型活动可持续性管理体系审核和认证能力要求	GB/T 27021.4—2018 合格评定　管理体系审核认证机构要求　第4部分：大型活动可持续性管理体系审核和认证能力要求
ISO/IEC TS 17021-5：2014 合格评定　管理体系审核认证机构要求　第5部分：资产管理体系审核和认证能力要求	GB/T 27021.5—2018 合格评定　管理体系审核认证机构要求　第5部分：资产管理体系审核和认证能力要求
ISO/IEC TS 27021.6：2014 合格评定　管理体系审核认证机构要求　第6部分：业务连续性管理体系审核认证能力要求	GB/T 27021.6—2020 合格评定　管理体系审核认证机构要求　第6部分：业务连续性管理体系审核认证能力要求
ISO/IEC 17024：2012 合格评定　人员认证机构通用要求	GB/T 27024—2014 合格评定　人员认证机构通用要求
ISO/IEC 17030：2003 合格评定　第三方符合性标志的通用要求	GB/T 27030—2006 合格评定　第三方符合性标志的通用要求
ISO/IEC 17050-1：2004 合格评定　供方的符合性声明　第1部分：通用要求	GB/T 27050.1—2006 合格评定　供方的符合性声明　第1部分：通用要求
ISO/IEC 17050-2：2004 合格评定　供方的符合性声明　第2部分：支持性文件	GB/T 27050.2—2006 合格评定　供方的符合性声明　第2部分：支持性文件

续表

国际标准编号及名称	对应的中国国家标准
ISO/IEC 17065：2012 合格评定　产品、过程和服务认证机构要求	GB/T 27065—2015 合格评定　产品、过程和服务认证机构要求
ISO/IEC Guide 23：1982 第三方认证制度中标准符合性的表示方法	GB/T 27023—2008 第三方认证制度中标准符合性的表示方法
ISO/IEC Guide 27：1983 认证机构对误用其符合性标识采取纠正措施的实施指南	GB/T 27027—2008 认证机构对误用其符合性标志采取纠正措施的实施指南
ISO/IEC Guide 28：2004 合格评定　第三方产品认证制度应用指南	GB/T 27028—2008 合格评定　第三方产品认证制度应用指南
ISO/IEC Guide 53：2005 合格评定　产品认证中利用组织质量管理体系的指南	GB/T 27053—2008 合格评定　产品认证中利用组织质量管理体系的指南
ISO/IEC Guide 60：2004 合格评定　良好操作规范	GB/T 27060—2006 合格评定　良好操作规范
ISO/IEC 17065：2012 产品认证机构通用要求	GB/T 27065—2015 合格评定　产品、过程和服务认证机构要求
ISO/IEC 17067：2013 合格评定　产品认证基础和产品认证方案指南	GB/T 27067—2017 合格评定　产品认证基础和产品认证方案指南
ISO/IEC Guide 68：2002 合格评定结果的承认和接受协议	GB/T 27068—2006 合格评定结果的承认和接受协议
注：由于上述部分国际标准版本更新，对应的中国国家标准版本并不完全一致。	

三、产品认证标准体系

所有的各种认证都要用标准或技术文件作为合格判定的依据，因此，标准是开展认证活动的基础。产品认证所依据的标准根据其用途可分为合格判定标准（产品品质标准、安全标准）和测试标准两种类型。

虽然标准可以由许多组织（包括公司和监管者）制定，但是制定协商一致的标准通常是国家标准机构的责任，他们会考虑平衡使用标准的所有利益相关方的观点。现在，全世界各国的产品品质认证一般都依据国际标准进行认证。国际标准中的 60% 是由 ISO 制定的，20% 是由 IEC 制定的，20% 是由其他国际标准化组织制定的。也有很多是依据各国自己的国家标准和国外先进标准进行认证的，如欧盟的 CE 认证、美国的 UL 认证、日本的 ST 认证以及我国推行的 3C 认证。以下介绍常见的产品认证制度的标准体系。

（一）国际 CB 认证

CB 体系（电工产品合格测试与认证的 IEC 体系）是国际电工委员会电工产品合格测试与认证组织（IECEE）运作的一个国际体系。CB 体系基于 IEC 标准，IECEE 各成员国认证机构以 IEC 标准为基础对电工产品安全性能进行测试，其测试结果即 CB 测试报告和 CB 测试证书在 IECEE 各成员国得到相互认可的体系。

CB 体系覆盖的产品是 IECEE 系统所承认的 IEC 标准范围内的产品，如：

（1）音视频 AV 类产品在做 CB 体系认证时依据的测试标准为 IEC 60065《音频、视频和类似电子设备安全要求》；

（2）互联网技术 IT 类产品则依据 IEC 60950《信息技术设备　安全》系列标准。

当 3 个以上的成员国宣布他们希望并支持某种标准加入 CB 体系时，新的 IEC 标准将被 CB 体系采用。如果一些成员国的国家标准还不能完全与 IEC 标准一致，也允许国家差异的存在，但应向其他成员公布。CB 体系利用 CB 测试证书来证实产品样品已经成功地通过了适当的测试，并符合相关的 IEC 要求和有关成员国的要求。

CB 使用的 IEC 标准，目前来讲仍然是只针对安全性方面，除非某一些 IEC 标准里面有特殊说明的。目前电磁兼容性（EMC）没有纳入 CB 体系，除非所使用的 IEC 标准特别要求。但是，CB 体系已经开始向其成员调查他们对安全测试一起进行 EMC 测量的意愿。

（二）欧洲 CE 认证

CE 是法语“Conformite Europeene”简称。CE 认证标志是一种安全认证标志，是一种宣称产品符合欧盟相关指令的标识，被视为制造商打开并进入欧洲市场的护照，使用 CE 标志是欧盟成员对销售产品的强制性要求。CE 认证，即只限于产品不危及人类、动物和货品的安全方面的基本安全要求，而不是一般质量要求，协调指令只规定主要要求，一般指令要求是标准的任务。

欧盟通过颁布协调指令的形式规定产品需满足的安全性能及测试标准（主要为 EN 标准），目前欧盟已颁布了 12 类产品指令，主要有电磁兼容（EMC89/336/EEC）、机械（MD89/392/EEC）、无线电及通信终端（R&TTE1999/5/EC）、低电压（LVD 73/23/EEC）、玩具（88/378/EEC）、医疗设备（MDD93/42/EEC，AIMDD90/385/EEC）、压力容器（87/404/EEC）等。

以常见的低电压指令（LVD 73/23/EEC）为例，该指令主要测试产品的安全性能，包括产品标注、爬电距离和间隙距离、防电击保护、耐高压、温升潮态、防火阻燃、结构强度等。对于不同产品，依照不同标准测试。常用的测试标准有：

（1）家电类：EN60335 系列标准；

（2）电源变压器类：EN61558 系列标准；

（3）互联网技术 IT 类产品：EN60950；

（4）灯具类：EN60598 系列标准；

（5）音视频 AV 类产品：EN60065；

（6）电子测量仪器：EN61010 系列标准。

（三）中国 3C 认证

3C 认证是中国政府为保护消费者人身安全和国家安全、加强产品质量管理、依照法律法规实施的一种产品合格评定制度。需要注意的是，3C 标志并不是质量标志，它是一种最基础的安全认证。

不同产品采用不同的认证标准。根据我国《强制性产品认证管理规定》，国家认监委制定、发布强制性产品认证规则，认证规则需包含适用的产品所对应的国家标准、行业标准和国家技术规范的强制性要求。认证实施规则中所列标准，采用最新有效的国家标准、行业标准和相关规范。标准更新时，认证实施规则中所列标准自动更新，对于需要特殊安排过渡期的，CNCA 将负责对外公布有关安排。截至 2020 年 6 月，CNCA 共发布 23 项产品认证规则。如 CNCA-C01-01：2014《强制性产品认证实施规则　电线电缆产品》中对认证依据标准做出表 1-4 规定。

表 1-4　电线电缆产品对应的认证依据标准

序号	产品种类	认证依据标准
1	交流额定电压 3 kV 及以下轨道交通车辆用电缆	GB/T 12528
2	额定电压 450V/750V 及以下橡皮绝缘电线电缆	GB/T 5013.3 ~ GB/T 5013.8 JB/T 8735.2 ~ JB/T 8735.3
3	额定电压 450V/750V 及以下聚氯乙烯绝缘电线电缆	GB/T 5023.3 ~ GB/T 5023.7 JB/T 8734.2 ~ JB/T 8734.6

（四）管理体系认证标准体系

目前，在世界上影响力最大的三类通用管理体系认证分别为 ISO 9001 质量管理体系认证、ISO 14000 环境管理体系认证、OHSAS 18000：1999 职业健康安全管理体系认证，其他影响力较大的行业管理体系认证有 HACCP 食品管理体系认证、ISO 27001 信息安全管理体系认证、AS9100 航空航天管理体系认证等，以下分别加以介绍。

1. ISO 9001 质量管理体系认证

人们经常所说的 ISO 9000 族标准不仅仅指一个标准，而是指有关由质量管理和质量保证技术委员会（ISO/TC 176）制定的所有有关质量管理的标准的统称，主要包括 4 个核心标准：

（1）ISO 9000：2015《质量管理体系　基础和术语》；

（2）ISO 9001：2015《质量管理体系　要求》；

（3）ISO 9004：2018《质量管理　组织的质量　实现持续成功指南》；

（4）ISO 19011：2018《管理体系审核指南》。

其中 ISO 9001 是 ISO 9000 族标准中最核心的部分。随着经济的发展和人们生活水平的不断提高，产品质量成为社会关注的焦点，ISO 越来越被世界各国公众认可和接受。时下，取得 ISO 9001 认证证书已成为企业赢得客户和消费者信任的基本条件。

2. ISO 14000 环境管理体系认证

随着 ISO 9000 族标准的巨大成功，为适应人类社会实施“可持续发展”战略的世界潮流的发展，ISO 于 1993 年 6 月成立了一个庞大的技术委员会——环境管理标准化技术委员会（ISO/TC 207），按照 ISO 9000 的理念和方法，开始制定环境管理体系方面的国际标准。与 ISO 9000 族类似，ISO 14000 也是一类标准的总称，目前共包含以下部分标准：

（1）ISO 14001：2015《环境管理体系　要求及使用指南》；

（2）ISO 14004：2016《环境管理体系　实施通用指南》；

（3）ISO 14044：2006《环境管理　生命周期评价　要求与指南》；

（4）ISO 14046：2014《环境管理　水足迹　原理、要求和指南》；

（5）ISO 14050：2020《环境管理　术语》等。

ISO 14000 系列标准的用户是全球商业、工业、政府、非营利性组织和其他用户，其目的是用来约束组织的环境行为，达到持续改善的目的，与 ISO 9000 系列标准一样，对消除非关税贸易壁垒即“绿色壁垒”，促进世界贸易具有重大作用。

3.OHSMS 18001 职业卫生安全管理体系认证

世界经济贸易活动的发展，促使企业的活动、产品或服务中所涉及的职业健康安全问题受到普遍关注，极大地促进了国际职业安全与卫生管理体系标准化的发展。

1996 年 9 月，英国率先颁布了 BS8800《职业安全与卫生管理体系指南》。随后，美国、澳大利亚、日本、挪威等 20 余个国家也有相应的职业安全与卫生管理体系标准，发展十分迅速。为此，英国标准协会（BSI）、挪威船级社（DNV）等 13 个组织于 1999 年共同制定了职业安全与卫生评价系列标准（Occupational Health and Safety Management Systems-Specification，简称 OHSAS），该系列标准包含两个标准，即：

（1）OHSAS 18001《职业安全与卫生管理体系　要求》；

（2）OHSAS 18002《职业安全与卫生管理体系　实施指南》。

OHSMS 18001 是采用英国职业健康和安全协会的标准，是作为处理职业健康安全问题的工具，ISO 也多次提议制定相关国际标准。不少国家已将 OHSAS 18001 标准作为企业实施职业安全与卫生管理体系的标准，成为继实施 ISO 9000、ISO 14001 之后的又一个热点。

4.HACCP（危害分析与关键控制点）认证

这是一种适用于食品行业的认证。它是食品生产过程中通过对关键控制点有效的预防措施和监控手段，使危害因素降到最低程度。它是一个食品安全控制的体系，不是一个独立存在的体系。HACCP 必须建立在食品安全项目的基础上才能使它运行。例如，良好操作规范（GMP）、标准的操作规范（SOP）、卫生标准操作规范（SSOP），由于 HACCP 建立在许多操作规范上，于是形成了一个比较完整的质量保证体系，HACCP 作为最有效的食源疾患的控制体系已被国家或社会所接受。

5. ISO 27001 信息安全管理体系认证

信息安全管理实用规则 ISO/IEC 27001 的前身为英国的 BS7799，该标准由 BSI 于 1995 年 2 月提出，并于 1995 年 5 月修订而成的。1999 年 BSI 重新修改了该标准。BS7799 分为两个部分：BS7799-1《信息安全管理实施规则》和 BS7799-2《信息安全管理体系规范》。第 1 部分对信息安全管理给出建议，供负责在其组织启动、实施或维护安全的人员使用；第 2 部分说明了建立、实施和文件化信息安全管理体系（ISMS）的要求，规定了根据独立组织的需要应实施安全控制的要求。

6. AS9100 认证

国际航空航天质量管理体系标准（AS9100）认证的产生源于航空航天工业的组织及其供方共同的需求。航空航天工业的全球化以及地区 / 国家要求和期望的差异，使航空航天工业的组织及其供方面临严峻的挑战。一方面，一个组织要面对众多的供方，组织面临着如何保证从世界各地和供应链中各层次的供方采购高质量的产品和实现采购要求规范化的挑战；另一方面，一个供方也会面对众多的顾客，供方既要对不同的顾客交付具有不同质量期望和要求的产品，也要应对众多顾客频繁的、不同要求的第二方审核。

第三节　认证技术

合格评定功能法是认证中通常采用的认证技术和方法。熟练掌握和正确运用合格评定功能法、选择合适的认证工具箱是确保认证活动有效进行的基础。

一、合格评定功能法简介

在 ISO/IEC 17000：2020 中阐述了什么是合格评定功能法。每一类合格评定使用者都有特定需求，故合格评定的实施方式是多种多样的。然而，所有类型的合格评定都遵循相同的基本方法，这些方法都是以下述功能为特征的。图 1-3 给出了合格评定功能法的框图。这种功能法包含如下基本功能：

（1）选取；

（2）确定；

（3）复核、决定和证明；以及

（4）监督（如果需要）。

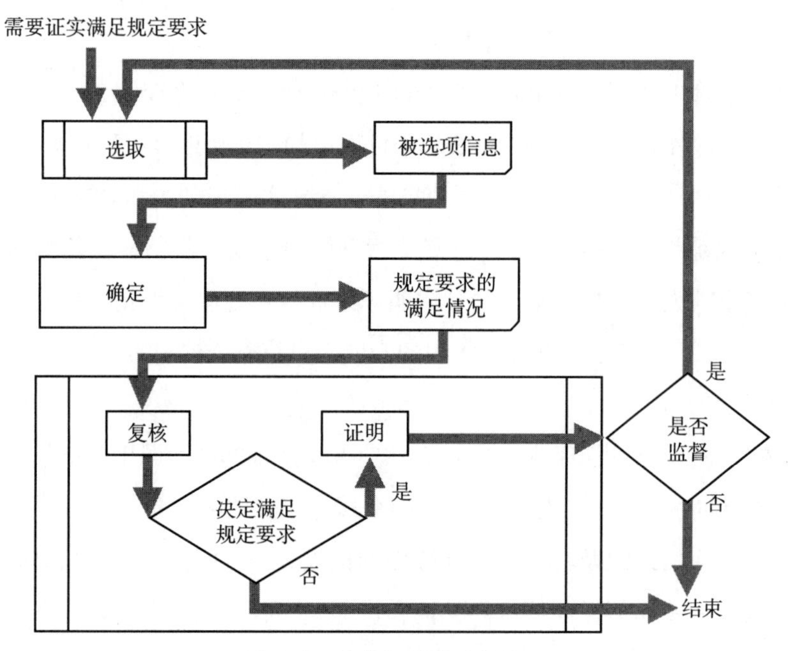

图 1-3　合格评定的功能法

每个功能包括如下所述的一些活动，一个功能的输出作为下一个功能的输入。

（一）选取

选取的内容包括：

（1）明确符合性评定所依据的标准或其他文件的规定；

（2）选取拟被评定对象样品；

（3）统计抽样技术的规范（适宜时）。

（二）确定

确定的内容包括：

（1）为确定评定对象的规定特性而进行的测试；

（2）对评定对象物理特性的检查；

（3）对评定对象相关的体系和记录的审核；

（4）对评定对象的质量评价；

（5）对评定对象的规范和图纸的审查。

（三）复核、决定和证明

复核、决定和证明的内容包括：

（1）评审从确定阶段收集的评定对象符合规定要求的证据；

（2）返回确定阶段，以解决不符合问题；

（3）拟定并发布符合性声明；

（4）在合格产品上加贴符合性标志。

（四）监督

监督的内容包括：

（1）在生产现场或通往市场的供应链中进行确定活动；

（2）在市场中进行确定活动；

（3）在使用现场进行确定活动；

（4）评审确定活动的结果；

（5）返回确定阶段，以解决不符合问题；

（6）拟定并发布持续符合性确认书；

（7）如果有不符合，启动补救和预防措施。

二、合格评定功能法技术内容详述

（一）选取

选取包括策划和准备活动，其目的是收集或产生后续确定功能所需的所有信息和输入。选取活动无论在数量还是在复杂程度上都有很大差异。在某些情况下，可能很少需要选取活动。

对于合格评定对象的选取可能需要某些考虑。通常，对象可能是大量的相同产品、正在进行的生产、持续的过程或体系，或者可能包括若干场所。

在这种情况下，需要对用于确定活动的抽样或样本选取予以考虑，如为证明河水是否满足相关污染要求进行取样的方案就是具有相当规模和重要意义的取样活动的例子。然而，个别情况下评定对象可能是一个整体，如当只有一个产品时，单个产品就是合格评定对象。即便在这些情况下也可能需要取样，选择完整对象的一部分作为整体的代表（如选择并确定桥梁的关键零件时是否进行了材料疲劳试验）。

考虑规定要求也可能是必需的。在许多情况下，存在标准或其他约定俗成的要求。但是，当对于合格评定的特定对象采用先前已有的要求时，应予以特别注意。例如，当金属管标准用于塑料管时，需要警示。有些情况下，可能只有一套通用的要求，为了评定应将其细化，以便对用户更有意义或能够被接受。

例如，某政府监管机构可能要求产品不会造成任何不可接受的安全风险（通用要求），并且希望认证机构为单个认证的产品或产品类规定具体的要求。同时，当管理体系涉及满足特定服务要求时，可能需要更关注通用管理体系要求。

选取也可能包括选择最适用于确定活动的程序（如检测方法或检查方法）。为了进行确定活动，有时需要开发新的方法或修正原有方法。有必要选择适当的场所和适当的条件，或人员来执行该程序。

最后，为了顺利地完成确定活动，可能需要更多信息，以使规定的要求得到满足的证明是有效的。例如，在进行相应的确定活动之前，必须确定实验室认可覆盖的范围。或者，在进行相应的确定活动之前，可能需要对服务进行描述。

另外，有些确定活动也可能只审查信息，应识别和收集这些信息。如可能需要某个产品说明书及警示标记的复制件。

在图 1-3 中，所有的信息、样品（如果采用抽样）、决定和选取活动的其他输出均称为被选项目信息。

（二）确定

进行确定活动是为了获得有关合格评定对象或其样品满足规定要求的完整信息。下列内容描述了一些类型的确定活动：仅作为确定活动类型定义的术语检测、检查、审核和同行评审可以与体系或方案一起使用，用来描述含有表明确定活动类型的合格评定体系或方案。比如同行评审体系是一种合格评定体系，这种体系将同行评审作为确定活动纳入其中。

对于各种不同的确定活动没有特定命名或者标识。按照规定要求对设计或者其他描述信息进行审查或分析就是一个例子。合格评定的个别分领域（如检测、认证、认可）可能有针对确定活动定义的术语，这些术语是该分领域独有的。实际上不使用或者说没有用于表述所有确定活动的通用术语。

务必要清楚地了解确定活动的特征是检测还是检查。

在图 1-3 中，确定活动的所有输出都被表述为“满足规定要求的信息”。该输出是通过确定活动产生的所有信息以及对确定功能所有输入的组合。通常，输出的形式应便于复核与证明活动。

（三）检测

如上所述，在检测、校准和计量之间存在一定程度的重叠。就合格评定的目的而言（证明对象符合规定要求），校准和计量的其他方面在这个定义之外。然而，对检测（和检查）期间测量的置信度取决于国家测量体系和通过校准对国际测量标准的溯源。

（四）涉及检测和校准的合格评定

检测、测量和校准几乎影响日常生活的各个方面，如贸易和商务、制造、专业服务、公共卫生和安全、建筑、环境控制、交通、农业、检疫、法庭科学、计量、电信、采矿、森林和国防等，其中，人类医学方面的检测可能最为普遍，在全世界范围内每天都要进行。

检测是应用最为普遍的合格评定技术。由于检测与合格评定相关，所以研究它的定义是有意义的。ISO/IEC 17000：2020 将检测定义为：“按照程序确定合格评定对象的一个或多个特性的活动。”其中，程序被定义为进行某项活动或过程所规定的途径。检测的定义中有一个注释是：检测通常适用于材料、产品或过程。在检测用于合格评定的情况下，其特性应包括在规定要求中，构成合格评定的重点。

值得注意的是，校准虽然是检测的必要输入，但并不认为其是合格评定技术。它归属计量领域，不在本书讨论范围之内。然而，值得考虑国际计量词汇《国际通用计量学基本术语（VIM）》中校准的如下定义：

“是这样的一组操作，即在规定条件下，第一步建立测量标准给出的测量不确定度的量值与对应的测量不确定度的读数之间的关系，第二步使用这些信息确定关系式，以从读数中获得测量结果。”

请注意，这里提到的“标准”是指测量标准，可溯源到国际单位制度（SI）的测量单位，如质量和长度，并非规定要求的文件。ISO/IEC 17025：2017《检测和校准实验室能力的通用要求》和 ISO/IEC 17011：2017《合格评定　认可机构通用要求》的范围都包括校准。

ISO/IEC 17025 规定了对检测和校准实验室的要求，其要求包括了如下进行合格评定检测所必需的全部要素：

（1）有能力的人员；

（2）经过确认的方法，可重复并可再现；

（3）经过恰当维护和校准的设备；

（4）可溯源到 SI 测量单位；

（5）检测产品的抽样和处置；

（6）检测结果的报告。

为了获得最可靠的试验结果，应在合格评定所依据的标准或其他文件中规定试验方法。当一项试验用于不同目的，该试验可能以单独标准的形式加以规定，例如，ISO 3452-2《无损检测　渗透性探伤检测　第 2 部分：渗透性材料试验》，或者 ISO 13982-2《防固体颗粒用防护服　第 2 部分：确定细粒气溶胶向服装内渗漏量的试验方法》，这些标准通常被规定对象特定要求的标准所引用。

还有些情况，规定要求的标准自身就规定了检测方法，例如，ISO 15012-2《焊接和相关工艺中的卫生和安全　空气过滤设备的要求、测试和标记　第 2 部分：采集罩和喷嘴的最小空气体积流率的确定》和 ISO 11199-2《双臂操作助行器具要求和试验方法　第 2 部分：轮式助行架》。

有些情况下，规定要求的标准可能只给出某一具体特性值，例如，质量，没有规定特性的确定方法。在这种情况下，检测实验室需要决定拟使用的方法，并遵循良好实验室规范。当若干个实验室参与针对相同要求的合格评定工作时，这些实验室有必要对检测方法达成一致，以获得可靠且可比的检测结果。

（五）检查

检查是合格评定的一种形式，它具有悠久历史。有些检查活动与检测活动很相近，还有一些可能与认证活动（特别是产品认证）密切相关；同时也有些检查却是一种与检测或认证无关的独立活动。在 ISO/IEC 17000：2020 中对检查有如下定义：

“审查产品设计、产品、过程或安装并确定其与特定要求的符合性，或根据专业判断确定其与通用要求的符合性。”

注：对过程的检查可以包括对人员、设施、技术和方法的检查。

ISO/IEC 17020：2012《各类检查机构能力的通用要求》中规定了对检查机构的要求，这里将检查作为合格评定技术来考虑，它包括：

（1）对物理项目的目检；

（2）对物理项目的测量或检测；

（3）对规范文件（如设计图纸）的审查；

（4）比较检查发现与规范文件的要求或该领域内一般可接受的良好惯例；

（5）出具检查结果报告。

检查定义中的关键短语之一是“根据专业判定……”。这强调了一个事实，即检查机构的能力非常依赖于检查机构人员的知识、经验和解释能力。对于某些类型的检查，对参与的检查人员的资质和经验可能有规定要求。在某些情况下，可能要求对这些人员进行认证，例如，在一些安全相关的检查活动中这种要求是普遍的。

检查覆盖非常广泛的领域及特性。例如，它可能包括商品和产品货物监管，对量值、质量、安全性、适用性的确定，以及工厂、安装、运行体系的符合性和设计适应性。检查也可能包括食宿、航空服务、旅游服务等行业的等级划分体系。

正如前文所述，合格评定是一个弹性概念，在一些领域里某些特定类型的活动可能称作检测，在另一些领域里可能称作检查，还有一些领域称其为认证。这一事实强调需要将重点集中在确定特定条件下的需要，以及根据特定需要给出规范。

（六）审核

ISO 19011《质量和（或）环境管理体系审核指南》提供了审核指南。ISO 9000 和 ISO 14000 系列国际标准强调了审核作为控制和验证一个组织有效实施质量和 / 或环境政策的管理工具的重要性。审核也是（诸如外部认证 / 注册等）合格评定活动及对供应链评价和监督必不可少的部分。

ISO 19011 将审核定义为系统、独立和文件化的过程，其目的是获得审核证据并客观评价审核证据以确定符合审核准则的程度。

审核准则包含在被审核的组织依据其需求制定的一系列政策、程序或要求，其中包括对 ISO 9001 此类管理体系标准的实施。审核准则用作确定符合性的参照，包括适用的政策、程序、标准、法律和法规、管理体系要求、合同要求或工业 / 商业部门的行为守则。

审核证据包括记录、事实陈述或审核准则相关的其他信息，并可验证。审核证据可以是定性的或是定量的。

内部审核，有时称作第一方审核，由被审核组织自身或其代表为管理评审或其他内部目的予以实施，可以形成组织自我符合性声明的依据。在许多情况下，特别是规模较小的组织，由于不受审核活动责任的束缚，其内部审核更具有独立性。

外部审核包括通常称为第二方和第三方的审核。第二方审核由那些对被审核组织感兴趣的方面实施，例如，顾客或其代表。第三方审核由外部、独立的审核组织实施，例如，提供注册或按照 ISO 9001 或 ISO 14001 要求进行符合性认证的组织实施。

当质量管理体系和环境管理体系审核同时进行时，称之为一体化审核。当两个或以上审核机构合作审核一个组织，称之为联合审核。

典型的审核过程包含下列内容：

（1）识别信息来源；

（2）通过适当的抽样和验证收集信息；

（3）根据信息确定审核证据；

（4）对照审核准则评价信息和证据；

（5）确定审核发现；

（6）评审审核发现和证据；

（7）审核结论。

收集审核证据的方法包括面谈、活动观察和文件评审。

（七）评价

评价是在 ISO/IEC 指南 65 和 ISO/IEC 17024 中使用的术语，其适用范围覆盖了收集符合性证据相关的一系列活动。这些活动包括检测、检查和审核，同时也适用于其他活动，例如，研究设计图纸和规范，以确定需要满足规定要求的性能得到充分的界定。

对于某些产品，如内部部件使用注塑树脂成型的产品，不可能用最终产品验证其是否由恰当等级的部件组成的。可能需要具有一套明确的产品图纸帮助其了解产品各部件特性，并进行后续的更改。

（八）考核

考核几乎是许多确定活动可互换使用的术语之一，但是当其涉及用于测量个人能力的方法时，它具有特定的含义。在这个范畴内，如 ISO/IEC 17024 所阐述的，可以使用书面、口头或实践形式进行考核。

需要对考核进行策划和构架，策划和构架的方式应确保所有规定要求都能被客观且系统地验证，并产生充分的成文的证据，以确认候选者的能力。

（九）同行评审（同行评价）

同行评审也称作同行评价，是为了确定个人或组织是否符合其希望参加的团体的成员资格要求而进行的评审活动。这种评审由该团体成员（换言之，即申请者的同行）进行。

ISO/IEC 17040《合格评定　合格评定机构和认可机构同行评审的通用要求》规定了合格评定领域的同行评审过程，而且这一过程由希望互相接受合格评定结果的若干机构组成的团体采用。例如，同行评审在 IEC 合格评定体系的认证机构和国际实验室认可合作组织（ILAC）及国际认可论证（IAF）的认可机构中被采用。同行评审要求具备下列要素：

（1）从团体成员中选拔的有能力的评审员；

（2）团体明确规定的成员资格准则；

（3）对申请的组织与上述准则的符合性进行有条理的评审；

（4）信息充分的评审报告，以供团体决定申请组织是否适合具备成员资格。

团体将决定是否有必要进行定期审核以及对团体成员进行重新评审。如果需要，则实施同行评审过程的相关部分。

同行评审协议团体的成员通常都是该协议覆盖的特定技术领域的专家，因此可对同行评审提供高水平的技术能力。但是，参加同行评审的机构可能是相互竞争的机构，因此不可能做到完全公正。对同行评审方案需要很好地管理，以便维护其有效性，增强对其成员工作的信任。

多边协议中同行评审的一个特点是确保评审组从多边协议的成员中吸收其成员，但不是相互进行评审的、有利益冲突的两个评审员。

（十）认可

认可是一项合格评定技术，它特指第三方机构（通常称作认可机构）对合格评定机构的符合性的评审。ISO/IEC 17011 规定了对认可机构的要求。认可通常涉及评审组对审核技术的使用，评审组包括组织管理方面（如管理体系）的专家以及该机构技术活动方面的专家。例如，对于检测实验室，评审组可能包括所进行的测量和检测各类型的一位或多位专家。

（十一）报告

每次确定活动完成时，出示已收集的符合性证据是十分必要的。这种证据通常包含在报告中，有时称作技术文件，它包括：

（1）被评审项目的明确标识；

（2）合格评定所依据的要求的描述；

（3）所进行的确定活动的详细描述，以便在需要验证证据时能够以相同方式重复这些活动；

（4）使用资源的详细描述，包括人员、测量仪器和其他评价工具，以提供结果的可溯源性；

（5）对活动结果的详细描述，足以使未参与这些活动的人员能够验证与特定要求的符合性（或不符合）。

应将报告提交负责复核与证明的人员或机构，并可提供给为其做了上述工作的人员或组织。

（十二）复核与证明

在功能法中，复核与证明表现为一体化活动。尽管如此，可能由不同的人分别进行这两项活动。重要的是这两项活动都不应由参与确定活动的人员实施。当然，如果不符合风险较低，这种保障可能是不必要的。但由其他人评审结果的原则确实提高了对符合性声明的置信水平。随着不符合风险的增大，评审者的独立程度也相应提高。

对于较低的风险，可以使用同一部门的另一个人进行评审。对于中等风险，可以使用组织中其他部门的人员进行评审，而对于较高风险，可以由一个独立组织进行评审。

不管合格评定是由第一方、第二方还是第三方来实施的，执行评审的人员都应具备能力理解并分析提供给他们的信息，以证明与规定要求的符合性。

复核人员必须具备与规定要求、评审对象和确定活动相关的必要能力，例如，与检测方法相关的知识使评审者能够识别异常结果并将报告退给检测人员重新进行检测。

有些第三方证明方案中，第三方机构可以只进行复核与证明，而选取和确定由另一个第三方或者由合格评定对象的供方进行。在这些情况下，进行复核与证明的机构应特别注重采取适当安排，保持其评审员能力不断更新以适应技术发展。

提出拟发布的符合性声明的建议，评审阶段结束。提出的建议应引用报告和其他所有评审发现，这些发现对于证明评定对象与规定要求的符合性非常重要。

（十三）不符合的解决

评审结果可能是发现评定对象在一个或多个方面不符合规定要求，也可能是符合性证据不充分并且忽略了一个或多个规定要求。在上述任何一种情况下，都应将评审报告退给负责确定活动的人员，以便采取补救措施。

如果发现评定对象不合格，应通知负责该对象的人员或组织（如开发工程师或者针对第二方或第三方情况的供方）并由其进行必要的整改以符合要求。很重要的一点是评审员不应提出可能的解决方案，以便当返回对评定对象进行进一步评审时不失其客观性。允许对评审结果进行讨论，以便负责人员或组织能够了解造成不符合项的原因。

需要重复相关确定活动并再提交一份报告进行评审。经过评审员同意，这种报告只需要涉及更改过的内容。

（十四）符合性声明书

合格评定过程的最后是颁发符合性声明书，可采用以下几种描述方式。不管采取哪种形式，符合性声明书都应提供明确的评定对象标识及其所符合规定要求的标识。该声明书可以是纸质的，也可以采用其他可获取的文件，例如，影像或数字媒介。

由第一方（如产品的供方）或第二方（如采购商）颁发的符合性声明书称作符合性声明。已经采用这个惯例区分这种声明书和第三方颁发的声明书（众所周知的证书）。

ISO/IEC 17050《合格评定　供方的符合性声明》提供了供方符合性声明内容方

面的信息。第二方声明可以采用类似形式。

（十五）符合性标志

通常产品要加贴符合性标志，不管这些标志是供方自己的贸易标志、认证机构控制的认证标志还是法律要求的标志，例如，欧盟的 CE 标志。ISO/IEC 17030《合格评定　第三方符合性标志的通用要求》和 ISO 指南 27《认证机构在其符合性标志遭误用时采取的纠正措施指南》给出了关于符合性标志的建议。这些标志必须是可区分的并且应指明标志的所有权和使用条件，尤其对标志的使用不应误导产品的采购商和使用者。例如，获得 ISO 9001 管理体系认证的供方不得将认证机构标志加贴到其产品上，以免被认为其产品已获得该机构的认证。

通常，对于符合性标志使用的控制是通过标志所有者或代表所有者工作的组织（如认证机构）颁发的许可来实现的。这种许可详细规定被许可人使用符合性标志的条件，例如，只限于在供方已证实其符合认证产品类型的产品上使用。

控制符合性标志的使用，对于标志所有者和许可机构的利益至关重要，因为加贴其标志的产品常常是在某种体系控制下生产的，在这个体系中只有偶尔一些产品的样本被许可机构所验证。

（十六）监督

在证明功能完成时合格评定即可结束，然而若需要提供持续的符合性保证，则可使用监督功能。监督被定义为合格评定活动的系统性重复，是维持符合性声明书有效性的依据。

这类活动由用户的需求所驱动。例如，合格评定对象随着时间的推移可能发生变化，这种变化可能会影响其持续符合规定要求；或者当产品连续生产时，用户可能需要持续证明产品符合规定要求。

为了满足保持证明阶段产生的现行声明有效性的需要，对监督活动进行策划。基于上述目的而进行的每次重复监督活动中，通常没有必要完全重复初始评审。因此，每个功能中的活动在监督期间可能会减少，不同于初始评审中进行的活动。

初始评审和监督都进行选取活动，但是，在监督中可能采取完全不同的选择方式。例如，在初始评审中可能选取对产品的检测，在监督中可能选取检查，以确定产品的样品与原来检测的样品相同。事实上，选取功能中的方式可能根据之前重复监督的信息及其他输入而随时变化。持续的风险分析或在实际中基于满足规定要求的市场反馈的考虑也可能是监督中选取活动的一部分。

此外，关于规定要求的选择可能也是不同的。例如，在某些给定的重复监督中，可能只会选取规定要求的一部分内容；或者，对于监督中的确定活动同样可能只会选取一部分合格评定对象，例如，在监督期间可能只有一部分获得认可的机构被审核。

如上所述，选取活动中的不同选择会导致以监督为目的的不同确定活动。然而，在初始评审和监督中，选取的输出限定了确定活动及如何进行这些确定活动。

复核与证明功能不仅用于初始评审，也用于监督。在监督中，对所有输入和输出的评审将形成一种决定，即决定产生于证明活动的声明是否持续有效。多数情况下，如果这种声明持续有效，就不需要采取特别措施。也有些情况，例如，如果扩展了证明范围，可能颁发一个新的符合性声明书。

如果形成的决定为符合性声明不再有效，有必要通告用户采取适当的活动；例如，证明的范围已经缩小或者暂停、撤销声明书。

（十七）市场监督

市场监督是一种特定形式的后期证明活动。可以由供方以对顾客进行调查或对安装的产品进行定期检查的方式进行市场监督，可以将其作为服务合同的一部分。有时市场监督也会按照认证方案进行，在这种情况下，认证产品的样品取自市场，并进行检查和检测来确定这些产品是否符合规定要求。

在许多国家，官方监管机构有责任通过市场监督保护消费者和加强健康与安全的管理。这类工作可作为例行工作，但由于经济条件的限制往往会导致有目标的监督，重点关注高风险的领域或者不合格产品的应对报告。登录ISO网站可获得ISO/CASCO市场监督研讨会的报告。

不管市场监督是由供方或认证机构进行，还是由官方监管机构进行，都需要以系统方法实施，并有全面且易于使用的记录。还应进行系统跟踪以纠正所有负面影响，如果可能，应预防再次发生。具体方法包括补救措施和产品召回。

在今天的全球经济当中，对不同国家的官方监管机构而言，共享市场监督信息是有益的。这样，从一个国家发生的事件中吸取的教训可用于其他国家，以防止缺陷产品进入市场或在其造成损失之前不再使用。

第二章　互联网技术

第一节　互联网起源和发展

一、互联网是什么

互联网（Internet）是由许多小的计算机网络或多个子网通过互联而连接组成的计算机网络，每个小的子网中又分别连接着若干台大型计算机，是目前已知世界上最大的国际网络计算机通信网络。利用互联网通过通信的设备和通信线路将国际网络功能相对独立、地理位置不同的网络和计算机连接起来，利用网络通信协议可以实现国际网络信息的相互交换和国际网络信息资源的相互共享。

一般我们提到的互联网，就是指可以介入其中的网络，有时候我们会将其简称为网络。目前，人们一般将对互联网的理解和使用方式统称为"上网""冲浪""漫游"，将经常使用于移动互联网的使用人群统称为"网民"。

二、互联网的起源

现在被广泛普及和使用的移动互联网并不是在精心的计划中诞生的，互联网的作者和创始人也没有想到它为什么能在几十年发展成如此大的网络规模。移动互联网是起源于美苏冷战的历史时期产物，20 世纪 60 年代初，苏联和美国还同样处于第一次冷战的时期，古巴发生的第一次核导弹试射危机直接导致美苏之间核危机的升级，每个人都在更加担心美国核武器的安全性和威胁。科技竞赛已经开始了，学术专家普遍认为，战争的最终胜负将直接取决于美国的科学信息技术的发展是否始终处于世界领先地位，科学信息技术的进步和发展又完全依赖于现代计算机和信息技术的进步和发展。

1969 年，美国国防部高级研究机构和计划网络管理局的 ARPA（Advanced Research Projects Agency）实验室开始研究建立一个特殊的异构通信网络，这个特殊的网络最初被命名为 ARPAnet，把来自美国的几个主要军事及信息学研究技术中心的电脑主机连接起来。起初，ARPAnet 只对外连接了 4 台电脑主机，一方面由于作为重要的军事设施而被置于美国国防部的保护之下；另一方面由于网络技术尚不成熟，还不完全具备向外应用和推广的能力和条件，因此当时 ARPAnet 并没有得到面向社会的推广。1983 年，ARPA 和美国国防部网络和通信局共同合作研发了一种用于异构通信网络的 TCP/IP 网络协议，ARPAnet 的研究和试验结果奠定了一个 Internet 的存在和推动网络发展的理论基础，较好地分析和解决了关于异种通信网络之间互联的一系列重要理论和实践以及技术上存在的问题。随后美国加利福尼亚伯克莱分校把该网络协议重新整合并应用到了 BSD UNIX 网络系统中，使得该网络协议得以在国际社会上被应用和推广，从而在世界上产生了真正意义上的互联网。

1986 年，美国国家科学基金会（National Science Foundation，NSF）开始利用基于 ARPAnet 军用网络研发出的 TCP/IP 的军用和通信网络协议。由于得到了美国国家科学基金会的大力鼓励和资助，很多的大学、政府和其他资助的科学研究教育机构甚至是私人的科学研究教育机构纷纷把自己的科学研究局域网系统并入连接到了 NSFnet 中。此时称为 ARPAnet 的军用信息通信网络已经完全脱离了母网，建立了 Milnet。ARPAnet 作为军用网络之父，正在逐步被新的 NSFnet 所逐渐替代。由于当时 NSFnet 的运营是由美国政府部门出资，因此，当时的互联网最大的主要股东还是当时的美国政府，只是当时还有一些美国私人公司的老板也都参与进来运营。

Internet 在 80 年代的发展和扩张不只是给它带来了量的改变，同时也是带来了质的革命性改变。互联网用户们惊讶地发现，加入了 Internet 之后，除了他们可以同时共享一台 NSFnet 的巨型计算机之外，还可以能在不同的主机之间进行实时的通信，而这种相互主机之间通信的交流能力更加强大和具有吸引力。于是，这些研究机构慢慢地把计算机和互联网的连接当作了一种主机之间通信和进行数据交流的重要工具，而不仅仅是为了获取一台 NSFnet 巨型计算机的运算数据资源。

直到 20 世纪 90 年代，互联网的广泛使用一直仅限于商业和学术研究的领域。各种各样的法规和问题一直都在困扰着政府商业机构正常地管理和使用美国的互联网。起先，对于美国国家科学基金会等曾经计划投资建造和使用互联网的构想，美国政府和商业机构对其在互联网上的任何商业活动并不感兴趣。之后，Internet 服务提供商逐渐地走向了商业化，这样就使得各类个人和企业终于都可以合法合理地接入和使用互联网。我国的商业机构刚开始涉足互联网和 Internet 这一新的互联网领域，就很明显地发现了它在促进信息资源共享、信息资源检索、通信等各个方面的巨大发展能量。互联网从此一发不可收拾。如今全世界每天有数不清的各类商业机构和个人开始接入和使用互联网，大量各类用户的互联网络涌入和使用给了互联网的快速发展和应用带来了质的飞跃。Internet 目前已经在世界上连接了超过 160 个国家和地区、4 万多个企业子网，成为世界上的信息最丰富的公共网络和计算机信息服务网络。

三、互联网在我国的发展进程及现状

我国已经初步规划建立了 4 大公用企业数据网络通信网，为大力推动未来我国 4 大公用数据通信网和互联网的快速健康发展和广泛应用推广创造了有利的基础条件。

（一）中国的公用电信数据分组网络交换电信数据分组通信网（ChinaPac）

这个数据分组网络在 1993 年 9 月开通，到 1996 年底时就已经基本覆盖了全国县级以上的城市，并且和其他 23 个发达国家的 44 个数据网实现了实时在线互联。

（二）中国 4 大主要城市之间公用汽车互联的一个数字数据网（ChinaDDN）

这个完全数字化的数据网络在 1994 年底就开始正式投入使用，1996 年底就已经开始覆盖范围扩展了达到 3000 个县级以上的省会城市和 1 个乡镇。现在用于我国 4 大主要城市中的公用网络互联网的主要数字流和数据流的骨干传输网络大部分都已经在 2005 年开始大量采用这个方式 ChinaDDN。

（三）中国公用帧中继网（ChinaFRN）

这个网络已经在我国的 8 大区域的省会城市分别设立了节点，并向用户提供高速信息通信和多媒体通信。

（四）构建中国的公用计算机骨干互联网（ChinaNet）

该骨干网络覆盖了 32 个省（含直辖市、自治区）的大部分城市，业务范围已经覆盖所有中国移动电话网络通达的国家和地区。

互联网在中国的发展历程可以大略地划分为 3 个阶段：

第一个阶段为 1986.6—1993.3，是互联网试验阶段（E-mail only）。

在此期间中国一些大学科研有关部门和一些高等院校已经开始了研究和应用 Internet 联网通信技术，并积极开展了与科研课题和科技项目合作等相关工作。这个发展阶段的电子通信网络的应用仅限于小范围内的企业提供电子邮件网络通信服务。其发展的经历总结如下：

——1986：Dial up（Terminal）；

——1990：X.25（1989.11：CNPAC，1993.9：CHINAPAC）；

——1993.3：Leased Line（DECnet）（Email Only）。

第二个阶段为1994.4—1996，是教育起步的一个阶段。

第三个阶段从1997年至今，是我国互联网技术高速发展时期阶段。

在骨干网络的基础和设施现代化方面，近年来，中国先后建设和启用了数个国际干线光缆网络系统。已经实施项目建成并正式投入使用的光缆系统有：中日、中韩、环球陆地海底干线光缆网络系统、亚欧陆地海底光缆网络系统；正在实施项目建设的光缆系统有：中国亚太2号陆地海底干线光缆、中美陆地海底干线光缆、亚欧海底干线光缆。1999年共有13条国内互联网干线光缆系统投入使用或完成试运行。互联网光缆线路总长100万km。国内应用于互联网的骨干光缆网络对其原有的信道全面进行扩容，中继通信电路以155m信道为主。随着密集波分复用（DWDM）光通信技术广泛应用于互联网光通信系统的建设，互联网骨干网络的带宽可达2.5G～40G。

2002年1月11日，中国电信上海数据通道——杭州10G IP over DWDM建成开通，该通道所需要构建的长途数据和波分复用的传输通信系统，采用了美国思科公司长途和波分数据复用传输系统和思科系列高速的互联网路由器。这一波分复用系统已被来自世界各地的大型企业和电信网络运营商广泛用于设计和构建一个规模庞大、运行快速稳定的“IP+Optical”数据通信网络，并被国际证明已经具有良好的网络稳定性、可靠性和技术先进性。这条目前全国最宽的长途和数据波分复用通信传输通道的建成开通，标志着目前我国电信因特网的骨干数据传输网从2.5G的时代步入10G的时代，标志着目前中国电信的数据传输网络的能力已经进一步达到了国际先进的水平，中国电信的数据网已经发展成为真正的国际高速数据传输网络、海量数据带宽传输网。

四、互联网的发展特点与趋势

互联网的价值和意义并不仅仅在于它的数量和规模，而是在于它已经提供了一种全新的、全球性的网络信息基础和设施。由于当今世界正向一个新的知识经济发展时代的方向迈进，信息技术产业已经发展逐步成了世界发达国家的新的知识经济支柱产业，成了推动当今世界知识经济高速进步和发展的新的引擎和原动力，从根本上改变了当今人们的思想观念、生产工作和生活方式，推动了各行各业的知识经济发展，并且也成了知识经济发展时代的一个重要的标志之一。互联网已经基本构成了全球性的信息高速公路的总体雏形和未来的信息经济社会的总体发展蓝图。纵观当今互联网的知识经济发展史，可以很清楚地看出未来互联网的发展趋势主要是表现在以下几个重要的方面。

（一）运营产业化

以美国互联网的运营为核心产业的私营电信企业迅速地崛起，从 1995 年 5 月开始，多年以来资助所有从事互联网技术研究和开发的公司以及 NSF 都先后退出了互联网，把所有 NFSnet 的所有经营权全部转交给了美国 3 家最大的私营有线无线电信公司（NFS，即 Sprint、MCI 和 ANS），这无疑是美国互联网产业发展史上的重大历史转折。

（二）应用商业化

随着互联网对电子化商业网络应用的开放，它已经发展成为一种十分出色的全球电子化网络商业媒介。众多的公司、企业不仅把它的网络作为在全球市场进行产品销售和提供客户服务支持的重要信息传输手段，而且把它作为网络传真、快递及其他电子化通信传输手段的廉价工具和替代品，借以更好地形成与它的全球市场和客户之间保持联系和有效降低日常的网络运营管理成本。各种方式［如电子邮件、IP 电话、网络传真、虚拟专用网络（VPN）和网络电子商务等］的日渐发展受到了人们的广泛重视，而网络便是最好的例证。

（三）互联全球化

互联网虽然已经拥有三十来年的高速公路发展的历史，但早期主要的应用还是仅仅局限于它在美国国内的科研机构、政府机构和它的主要盟国在全球范围内的使用。随着世界各国纷纷地提出一系列适合本国形势和国情的信息高速公路建设计划，已迅速地形成了一股世界性的跨国信息高速公路项目建设的热潮，各个地区和国家都在以最快的发展速度接入美国互联网。

（四）互联宽带化

随着互联网络基础的进一步改善、用户体验和接入带宽等方面新网络技术的广泛采用、接入网络方式的进一步多样化和网络运营商提供网络服务能力的进一步提高，接入互联网络的速率慢形成的网络瓶颈和安全问题将会在网上得到进一步的改善，上网的速度将会变得更快，带宽对网络瓶颈的约束将会进一步消除，互联必然实现宽带化，从而极大地促进了更多的互联应用在网上的实现，并能够更好地满足用户体验等多方面的互联网络一体化需求。

（五）多功能业务平台综合管理服务平台实现一体化、智能化

随着现代信息互联网技术的进步和发展，互联网将发展成为实现图像、话音和视频等大数据“三网合一”的多媒体业务的综合平台，并与传统的电子商务、电子政务、电子行政公务、电子医务、电子教学等交叉应用相互融合。在未来十到二十年内，互联网将远远超过传统报刊、广播和有线电视的整体影响力，逐渐地形成“第四媒体”。

综上所述，随着当前我国移动电信、电视、计算机“三网融合”发展趋势的进一步深化加强，IP 和广播通信多媒体的全新时代网络融合多媒体业务世界，它不仅能有效率地融合现今所有的传统移动通信业和网络媒体业务，并能有效率地推动新媒体业务的快速多元化和快速迅猛发展，给整个当代中国移动信息化和电子技术信息产业的快速发展进程带来的是一场具有历史性的巨大革命。

第二节　“互联网 +”环境下的新技术及产业发展

一、“互联网 +”环境下的技术创新

“互联网 +”是中国创新 2.0 新形势下推动中国的互联网技术发展的新业态、新形态。“互联网 +”不仅仅是对互联网的延伸和应用的扩展，也是和我国传统互联网行业的信息技术融合以及互联网的应用，更好地融入了现代计算、信息、创新，从而引领了互联网创新、技术驱动互联网发展的新常态。

2015《政府工作报告》中首次提出的“互联网 +”概念，实际上也是中国知识产权社会技术创新 2.0 背景下，新一代中国互联网推动经济社会科学发展的一个新形态、新服务业态的不断演进。新一代中国互联网网络信息创新技术的快速变化发展和推广应用直接催生了现代知识经济社会技术创新 2.0，而现代知识经济社会技术创新 2.0 又通过其快速变化发展阶段反哺了当前我国新一代的互联网信息技术产业创新，对云计算、大数据、物联网、科学计算等信息技术，以及未来新一代中国

互联网网络信息创新技术的快速发展和推广应用等都产生了重要的深远影响。新一代产业互联网驱动信息时代社会知识创新信息技术的快速变化发展又直接性地推动了我国知识创新社会商业创新 2.0 模式的快速变化发展和商业应用模式演变，基于用户体验生活创新互动科技实验室、体验创新互动科技实验区（LivingLab）、基于用户生活个人信息产品设计制造体验互动科技实验室、创客（FabLab）、“三验”用户应用创新科技知识创新体验产业园区（AIP）、用户应用科技维基百科（Wiki）、生产消费者（Prosumer）、众包（CrowdSourcing）等一系列较为典型的知识创新 2.0 的知识创新商业模式不断涌现。新一代的信息互联网技术与下一代创新 2.0 的相互交融与相互促进直接推动了“互联网 +”产业形态的发展与形成。下一代互联网随着现代信息互联网技术的发展以及深入推广应用与发展所带来的下一代创新产业形态的演变，本身也在快速发展并与各个行业的创新形态相互的作用共同形成与发展，如同以中国工业 4.0 为代表的新工业革命以及以群体创客活动为代表的群体个人产品设计、个人产品的制造、群体文化的创造。可以这么说“互联网 +”的概念是新经济常态下中国用创新技术驱动中国经济发展的重要引擎和组成部分。国内许多学者都认为“互联网 +”的概念是推进信息化建设和促进现代工业化的战略性提法的一个升级版，是未来推动中国互联网经济生存与发展的最重要创新引擎。其中一个关键任务就是推进技术创新，要将当前在世界和中国正在迅速掀起的互联网创客的大潮和创新驱动创业的大潮引导其使用移动互联网及其创新 2.0 这个创新利器，以期尽快完成适应中国当前新常态的战略性经济结构转型和中高速经济增长，迈向中高端经济发展水平，这样我们才能真正让“互联网 +”变得更有意义。

“互联网 +”在较早被马化腾提出时，聚焦在移动互联网对于传统行业的快速渗透和改变。每一个属于传统的行业都正在孕育着“互联网 +”的机会。“互联网 +”中“+”的含义是什么？马化腾提出“互联网 +”是一个发展趋势，加的是每一个传统的各行各业。如互联网技术加电子媒体服务产生了传统的网络媒体，对于传统媒体的影响很大；通过互联网加体育和娱乐产生了网络游戏；通过互联网加电子零售服务产生了电子商务，已经成为中国实体经济重要的组成部分；通过互联网加服务和金融，使得传统的金融和服务变得更有了效率，更好地为中国的经济发展服务。

从另一个革命性的角度上来分析，传统行业每一个环节及其细分行业和领域的优势和力量仍然可以是无比强大的，互联网仍然是可以作为推动人们发展传统技术和行业的有力手段和工具。从18、19世纪第一次工业革命开始人们发明了蒸汽机的技术到19、20世纪第二次工业革命开始有了蒸汽机和电力的先进技术以来，很多的传统行业都发生了革命性的变化。特别是互联网的诞生后，也进一步地推动了传统行业知识的产生及其传播。从这个革命性的角度看，互联网本身就是一个可以更有力地作为推动各领域传统的行业变革、发展的手段和工具。当然，互联网也一定会推动和衍生发展出很多新的行业和事物、新的技术和机会。

随着知识社会互联网深入的发展和应用，特别是以移动互联网技术应用为主要代表的普适计算、泛在互联网络的信息技术发展与向知识社会生产人民生活、经济社会的发展各个重要方面的应用渗透，信息电子技术发展推动的各种面向互联网和知识社会的信息创新服务形态的形成日益广泛受到了关注。

正是在这种历史背景下，中央工作会议提出了以创新服务业驱动经济发展“新常态”，提出我们要充分利用新一代互联网和信息技术的发展，以及新一代知识产权经济社会万众创新的机遇，简政放权、强化法治、鼓励创新大众创业、激发市场和经济社会的活力，并制定出台了一系列的鼓励大众创新、万众创业的政策和举措。李克强总理在第十二届全国人大三次会议上的讲话以及政府经济工作的报告中第一次提出的“互联网+”也就说明我们具有了更丰富、更深刻、更富时代特征的文化内涵。政府工作报告中明确指出新兴产业和新兴服务业态都是国家的竞争创新高地，要加快实施高端智能制造装备、信息网络、集成电路、新能源、新一代材料、生物医药、航空发动机、燃气汽车和汽轮机等一系列重大项目，把一批战略性新兴产业重点培育发展成国家主导产业。制定“互联网+”产业发展行动计划，推动国际移动互联网、云计算、大数据、物联网等与我国现代装备制造业紧密结合，促进互联网电子商务、工业互联网和移动互联网电子商务金融健康可持续发展，引导我国互联网电子商务企业积极拓展进入国际电子商务市场。目前国家已批准设立400亿元的新兴产业和创业投资项目引导和扶持基金，要进一步整合资源筹措更多的资金，为我国的产业升级和创新发展加油助力，并全力推进创新、创业，全面地激发我国资本市场和经济社会的活力，进入互联网创新2.0时代构建创新驱动产业发展的“新常态”。

未来“连接一切”的时代我们还有很多的想象和空间。当然“互联网+”不仅仅是连接一切的信息网络或将这些信息技术广泛地应用于各个非常传统的行业。除了无所不在的信息网络（泛在信息网络），还有无所不在的信息网络计算（普适计算）、无所不在的数据、无所不在的技术和知识，一起共同形成和推进了新的一代知识社会信息技术的创新和发展，推动了无所不在的民主化创新（技术创新民主化），推动了新的一代知识社会以用户信息技术创新、开放信息技术创新、大众创新、协同创新的发展为主要特点的信息技术创新 2.0。正是这种新一代的信息技术与创新 2.0 的信息技术互动和演进发展，改变着知识社会人们的日常生产、工作、生活的方式，并给当今的中国经济社会的发展和进步带来无限的可能性和机遇。

“互联网 +”概念其实就是以新一代信息技术经济为基础和主流的经济模式，体现了信息知识时代经济社会的创新 2.0 与对新一代信息产业和技术的快速发展与演进和重塑。而目前的新经济常态仅仅是对信息技术经济快速发展的一个起步，或者是信息技术经济全面健康发展的一个开端，今天中国经济的知识社会转型和发展与增长要从传统要素驱动转向实现创新要素驱动，而以新一代互联网信息技术为基础和载体的新一代知识社会信息化和创新 2.0 模式的发展则是实现创新要素驱动的最佳途径和选择。“互联网 +”不仅在本质上意味着是新一代知识社会信息产业和技术的发展和演进的一种新形态、也意味着中国经济面向新一代知识社会的创新 2.0 逐步形成和演进、经济社会的转型和发展的一个新机遇，推动改革开放理念创新、大众创业、万众创新、推动今天中国信息技术经济进一步走上实现创新要素驱动转型发展的“新常态”。

二、“互联网 + 医疗健康”

发展“互联网 + 医疗健康”（其中包含远程网络医疗）是加快推进各省市和区域一体化医疗服务资源整合与共享、促进优质的医疗服务资源有效下沉、降低重大疾病患者的就医服务成本的重要战略性举措，更是方便医院服务患者，维护重大疾病患者与医疗机构共同合法权益的重要战略性举措。

从 2009 年起，互联网电商开始尝试医药电商领域，资讯、知识科普打开了医疗健康行业信息化大门，之后互联网电商稳步发展，电商通常以单个产品或者服务来介入医疗流程。

2018 年对于整个“互联网 + 医疗健康”服务产业来说是具有深远历史意义的一年: 4 份关于“互联网 + 健康医疗”的发展规划重要文件正式发布，平安好健康医生集团成为首家通过首次公开募股（IPO）成功布局互联网医疗的企业，微医生集团成为目前互联网行业最大培养独角兽的企业，医药服务电商正式完成互联网平台布局，至此，医疗政策导向的格局渐趋明朗，各类医疗机构积极探索医疗服务新模式。

公开的数据统计资料显示：截至2018年6月4日，全国已经累计有19万名患者和医生在网上注册开通好大夫的在线，为覆盖全国的患者和医生提供了疾病的咨询、线上复诊、预约医院在线转诊、远程预约门诊等一系列服务。其中，73%的患者和医生门诊来自三甲医院，中级以上技术职称的在线医生大约占87%。据初步统计，好大夫在线互联网平台上的在线医生，仅2017年就为全国的社会医疗服务贡献了近200万小时的碎片时间。目前，好大夫的在线已经完成服务覆盖全国的患者4400余万人，每日全国医患之间在线沟通的次数已经超过25万次，覆盖全国。

2018年4月28日，国务院《关于促进“互联网＋医疗健康”发展的意见》正式发布。这个同意文件中还明确指出，允许中医企业自行发展在线的中医互联网诊疗医院，同时允许全科医师执业在线为住院患者自行开展部分在线医院门诊常见病、慢性病的在线复诊，同时允许执业医师在线掌握了住院患者的个人病历等医院相关信息资料后，允许在线为住院患者自行开具部分在线治疗医院常见病、慢性病的中医处方。

在新的医疗发展指导意见和文件的出台后，整个互联网医疗行业进一步加速了从互联网向信息化的转型，在开放的互联网网上预约出诊，已经逐渐成了互联网医生的一项必备执业技能。这一发展趋势下，医生的服务和诊室已经不仅仅只是局限在传统的医院里，每个住院医生通过开放的互联网医疗服务平台，开设的专属“网上诊室”，将会发展成为新的互联网执业服务方式，线上线下的医疗执业服务地点互相配合和补充，提高互联网医疗的效率，提升医生和患者的满意度。

2020年，各类医疗机构服务将持续地打造“以消费者/患者为中心、服务健康管理全生命周期”，新服务工具、新的场景和新服务入口将持续地出现，形成新的服务格局。医保政策接入推动互联网医疗与“线下”的医疗服务协同的发展，医保政策接入进一步地推进了互联网线下医疗的发展。互联网医疗服务层面：整合和延伸线下诊疗服务，通过创新医疗服务的模式提高医疗服务的效率；互联网医药服务层面：互联网售线上处方药解禁，线上消费者开具的各种常见病、慢性病等医疗处方，可经由符合条件的第三方平台进行配送；医保服务层面：配套互联网医保相关优惠政策，线上线下服务接轨。今后的几年互联网线下医疗将充分利用其技术和大数据的优势为医患双方和消费者构建和开发起一套个性化的医疗服务解决方案，并通过智能AI等多种形式进一步加强服务平台和与消费者的交互，最终进一步使得平台运营者具有独立的价值变现服务能力。

政府有关部门采取“医疗、医药、医保”三医联动的方式，逐渐彻底革除以药养医的体制和痼疾，对现有医药行业进行全面的整顿，提高对现有医疗药品品质的行业准入和门槛，加快推进高端新药的企业注册和上市，淘汰一些低端质量的药企，并进一步充分发挥对医保的政策监督引导作用，从而基本实现了医药市场的根本好转。

在政策环境推动行业变革过程中，"互联网 + 医疗健康"必将给药企带来新的机遇和挑战。中长期而言，医疗供给侧结构性改革将持续深化和推进，进而形成了一个线上线下一体化的医疗健康新格局，根据患者的各类医疗需求，医疗资源分配合理性将进一步提高。

借助于互联网和医疗大数据，"互联网 +"赋能，"以患者为中心"的在线医疗健康服务生态系统必将进一步形成，患者个性化的在线医疗健康服务需求将被其满足。事实上，足不出户就有可能在网络上得到专家医生的指导和诊断，线上的医药产品和服务已经不是新鲜的事物。随着传统的医药在线电商、互联网在线医院等新兴的在线医疗网络用药平台和服务市场的发展，线上的服务逐步发展延伸出在线视频、语音在线通话、线上到线下（O2O）、在线送药等多种医疗服务方式，但是收费和与医保支付息息相关的问题始终让部分慢性疾病患者对医疗保持谨慎的态度。

医疗卫生的资源稀缺且有限，合理优化医疗卫生资源配置至关重要，尤其特别是针对一些危重症的患者。"卒中急救"软件就是一款有助于提升政府救助卒中的效率和服务质量的工具。"120"随车接送卒中医生系统可以首先根据内嵌的医疗卫生规范和步骤对接送的患者具体情况进行初步的诊断、记录时间、信息自动导入，卒中医生的识别率甚至可高达 70%。然后根据卒中医生救治的地图，确定目前距离危重症患者最近的救治医院和病床的情况，进而帮助患者选择合适的救治时间和医院。进行卒中救治的医院在接到卒中医生通知后，会立即为患者需要进行的救治提前准备。

整个治疗过程中，卒中患者从到达指定医院到得到静脉溶栓手术治疗的持续时间，比之前的时间缩短了 20%；从卒中患者到达医院到进行静脉取栓导管穿刺手术治疗的时间比之前缩短了近 30%，脑卒中患者的病死率也比之前下降 20% ～ 25%。进一步实现了脑卒中患者未到，信息先到。同时借助于互联网和 AI 大数据技术加强了脑卒中患者救治的有效性和医疗服务质量和风险控制。

尽管"互联网 + 医疗健康"在这几年经历了起起伏伏，也曾经因为一些事件推上了舆论的风口浪尖，"互联网 +"助力的医疗联动符合政策导向，依然孕育着巨大的潜力。

三、“互联网＋教育”

互联网、云计算、大数据、物联网、人工智能等互联网技术作为代名词被社会广泛传播，信息与电子技术的快速发展与互联网交叉技术融合所应用而产生的智能倍增学习功能正在对各行各业的教育产生划时代的深远影响。鼓励学校通过与互联网企业合作等方式，对接线上线下教育资源，探索基础教育、职业教育等教育公共服务提供新方式。至此，“互联网＋教育”的核心概念被正式地确定，同时也确定了“互联网＋教育”的初始教育发展战略方向。“互联网＋教育”的迅速发展，离不开“互联网＋教育”的科技进步。

互联网具备的主要功能是实现在线与互联网设备的实时互联与数据的通信，如同中国邮政快递的系统一样，能够根据在线设备邮寄的地址把接收到的物品多种方式送达用户到指定的地方。对大众而言，互联网的使用体验一是接入网络方式，指的无论是有线还是无线（4G、wifi 等）；二是利用网络的带宽（10mbps、100mbps 等），得到的体验就是对上网速度的体验；三是互联网本身并不是提供数字图书馆、视频公开课等应用服务，这些服务是由搭载在各类移动互联网上的各类互联网应用软件平台和系统的开发者来设计和提供的；四是互联网从其诞生之初就充分体现了“互联网＋”的具体应用理念。电子邮件、网络购物、各类手机 App、网络电话、网络视频会议等都是由具体的应用互联网软件的系统或者搭载在具体的互联网软件系统上来实现的。互联网应用软件的系统由各类软件平台、信息管理系统等构成，用户在各类互联网终端上获得的信息和应用都是对应着一个互联网应用软件的系统。“互联网＋”的理念赋予了人们巨大的使用体验空间，如“互联网＋”的商业、金融、公检法等。人们都希望社会的各个行业都能够参加到了互联网的行列上去，从而也推动了各行各业的教育技术创新与变革发展。在互联网教育领域，自从“互联网＋教育”被首次提出之后，也在社会上得到了广泛的关注与讨论。从当前互联网教育技术与服务的发展角度分析来看，“互联网＋教育”的软件技术与服务环境其实就是“互联网＋教育应用软件系统”。互联网教育系统所应用的软件系统其实就是一种提供教育在线学习服务的（诸如网络综合教育课程与管理平台、在线互联网学习与管理系统、大数据综合教育与管理在线学习系统、虚拟交互在线学习系统平台、网络在线学习应用空间等）软件系统，不同的软件系统可以采用不同的软件技术与系统结构进行设计与开发，提供不同的教育在线服务与功能。

李克强总理在2019年政府工作报告中明确提出，“发展‘互联网＋教育’，促进优质资源共享”；《中国教育现代化2035》等一系列政策方针文件也对教育做出一系列的部署和战略性要求，以促进和推动我国面向互联网和信息社会的中国教育现代化理念的更新、模式的变革、体系的重构。被不断媒体提及的“互联网＋教育”，毫无疑问会给教育以及每个人的教育生活带来重大的影响。

在学前教育资源的分配方面，一方面，公办幼儿园和民办的幼儿园之间可以相互共享资源，取长补短；另一方面，可以充分利用“互联网＋学前教育”，共享优质的资源，让学前教育的老师和孩子在这里玩中学，在学中玩。有的民办幼儿园并不是缺少平板电脑和手机上的大屏幕，但就是没有好的家长和老师，通过这种游戏或者个性化的视频互动教学的方式和手段，可以把外面的虚拟世界直接搬到偏远的山村，让无论是山区的小朋友还是家长都能在这里共享优质的教育资源。

当前，以“互联网＋”为主要技术特征的新一代信息技术革命，正在加速推动信息时代人类的社会从传统工业主义社会进一步迈向现代信息经济社会，它已经被作为信息时代推动社会变革和经济转型的重要先进技术和力量，也必将是驱动教育发展的要素和动力，必将对未来教育的发展产生深远影响。

“互联网＋教育”给每个未成年人学习带来的重要性和好处显而易见，而在其推进的历史发展过程中，也意味着有一些社会问题仍然需要被人们广泛关注。其中例如，“互联网＋教育”虽然本质上可以很好地满足现代人们的各种个性化教育学习的需求，但由于相关的法规和教育政策的建设和滞后、准入制度和标准的缺失、办学的质量参差不齐等诸多问题，“互联网＋教育”的健康、可持续发展仍面临种种挑战。

“互联网＋教育”对推进教育公平能起到一定的积极作用，不过发展“互联网＋教育”还必须综合考虑“应试教育”与“素质教育”这两方面的内容，“从教育主管部门到学校，互联网在教学中还只是一种手段，在学校学习到的人际交往等其他方面的知识，这些是互联网不能代替的。”

在线教育软件可能会向特定的学生群体推送不良的内容干扰了学生正常的学习，把这些学生的信息进行倒卖。由此带来的人身安全健康隐患等，都可能是过度地收集了未成年人的个人信息可能带来的一种严重危害。一些智能手机App正在将“越界索权”的“爪子”直接伸向了未成年人的用户。

在线教育尽管本身具有很强的“互联网产业”的属性，但其本质仍是“教育”。因此，在线教育的企业必须严格遵循互联网教育的规律，遵守互联网教育的法规，承担相应的教育责任和义务，履行经营在线教育的责任。严格监管将会促使在线教育企业进一步从服务用户出发，在师资、课程、产品、服务等层面“修炼内功”，以此实现良性、可持续发展，努力让优质教育触手可及。

随着“互联网 +”的全面推进，教育不仅面临的是教与学层面的改革，更是教育大数据技术支持下的教育业务管理和科学决策治理模式的一次重大变革。2019 年 2 月，中共中央、国务院在印发的《中国教育现代化 2035》中再次明确提出未来将进一步充分发挥教育大数据在我国的教育管理和科学决策治理模式中的重要作用：“推进教育治理方式变革，加快形成现代化的教育管理与监测体系，推进管理精准化和决策科学化”。2019 年 5 月，国际教育人工智能与中国教育信息化大会上多个地区和国家所共同达成的《北京共识》，同样明确提出了大数据对于教育管理和决策的重要性：“意识到应用数据变革基于实证的政策规划方面的突破。考虑整合或开发合适的人工智能技术和工具对教育管理信息系统（emis）进行升级换代，以加强数据收集和处理，使教育的管理和供给更加公平、包容、开放和个性化。”

政策规划为教育治理指明了方向，实践也同样对“互联网 + 教育”的治理提出了挑战。2020 年初的新冠肺炎疫情，使得“互联网 + 教育”成了“停课不停学”的不二选择。全民开展网络教育，既是对我国教育信息化实践的一次突击性大考，也为我国的“互联网 + 教育”提供了难得的实践、反思、总结、指导下一阶段发展的机会。疫情防控正在加速推进互联网及相关技术在教育中的全面应用，也为我们用互联网技术推动的教育变革发展提供了千载难逢的巨大历史发展机遇。而如火如荼的实践中，也反映出全社会在“互联网 + 教育”的理念、方法、能力和管理等方面都准备不足，尤其在如何利用信息技术实现教育治理模式的确在教育体制变革上面也缺乏了教育理论的有力支持。我们始终认为，未来的十年中国高校教育治理科学化和治理必将真正实现的目标是在教育互联网和教育人工智能等新兴信息时代技术的强大支撑下，由教育互联网和教育大数据所共同引领的中国教育治理科学化、精准化的监测和严格的管控。但数据化转型是当前教育管理模式的必经之路，只有数据化转型才能实现对资源的深入优化，从而更好地适应未来灵活开放的教育治理体系。然而，教育治理体系是一个庞大的社会治理概念和体系，其中涉及各个组织体系的整合，这意味着教育治理下的大数据转型必将是一个复杂而又艰难的过程。怎样正确地认识当下大数据对教育管理者所带来的机遇与挑战，同时更好地对教育管理体系进行重新整治，这些都是需要进一步解决的问题。

大数据时代下，教育治理需要面对下面这些教育需求：把控教育现状、评估教育发展、辅助教育决策以及助力资源配置。为了建立更完善的标准化服务体系，面向未来教育打造全方位基础功能系统，形成全流程的解决方案，精准教育治理服务支撑体系的建设需要遵循以下原则：第一，坚持以需求为导向。明确服务群体及其利益需求，将个体利益、群体利益与国家利益有机结合，为教育改革提供充分的动力保障。第二，尊重学生个性化发展。依托先进的教育技术方法和线上线下资源服务机制建设，提供精准的教学服务和教学管理，在一定的范围内提供最优的个性化服务。第三，以平台为中心。构建综合性教育大平台，努力确保数据全方位采集、分析建模、实践应用过程的完整性，为教育治理流程提供闭环条件。

教育作为国家政治、经济、社会、文化的重要组成部分，其治理体系是一个大工程。将来，大数据平台支持下的社会治理体系会成为主流，教育只是其中最重要的一部分，有必要在更高层面加强设计管理，把数据平台建设、数据汇聚、模型构建、迭代应用、制定标准的工作，立足于社会治理之上，把教育活动和社会生产活动较好地结合起来，从而真正落实社会整体治理体系中的教育治理服务。

面向个性化的教育需求，不管是孩子的学习还是成人的学习，都不只发生在传统的教育体系中，在校外的教育培训机构和其他互联网教育机构中也同样存在。在疫情时期，我们看到了互联网教育产业在学校教育和校外培训的技术、资源、内容等支持服务方面，发挥了重要的作用。因此，未来的教育一定是正式教育和非正式教育的结合，以学生的个性化需求为核心，政府和市场共同努力支撑构建的“互联网 + 教育”服务体系。因此，未来的“互联网 + 教育”治理服务也将成为社会共治的教育治理体系。在我们搭建数据服务体系时，也将更多考虑政府、市场、学校、科研机构以及社会大众等各类主体的角色及其能力，实现符合“互联网 +”特点的支撑体系。

以区块链、人工智能为代表的高新科技将深入应用于“互联网 + 教育”治理服务。由于“互联网 + 教育”的时空灵活性，以及对正式学习和非正式学习的良好适应性，使得学习过程变得极其便利，但同时也将给学习质量的保证和学习效果的鉴别带来一定困难，而区块链技术具有不可伪造、全程留痕、可以追溯、公开透明等特点，能够承担起“互联网 + 教育”的质量监测服务。而人工智能的不断引入，也一定会使得教育建模进一步动态化、科学化，可以说，高新科技的持续发展，必将使得“互联网 + 教育”治理服务更加科学、精准、高效。

将技术大量应用于教育生活中，必然会提升教育治理服务的效果，但也引发了新的问题。包括前文所述的数据采集、流转、建模的标准化问题，也包括像数据使用的安全和伦理问题。教育治理必然和师生的个人信息紧密相关，哪些数据可以收集，哪些数据不能收集，现在很多还未做规定。未来，要构建多元共同治理的“互联网＋教育”服务体系，就必须对这些问题以立法或标准的形式进行规范。

在2014年前后，大数据聚合技术、虚拟增强现实技术、人工智能技术、穿戴智能设备等快速的发展。感知与智能技术趋于成熟，语言视觉识别与智能数据合成、图像识别、自然语言处理以及商业化的应用等领域得到进一步的开发。感知与智能在各类教育软件和应用系统的开发中已经得到广泛的使用，穿戴智能设备也改进了交互方式，更重要的原因是穿戴技术促进了学习行为等相关数据的实时采集与分析，加之前一代的教育数据聚合应用的软件和系统已经具备了对在线学习行为、交互学习行为等数据的采集分析获取的能力，大数据聚合技术的开发和应用基础条件更加成熟，大数据聚合技术可以驱动其他的信息聚合应用技术的发展进入了数据聚合应用的创新期。教育学习应用大数据精准分析技术进一步实现了网络和数字时代教育资源的个性化表征，用户与教育资源的交互使用过程中的数据也得到了采集与分析，资源的各种个性化应用数据属性也得以了完善，为资源与教育用户交互需求之间的精准数据匹配提供了可靠的大数据技术支持。通过知识结构图谱、大数据分析模型的研究建立，可以对教育学习应用个体和教育应用群体的个性化特征与适应性需求数据进行精准地采集与分析，教育学习应用软件管理系统的各种个性化、适应性分析功能也得到了发展。网络教学多媒体互联网技术与第三代虚拟现实互联网技术的深度交叉与融合，推动了对虚拟现实手术台、虚拟实验学校、虚拟现实博物馆、虚拟自动化实验室等各类虚拟现实学习资源应用环境的研发，学习者正在从中获得集虚拟现实知识强化学习、能力强化训练、实践与操作强化学习为一体的交互式学习体验虚拟化学习环境。以基于大数据采集与信息交换的标准学习系统为基础，具备基于大数据精准的分析与信息个性化的推送、聚合各类大数据教学与支持的技术与工具、联通了虚拟现实学习与资源系统的第三代“互联网＋教育应用软件系统”正在更进一步获得政府和社会资本的支持与投入，教育应用软件学习系统建设迈入新的阶段。教育应用软件的系统正在呈现多种教育服务类态：包括融虚拟历史与教育的虚拟历史博物馆、融科学与教育的虚拟教学科技馆，提供集教育知识与学习、实验与操作、交流与互动、在线评测以及行为服务于一体的教育虚拟历史与学校等教育服务新业态已经开始大量出现。而网络教育学习体验空间作为一种基于教育大数据应用软件系统的教育学习体验入口，在其相应的教育大数据技术标准的支撑下，学习者能够无障碍地在各种教育应用软件的系统中直接获得一种无缝相互衔接的学习体验。从而使学习者在各种网络教育应用软件的系统使用过程中的具体学习知识水平、行为、能力等实现了数据的共享与互通，为对学习者的综合能力与素质的评价、个人学习画像与个性化的适应性教育学习体验提供了保障。自 2020 年开始，由于新冠肺炎疫情的爆发，具备这一技术水平的各种教育应用软件的系统得到了广泛应用，随着其基础功能的完善，“互联网＋教育”的应用模式将会在未来得到更多本质性的提升和改变。

总之，“互联网＋教育”立足于利用互联网等信息技术，实现教育的组织体系、教学体系和服务体系的深刻变革，是在技术进步的同时实现教育目标、内容、服务转型的重大战略。相信在不久的将来，随着我国对“互联网＋教育”认识的不断深化，随着理论研究和实践应用的不断协同迭代，我们对教育现代化的认识、创新、应用也将会更加有力地服务于教育强国的建设和发展。

四、“互联网＋政务服务”

自“互联网＋”的概念正式诞生以来，就已经成为我国各级政府进行现代化社会主义公共经济服务体系建设的一个重点和关注的内容，并且在“十三五”发展规划的纲要中，将“互联网＋”正式提出作为了国家经济社会发展的战略，特别是对各级政府的建设工作方面，全面推广“互联网＋政务服务”，实现了政务公开，进一步提高了我国各级政府的公共服务管理功能，构建了服务型的政府，为进一步加强和推进目前我国现代化社会主义公共经济服务体系发展的建设，做好了准备。目前，在位于我国的江苏省、浙江省、安徽省等几个主要省份，都已在各级的政府平台建设的工作中进一步开始了推广和实施“互联网＋政务服务”，对其政务平台工作的模式也进行不断的探索。随着“互联网＋政务服务”的发展和全面推广，对其电子政务平台的建设发展带来重要的影响，特别是对其政务平台进行结构优化和转型升级，具有非常重要的战略意义。

当前，在互联网经济快速健康发展的互联网形势下，我国地方政府的公共服务管理模式、政治管理组织的架构与互联网经济的发展也产生了矛盾：一方面，政府部门开展政务管理服务的效率低下，各种政务服务手续以及审批办理环节过于烦琐，难以有效地满足政府和社会公共服务的需要；另一方面，我国的政府内部组织的架构复杂，部门管理体系在政务管理职能上比较分散，难以很好地形成一个集中性的政务管理职能和履行的机制，无法对各项的政务管理职能进行有效的优化和处理。这就是要求在新的互联网经济发展历史阶段，政府部门要充分运用新的技术、新管理方法和新的理念优化自身的政务管理组织和架构，在“互联网+”传统思维的基础上充分树立了创新的意识，依靠强大的互联网对信息的传递优势和与信息交互的功能打造一个信息化的政治公共服务组织和管理的架构，将“互联网+”全面地融入自身的政治组织管理职能和履行的信息化过程中，依靠强大的互联网信息平台进一步优化了服务和履行机制，提升了行政效率。因此，政府部门需要全面地调整自身的政府组织和架构，依据国家一般性的市场经济社会发展的规律简政放权，简化一般性政务的处理工作步骤和环节，以移动互联网为新的政府职能机构建设的核心，通过改进和加强移动互联网政务处理平台的建设，打造新型一般性政务的处理模式，形成全新的“互联网+政务服务”模式和职能建设履行长效机制，全面地提升一般性行政服务审批的效率，促进智慧服务型政府的建设。

目前，我国的电子政务系统和平台的建设还不够规范和完善，存在很多的问题，例如，由于大数据技术开放的力度和政府服务管理效率不高，缺乏良好的政府权力公开和监督机制，对于移动互联网政府系统应用的程度低。在我国全面推广“互联网+政务服务”政府管理模式的实际情况下，能够进一步地优化和升级了电子政务系统和平台的建设，解决了目前我国电子政务平台建设中普遍存在的上述一些问题，真正地打造一个服务型的政府，全面地提升服务型政府的影响力和服务管理性能。

在信息技术的影响下，“互联网+政务服务”的打造主要以互联网技术为主体，充分发挥互联网的优势，构建一体化的互联网政务处理平台，通过相应的门户网站、信息管理体系、信息处理机制、监督管理模式和移动信息终端来满足社会各领域用户政务办理的需求。具体而言，“互联网+政务服务”智慧政府建设应以信息技术为主体，凭借信息交互优势来建立相应的门户网站。一方面，政府部门凭借微信、QQ、微博等移动社交工具建立相应的移动客户端；另一方面，政府可推出相应的“互联网政务办理App”，最大限度地完全打破了时空的限制和办理地域的限制，满足全社会各领域用户通过网络进行政务查询和办理的需要。当然，在移动互联网的视域下，智慧服务型政府的建设与打造还仍然需要根据政府各部门职能的划分和内部组织的管理结构变化特点建立一套信息化的政府管理体系，既在各级政府部门内部实施政府信息化的管理与监督，也在国家和社会的范围内进一步建立政府信息化的管理监督机制，充分发挥政府的电脑社交网络平台和政府的移动社交网络平台等终端的人民群众信息收集的功能，让群众通过各级人民政府的官方门户网站和移动社交网络工具提出意见和政策建议，从而大大加强了政府与基层人民群众之间的相互联系，实现了信息沟通和资源共享，以此有效促进各级人民政府转变职能。

在推进我国国家电子政务数据信息化应用平台的深入建设以及优化运行过程中，全面推广“互联网＋政务服务”的两个关键点分别是：尽快实现政务数据实时开放和人民公众实时共享电子政务信息数据。上述两个关键点在我国的“十三五”发展战略规划和实施纲要中多次做出了明确的总体要求和重点指示。为了加快全面推广“互联网＋政务服务”的系统优化，主要任务是重点优化以下几个方面的公共政务信息服务系统功能。

一是要深入地加强电子政务行业与社会各级政府、政府各职能部门之间的业务交流和信息沟通，促进其之间进行良好的沟通协调和相互配合，从而有效地提高行业和政府的信息整体共享服务和信息开放的质量；二是在有效利用云端电子政务的基础上，对各类服务进行数据的深化和整合，包括内部、跨部门、网络等多种类型的数据，从而对行业和政府的信息服务体系和数据管理流程建设进行二次的优化和改进，为了提高行业和政府的信息资源共享的能力和水平做好了准备；三是在有效利用数据实现信息资源共享的基础上，必须对行业的电子政务系统和平台的整体业务流程以及数据管理体系进行规范化的建设；四是要真正地提高对电子政务系统和平台的综合服务的能力，进一步加强对政府综合服务终端的建设，进一步地提升对政府综合服务的能力，为社会广大群众和政府提供便捷的电子政务产品和服务。

衡量居民使用电子政务平台的建设效果是否真正的便民性得到了优化和升级，其中一个重要的社会价值衡量指标因素就是服务的便民性。因此，在推进电子政务平台建设的过程中，通过全面推广“互联网＋政务服务”优化和升级现有的电子政务平台，一个主要的优化和升级的项目就是按照要求进一步提高居民使用电子政务平台的效率和便民性。其具体措施可以是利用网络技术作为服务的载体提供政务网络化和信息多样化的服务，充分地满足了居民的信息多样化服务需求，方便了居民的使用和享受政府提供的服务。

全面推广“互联网＋政务服务”，需要对互联网电子政务平台的移动端和服务端功能进行全面的优化和升级，提高其政务信息网络化和服务智能化的程度，从而为当地居民和政府提供更好的智慧化电子政府信息服务。例如，随着互联网等移动智能化网络和手机等移动智能化终端的广泛应用，充分利用了移动通信技术创建了移动电子政务。公众只需利用电子政务移动端，就可以轻松查询信息，享受更加便捷成熟的智慧化政府信息服务。

全面推广“互联网＋政务服务”优化转型升级推进电子政务信息化平台的建

设，还需要进一步形成更加完善的政府服务监督机制，包括进一步建立并修订和完善政府权责清单、实施简政放权等，从而有力地保障和推进各级政府的权力公开透明，并进一步形成系统的政府监督运行机制。在良好的政府服务监督机制下，能够对各个部门的政府职责建设和履行的情况及时进行有效的监督，从而有效督促各个部门进一步加强政府职责的建设，更好地为政府和民众提供有利于政府的服务。此外，在进一步完善的政府服务监督机制下，政府对政务的公开透明化水平得到进一步的提升，不仅对于提高各级政府的能效水平具有积极的推动作用，同时对反腐倡廉的工作也具有重要的促进推动和示范作用，对于提高各级政府的廉洁性、优化创新型政府的服务环境具有深远的指导意义。

在推进电子政务信息平台发展和建设的过程中，为了全面推广“互联网＋政务服务”，从而有效促进其纵深化的发展，必须进一步建立全新的互联网思维，转变过去传统开展电子政务的思维和模式，应用传统客户化的思维模式作为其指导，创新设计开发和升级其在电子政务系统和平台过程中所建设的各种服务模式和功能。同时，要进一步改变现在的传统被动式信息服务的思维和政府信息服务思维模式，建立主动式的服务，以坚持用户至上的原则作为服务理念，运用现代互联网的思维和信息技术，有效地打破了信息的孤岛，实现了优化政府信息的共享，使得群众足不出户就已经可以及时地了解到有关政府的信息，享受到优质的信息服务。此外，还要进一步地优化开展政府信息服务的理念和信息化手段，进一步地完善了服务体系，简化了办事的流程，利用网络信息技术为群众提供各种公共服务，提高了政府信息服务的工作效率和其便捷性，同时也进一步地促进了政务向公开透明化方向发展。

互联网信息技术的发展是推进电子政务信息化平台的建设和人民政府优化服务转型升级的重要技术支撑和力量，因此必须积极地应用先进的互联网信息技术，吸收了云计算、大数据以及核心互联网电子信息系统等新技术，全面推广和应用“互联网＋政务服务”的新模式，基于民众和用户的需求大大提高了电子政务信息化平台的功能统一性，为广大民众和政府提供功能统一化的开放式信息化服务，从而进一步提高人民政府信息化服务的质量和效率。

政府部门和组织应全面有效地推广“互联网＋政务服务”，进一步地完善现有电子政务系统和平台的互联网和在线服务模式和体系，以先进的互联网信息技术系统和平台管理系统作为服务基础，结合电子政务用户的需求对现有电子政务系统和平台的在线服务的模式和体系进行了创新和优化完善，全面地优化系统升级后的服务体系及形态。例如，积极地吸收了新媒体信息技术，建立了新媒体信息服务的新模式，从而大大加强了政府与人民公众的信息服务联系，真正地落实“互联网＋政务服务”的理念和模式，深化了政务信息的公开程度，同时进一步加强对于政府信息公开工作的有效指导和监测。

在互联网时代，要想打造“互联网＋政务服务”智慧城市的政府，就要转变思想，树立自主创新的意识，将政府利用互联网信息技术的创新融入政府各职能部门的整体组织和架构中，充分发挥政府利用互联网的信息技术和管理优势，建立门户网站，在门户网站上发布政务信息和线上政务，以此提升行政效率。这就必然需要各级人民政府进一步加强对网络相关信息的监督和信息化管制，肃清对网络的环境，加强对网络的立法，有效地规范和利用法律约束用户的网上行为。首先，政府要对各种网络信息进行有效过滤，防止各种淫秽违法网络犯罪信息的出现。其次，在网络信息的发展和传播过程中，政府部门在各地要成立网监管理机构，与各地的公安机关紧密联手，对网络中含有敏感词汇的网络信息进行审查与监管，创造良好的网上环境。最后，政府部门要通过对网络的实名制，运用各种网络信息加密技术，对部分可能涉及人民公众切身利益的各类网络数据和信息进行审查与监管，防止各类网络信息泄密事件发生，并积极引导社会舆论，通过政务门户网站发布政策和信息处理网上政务，以更加坦诚和公开透明的姿态直接面对广大网民，从而有效提升政府各职能部门的行政和管理效率，获得广大人民公众的社会舆论认可和支持。

加强对政府各部门网络的基础和设施的建设和信息化是进一步提高各级人民政府的行政和管理效率、打造一个智慧城市服务政府的必要有效途径。政府各职能部门党组织要进一步树立“互联网＋”的思想，运用先进的互联网信息技术构建国家政务信息化和电子政务的管理与服务体系。政府要在各部门成立专业的国家信息化政务管理工作领导小组，统一地指导政府各职能部门政务网络的基础和设施的建设，明确分管领导及承担信息化政务管理职能的部门和科室，形成包容开放的国家政务信息化管理与服务体系。完善政务信息化管理与服务体系信息化建设的主要工作重点在于对网络的资源整合，在国家方针政策和组织实施的信息化过程中，注重组织协调与统一，充分发挥了互联网的信息技术支撑优势和政务信息传递的优势，统一了组织协调，合理布局，优化了政务管理服务的模式。另外，网络设施的不断完善和信息化意味着政府各职能部门党组织要进一步加强基层公务员对信息化服务水平的培养，注重向广大基层公务员特别是其各级政府领导班子干部，传递对电子政务的知识，提高其对电子政务的认识，充分树立起“互联网+”思想，清晰地让我们认识和看到发展电子政务所需要具有的是信息传递的优势。智慧电子政府的建设和打造需要全面地提升各级政府的信息化网络建设的水平，加强对政府的组织和领导，要求建有一套快速而有效的电子政务执行监督管理机构，对于政府各职能部门的电子政务网络建设和信息化管理机制建设工作予以明确的职责和指导，全面地加强了政府各职能部门的电子政务信息管理机制的建设，为充分发挥了政府各职能部门的电子政务经济信息化建设作用提供了资源和保障。

“互联网+政务服务”旨在打造一个智慧地方政府，要求地方政府在全面地提升自身的信息化体系建设服务水平的同时，增加了公共信息服务的内容，扩大公共信息服务的范围，提升政府部门公共信息综合服务的管理效率，从而完善和建立一个全方位的公共信息化和政务综合服务体系。政府部门除了进一步扩大向社会和政府部门收集公共信息的范围之外，还要进一步地挖掘和整合现有的政府部门公共信息综合服务资源，通过进一步地构建有效的政府部门数据信息收集分析服务体系、舆情信息管理指导机制、数据信息收集分析服务平台等来完善和强化自身的政务信息收集分析、预测和分析调研公共信息服务的功能，把握事前、事中和事后等各种动态的信息。另外，政府部门企业还要进一步加快向社会和政府部门企业公共信息服务的转化，加强对各类公共政务信息的实时综合收集和管理，及时向经济社会各领域政府部门提供关于资本市场、科技、文化、政治和公共医疗福利社会保障等各类公共信息的数据，从而提高和增强政府部门公共信息综合服务的应用能动性，提升自身的政务公共信息处理能力和效率。

打造“互联网+政务服务”的智慧电子政府，要进一步建立强大的政府组织协调和决策机构，充分发挥智慧电子政务的建设系统领导小组的协调职能，结合政府各职能部门的智慧电子政务发展和处理的情况，协调合理配置相应的智慧政府建设系统资源，为加快推动智慧电子政府的建设系统发展提供有力的组织和决策保障。由于政府组织协调的工作涉及各职能部门的组织和业务流程的再造，更涉及各职能部门的利益分配问题，因此仅仅在技术和管理层面上的组织协调已难以满足系统电子政务建设的目标和需求，这就必然要求智慧电子政务系统领导协调小组必须始终站在技术和战略的层面做出相应的整体规划，结合智慧电子政府的实际对政务的处理方式，加强各职能部门的政务处理组织和架构的调整，从技术和整体上有效地推动了智慧电子政务处理体系的形成。数据的收集和数据分析工作是推进智慧电子政府体系建设的重要环节，通过互联网相应的政府大数据分析和互联网平台对政府和社会公共数据资源进行有效的分析，为智慧电子政府决策的执行提供数据分析支撑。同时，政府主要组织部门还主要负责牵头统筹梳理政府整体的智慧电子政务体系建设工作，将其规划、管理、统筹进行了职责的划分，安排专门的人员负责具体指导政府相应的电子政务系统的建设与管理的运用，将政府整体的系统建设划归到了政治部门统一领导的架构中，促进了智慧电子政务体系建设新的格局进一步形成。另外，打造真正的智慧电子政府，还要在简政放权的基础上将政府信息收集与管理电子政务平台和数据分析电子政务体系全面地融入政府各职能部门的政府组织职能管理架构中，进一步提升政府各部门工作人员的政府信息化服务水平和素质，在充分地履行政府权力和职能的必要前提下，运用政府互联网数据分析平台有效处理信息化政务，提升政府服务的效率，优化政府服务管理模式。

全面推广“互联网 + 政务服务”优化转型升级的电子政务平台的建设，是为了促进我国电子政务平台建设纵深化的发展，提高各级人民政府的服务质量，优化其发挥便民、开放、智慧和廉洁服务功能的有效实施方法。这是中国特色社会主义经济的发展对于政府服务纵深化的建设发展提出的必然要求，同时也是政府服务功能的有效优化和提升，对于建设和发展中国特色社会主义的伟大事业也进一步具有重要的示范引领和推动作用。

第三节　“互联网 +”对认证行业的影响

一、认证行业现状

检测认证行业为现代服务业的一种，主要是为企业提供生产性服务、高技术服务和科技服务等，是国家质量基础设施中的主要组成部分，伴随经济的发展和市场经常的不断加大，检测检验行业的市场空间不断增加，已成为经济发展新常态下的关键产业之一。根据国家市场监督管理总局（简称市场监管总局）数据显示，2018 年我国检验检测行业机构数量达到 39472 家，共出具检验检测报告 4.28 亿份，较 2017 年提高了 13.83%，行业实现营业收入 2810.5 亿元，同比增长 18.21%。

在传统制造时代，检测认证起到辅助作用，在生产、贸易和服务等环节传递信任的关键手段。到了互联网时代，检测认证是工业信息化的源头，也是制造过程的技术支撑，特别是在智能制造时代，检测认证通过对制造全过程、全流程监测，获取大量质量信息，以这些信息为引领集成至整个工业过程，从而引领未来智能制造发展的方向。我国经济发展模式的转变，以及供给侧结构性矛盾的亟待解决，使得创新发展显得尤为重要。借助检测认证手段，可以促进创新要素集聚，给产业发展带来技术外溢效应，提升创新驱动能力，从而为主动适应和引领新常态提供必要的技术支撑和科学的制度安排。检验检测服务业切合这一时代背景需要，能够为诸多有转型升级需要的企业提供研发阶段的检测服务，助力企业的转型升级。

但与社会经济、检测检验服务对象、互联网技术的高速发展相比较，检测检验行业的发展明显滞后，主要体现在：检测检验技术落后、高端检测验设备应用率较低，智能化电子产品、新能源汽车、集成化工业性设备等产品的更新速度、结构复杂度、新技术验证需求等要求检测检验机构必须采用新型检验技术和检验设备，才能完成产品的检测检验、符合检测检验对象的发展需求；传统检验检测服务模式主要针对检测检验项目，服务方式固化、服务模式单一、缺乏灵活性和全面性；检测检验服务效率低，一般在“线下”方式进行，检测检验流程复杂、环节较多，相比于其他服务行业“买方特性”较差。

原国家质检总局于2016年12月发布了《认证认可检验检测发展“十三五”规划》，明确提出了检验检测认证服务业营业总收入预期要保持9.2%的增长速度，到“十三五”末要达到3000亿元，高于同期的国内生产总值（GDP）增长率。据此前瞻认为，未来几年我国检验检测行业规模将稳步提高，预计至2024年将突破5400亿元。同时也是重新洗牌的阶段，要避免同质化，陷入低水平竞争，要基于需求引导，切实解决问题。诚信（信用）、服务和技术能力是未来检验检测机构竞争之匙。

二、“互联网＋”对认证行业的影响

“互联网+”时代，我国传统业态将通过互联网实现连接和重构，传统行业也将因为互联网而获得再一次发展的机会。“互联网＋银行”“互联网＋零售”“互联网＋制造业”……在“互联网+”时代背景下，传统行业纷纷被转型、被改造、被渗透，新产业、新业态和新模式不断涌现，各行各业都面临着机遇和挑战。互联网与各领域的融合发展已成为不可阻挡的时代潮流。“互联网+”正加速实现质量信息的对称性、完备性和及时性，正在重构万物互联背景下的社会诚信体系，传统认证的价值创造模式和生存空间面临着全方位挤压的严峻挑战。以“传递信任、服务发展”为立身之本的认证行业，正在面临全方位挑战。充分利用互联网思维和技术，创新认证服务的价值创造模式，势在必行。

（一）促进认证模式从“线下”到“线上”的转移

传统认证模式主要采取现场审核，依赖审核人员专业能力、审核周期长、抽样代表性缺乏科学性、结果公开化程度差、公众接收信息滞后。利用互联网强大的“连接”功能，检测认证线上服务的开展为检测认证从互联网业务模式中挖掘出巨大的效益。2020年，一场突如其来的新冠肺炎疫情席卷全球，疫情防控期间，传统的现场审核模式无法进行，得益于“互联网＋”的技术支持，利用在线审核开展实验室认可的模式，已悄然诞生。疫情加速了检测认证行业认证模式从线下向线上的转移。

“互联网＋认证”模式带来的改变，不是简单地将线下业务转移至线上，而是基于“互联网＋认证认可”的选取、确定、复核与证明、监督等关键技术，创新发展和升级改造传统认证模式和关键技术，形成集成化的“互联网＋认证认可”共性技术管理系统，针对不同认证认可目标，建立优化和创新的认证认可模式。例如：

（1）在线验证技术系统开发

梳理认证活动全过程，提取基于“互联网＋认证”实施的认证要素集，区分通用要素和专业要素，创新在线评价方法，重点突破可视化核查、数据在线核验、样品在线验证及追踪等关键评价技术。同时，建立低成本的现场关键数据搜集与验证技术体系，构建关键评价项目的实时／定期无线数据采集、在线自动验证、数据分析与预警等组成的认证现场关键评价项目远程监测。

（2）社会信息传递系统开发

针对认证信息的社会化传播，研究建立电子化、多媒体、便携式获取及扩散技术，开发电子证书、移动便携式认证信息查询技术，建立面向全社会的认证追溯技术体系，实现互联网环境下的社会监督。

（3）监管数据接口系统开发

针对在线环境下认证行业监管的大数据需求，根据监管数据的类型、格式、获取方式，制定相应数据标准和工作指南，建立规范的互联网环境下认证数据库。

认证机构正利用互联网思维和互联网技术，针对认证活动的选取、确定、复核与证明、监督，研究大数据条件下认证对象、样本、评价指标、评价方法等多因素优化选取技术；研究基于数据互联的在线审核、在线检测、信息核验等实时精准的确定技术；研究数字化、信息化的复核与证明技术；研究动态化、智能化的监督技术，创新构建“互联网＋认证”关键技术体系。

（二）促进检测认证创新发展

区块链、云计算、大数据、移动互联网、物联网、音视频流媒体等新型信息技术手段作为驱动要素，为“互联网 +”环境下检测认证的创新发展提供了技术支撑，为传统认证领域变革奠定了基础。

1. 促进“互联网 + 检验检测认证”平台建设

据统计，我国国内有近 5 万家检验检测认证机构，但种类繁多，分布松散，普遍存在规模小，业务领域窄的特点，很难为客户提供一站式、国际化的服务。在“互联网 +”的新生态中，检测认证行业正朝着规模化和国际化的方向发展，固有的平衡会被打破，形成国有、民营、外资多元化的市场竞争格局。传统机构因行政壁垒、决策周期长、服务意识弱、合作力不足等因素将面临巨大的挑战。而一些国际巨头大型机构不断利用新型技术夯实自身实力，优化业务及管理模式，更好地适应市场及相关方的需求，在市场竞争中处于优势地位。利用“互联网 +”技术构建检测检验大数据平台和检测检验技术服务平台，以最快的速度汇聚资源、满足客户多元化的个性化需求，整合优化资源正成为行业发展的潮流。

一方面，客户的需求变化越来越快，越来越专业化，单靠一家机构所拥有的检测设备、检测人员、检测能力和资源很难快速满足客户的整体需求，通过平台将为客户提供便利、快捷、专业的一站式服务；另一方面，平台建设促进检测行业信息资源的整合，拓宽检验检测认证机构的渠道，推动检测结果大数据的分析和合法使用，为国家相关部门、行业协会、检测检验机构和产品生产企业提供信息数据服务，推动大数据在各个领域的综合运用。

经过多年的探索和发展，当前已上线众多“互联网 + 检验检测认证”平台。这些平台中，有政府公共服务平台、检测机构自建平台还有商业服务平台。但或多或少地存在服务方式不成熟、盈利模式不清晰、运营能力有限的问题。未来发展应探索平台健康可持续发展，针对检测认证的业务特点，借鉴当前订餐、打车、拼团等商业网站的成功模式，打造利于市场推广，客户乐于接受和使用的平台，形成良性循环发展；发挥平台数据应用，通过统计、分析、获取对企业、对政府部门有价值的数据；服务企业、行业的风险防范，政府监管，百姓消费的安全；探索检测检验行业信息交互共享和技术交流模式；构建集多项服务功能为一体的综合型检测检验技术服务平台。

自加入 WTO 以来，我国检验检测认证事业突飞猛进，目前已是国际上最大的检验检测认证市场。当前，我国正借助“一带一路”倡议快速加强与周边国家的贸易往来，代表标准、质量、品牌的检测认证服务正是该贸易支撑链条上一个重要的环节，急需公正、高效、现代化检测认证机构以符合国际规则的方式来体现中国的话语权。平台型服务网络和检测平台集群的建设，将有助于推动我国检测认证机构全球化进程。

2. 促进检测认证机构商业模式创新

（1）电子商务重要性凸显

随着“互联网 +”的逐渐深入，检验检测业务的开展越来越倾向于线上和线下结合模式。未来检测机构将更加注重公司网站的建设，拥有自己的 App、开通企业微信公众号等方式将成为趋势。利用“互联网 +”技术提升信息管理与运行模式，细化各系统模块，整合客户管理系统，打造网络化的客户沟通及业务管理交互平台。官方网站将不再是简单提供新闻信息或者技术信息，而是更加扁平化，易于被客户访问并尽快找到需要的信息。App 和微信公众号的引入将实现在线下单、业务咨询、业务受理、证书生成以及进度查询等功能。降低沟通成本，提升内外部信息流转效率，缩短检测认证周期。

（2）报告证书的电子化

传统认证服务出具报告，主要以打印纸质报告 / 证书加盖印章的模式，报告领取需客户到窗口或快递送达为主。办公成本高，时效性差，衍生出各种问题，如虚假纸质报告 / 证书泛滥，纸质报告 / 证书真实性无法甄别，消费者难以获取充分的质量信息等。目前，我国电子商务及互联网应用进入高速发展期，随着检测认证机构“互联网 +”的深入及电子签章、电子认证安全、数字防伪技术等技术的发展，电子报告必将取代传统的纸质报告和证书。

建立检测认证领域电子报告、电子证书的查询和管理系统，建立检测报告服务平台，将构建安全及时的报告送达机制，推进绿色无纸化办公，低碳节能减排。利用电子签名等技术保证报告的真实性。通过政府引导，企业主导，并利用信息技术、二维码、条形码等手段，将国内外检验检测认证机构相关的检验检测报告数据库、认证证书数据库以及各级政府部门行政许可涉及的资质证书数据库进行全方位的集成和资源整合，赋予检验检测报告和证书唯一的标识，最终报告和证书的使用方（政府采购方、招投标客户及最广大的消费者）通过 PC 端和移动端 App 均可实时便捷地查询和验证报告或证书的真实性，查询和验证。实现为最广大的消费者提供消费指南，为政府监管及行业发展提供研究数据基础。为政府采购或其他招标方提供在线资质查询、验证和鉴定等服务，为行业信息化建设提供安全可靠支持。

（3）依托大数据下的服务转型

在大数据下，市场环境将更加透明，客户能更理性地选择检测认证机构。同时，企业生产、制造、经营环境的变革，新客户新产品的涌现，新的客户需求将不断出现。双重压力下，检测认证机构需在细分市场上进行聚焦，利用平台收集的大数据，分析用户的习惯、需求、活跃性及关注点，深度挖掘客户潜在需求。总结提炼包含产品所属行业发展趋势、产品整体质量状况、产品工艺参数设计、产品生产加工流程设计、产品制造模式与分布特征等数据，为客户提供基于全生命周期的增值服务。集中自身的优势资源，做深做专检测能力或服务的独特性，瞄住精准的目标客户，设计好针对客户的检测认证服务产品，打造核心客户群，并以此打造一个品牌。促使检测认证机构加大提升专业性、时效性、服务体验等软硬件实力。

互联网在我国经过二十余年发展已初具规模，成为经济创新发展的驱动力量之一。检测认证经过数十年的发展，已成为工业制造不可或缺的支撑，也是现代服务业的重要组成部分。未来产业发展都将更加依赖于生产性服务业，通过“互联网+认证”可以促进生产方式由大规模粗放生产向提质增效转型，完成工业由生产制造型向生产服务型的转变，也将促进工业过程的智能化、数字化、精细化转变。今后一段时期，是“中国制造”向“中国智造”转型升级的关键时期，迫切需要以“互联网+”为重点促进工业转型升级，而推进互联网与认证融合，实质性提高作为生产性服务业——认证的发展水平，有助于推动制造业信息化、服务化、全球化。

第三章 “互联网 + 认证”评价指标的选取技术

第一节 传统评价指标

一、认证依据

（一）标准

标准具有对象的特定性、制定依据的科学性、统一性和法规特性。产品标准的制定往往要考虑产品行业的整体技术水平，尤其是涉及人身健康和生命财产安全、国家安全、生态环境安全等方面的内容，标准更是作为门槛型的要求，进行规定。

在中国，《中华人民共和国标准化法》（2017 年 11 月 4 日第十二届全国人民代表大会常务委员会第三十次会议修订）（以下简称《标准化法》）对标准的分类做了如下的描述：标准包括国家标准、行业标准、地方标准和团体标准、企业标准。国家标准分为强制性标准、推荐性标准，行业标准、地方标准是推荐性标准。强制性标准必须执行。国家鼓励采用推荐性标准。

1. 强制性标准

对于强制性标准的规定，在《标准化法》中有明确的规定：对保障人身健康和生命财产安全、国家安全、生态环境安全以及满足经济社会管理基本需要的技术要求，应当制定强制性国家标准。

国务院有关行政主管部门依据职责负责强制性国家标准的项目提出、组织起草、征求意见和技术审查。国务院标准化行政主管部门负责强制性国家标准的立项、编号和对外通报。国务院标准化行政主管部门应当对拟制定的强制性国家标准是否符合前款规定进行立项审查，对符合前款规定的予以立项。

省、自治区、直辖市人民政府标准化行政主管部门可以向国务院标准化行政主管部门提出强制性国家标准的立项建议，由国务院标准化行政主管部门会同国务院有关行政主管部门决定。社会团体、企业事业组织以及公民可以向国务院标准化行政主管部门提出强制性国家标准的立项建议，国务院标准化行政主管部门认为需要立项的，会同国务院有关行政主管部门决定。

强制性国家标准由国务院批准发布或者授权批准发布。法律、行政法规和国务院决定对强制性标准的制定另有规定的，从其规定。

从认证实施的角度来说，中国强制性产品认证具有“确定统一使用的国家标准”的特点，依据标准明确清晰且具备强有力的法律支撑和实施效果。

同样，在国外，如欧盟地区，CE 认证是产品进入欧盟的强制性认证，不论是欧盟内部企业生产的产品，还是其他国家生产的产品，要想在欧盟市场上自由流通，就必须加贴 CE 标志，以表明产品符合欧盟《技术协调与标准化新方法》指令的基本要求。这是欧盟法律对产品提出的一种强制性要求。在这里，各类指令就是明确的标准要求。

2. 推荐性国家标准

《标准化法》对推荐性标准的描述是：对满足基础通用、与强制性国家标准配套、对各有关行业起引领作用等需要的技术要求，可以制定推荐性国家标准。由此可见，推荐性国家标准是对强制性国家标准的补充，更多偏向于解决有技术要求的需要。在使用推荐性国家标准的认证活动中，认证机构具有更大的自由裁量权。

目前，伴随着产品的日益成熟和产业结构的不断调整，强制性国家标准也在不断转化为推荐性国家标准。

3. 其他类型标准

其他类型的标准主要有：地方标准、行业标准、团体标准以及企业标准，在《标准化法》中都做了详细的描述。值得说明的是，鉴于认证是第三方的活动，具有“公平公正”的特点，企业标准往往不能作为认证依据而被用于认证，但随着市场经济的不断深化，消费者对于高品质产品供给的需求不断加强，如何在认证活动中采用企业标准，尤其是企业内部控制的高要求指标将会是认证机构，乃至认证行业考虑的重要问题。

（二）技术规范

在一些特定领域或新兴的产品领域，由于标准缺失、制定时间漫长等因素的影响，认证机构开展认证活动往往还会采用技术规范的方式，弥补短期内正式标准的不足，为认证活动的开展奠定基础。

以中国目前开展的机器人认证为例。中国的机器人行业在最近十几年里得到了飞速的发展，适用于各类应用场景的机器人产品层出不穷，但目前国内已正式发布的针对机器人的标准并不多见，即使相关部门和行业组织也下大力气组织起草、编制相应标准，标准从提案到公布需要进行不断论证、修正，而对于机器人产品的生产企业以及开展认证的认证机构来说，漫长的制修订发布过程，很难解决当下认证活动的实施问题。面对标准缺失的难题，认证机构就可以采取技术规范的形式来解决。

二、认证对象

对于产品认证，简单来说认证对象就是产品，当然产品作为生产过程的结果，生产过程也是认证评价的必要对象；而对于体系认证来说，认证对象就是企业的管理，换句话说就是企业的制度和运行。不难看出，认证对象一般是很明确的，但是对认证对象进行的认证评价需要第三方认证机构实施，如何对明确的认证对象进行选取则受很多方面条件的约束，以下将从认证制度、认证依据、认证指标、认证采信介绍对认证对象的约束作用。

（一）认证制度对认证对象的约束

1. 强制性认证

在中国，强制性产品认证制度是国家为保护广大消费者人身和动植物生命安全，保护环境、保护国家安全，依照法律法规实施的一种产品合格评定制度，它要求产品必须符合国家标准和技术法规。强制性产品认证具有以下的特点：国家公布统一的目录，确定统一使用的国家标准、技术规则和实施程序，制定统一的标志，规定统一的收费标准。

国家通过制定强制性产品认证的产品目录（以下简称《目录》）和实施强制性产品认证程序，对列入《目录》中的产品实施强制性的检测和审核。凡列入强制性产品认证目录内的产品，没有获得指定认证机构的认证证书，没有按规定加施认证标志，一律不得进口、不得出厂销售和在经营服务场所使用。

强制性产品认证制度在推动国家各种技术法规和标准的贯彻、规范市场经济秩序、打击假冒伪劣行为、促进产品的质量管理水平和保护消费者权益等方面，具有其他工作不可替代的作用和优势。

2. 自愿性认证

自愿性认证是相对于强制性认证制度来说的，强制性认证之外的产品，均可以开展自愿性认证，在这里，认证是一种更具市场特征的信用担保形式，无论是认证机构还是生产企业都具有更大的自由度和开展空间。这是因为自愿性认证在指导消费者选购满意的商品、提高企业产品的竞争能力等方面具有其独特的作用。

例如，市场监管总局在2020年4月29日，就对中国强制性产品认证目录做了梳理和公布，相对于前一版目录，新的目录中增加了新的产品，也对前一版目录中相对成熟的一些产品做了移除，这是因为在多年的实践中，部分产品的基本安全已经达到要求，移出强制性目录，为认证机构开展自愿性认证创造了条件，同时也为企业降低了认证的成本。

（二）认证依据对认证对象的约束

1. 强制性标准

对于任何认证对象而言，一旦适用强制性标准，产品就必须要满足相应的要求，强制性标准又多与强制性认证相关联，这主要是基于保障人身健康和生命财产安全、国家安全、生态环境安全以及满足经济社会管理基本需要的技术要求需要。

一般情况下，强制性标准对认证对象选取的约束非常强，认证机构不允许有适度选择的权力，认证对象的界定只存在是与不是两种情况。

2. 推荐性标准

推荐性标准可以这样理解：以强制性标准为基础，在强制性标准要求之外的均为推荐性标准，当然，强制性标准和推荐性标准除了在国家标准的层面适用，同样适用在地方性标准的层面，这是因为不论是国家还是地方，标准的制定都具有政策的影响和作用。而对于行业性标准、团体标准、企业标准而言，这些标准往往都具有推荐性标准的意义，主要是因为这些标准更多是行业、团体、企业自愿制定并遵守或约定的。

推荐性标准的上述特点为认证对象的选择提供了更大的便利和空间，认证机构利用推荐性标准开展认证活动具有较强的灵活性和针对性。当然，这里的认证活动指的是自愿性认证活动。

3. 技术规范

技术规范是指在认证活动中是为了快速开展对某个认证对象由认证机构制定，并公开的符合标准格式的技术要求文本，技术规范的指标内容可以来源于行业标准、地方标准或企业标准等。

技术规范的存在为认证机构开展对认证对象使用标准缺失的认证提供了便利，认证对象不再受制于标准缺失而不能进行认证。

（三）认证指标对认证对象的约束

说道认证指标对认证对象的约束作用，其实类似于强制性标准对认证对象的约束一样，对于某个特定产品来说，往往会有特定的某些指标对其进行特殊规定，而这些指标通常又是该产品最关键的或最基本的技术载体。以手机产品为例，其安全、电磁兼容等指标是必须需要考虑的，这是因为这类产品的这些指标与人身健康存在很大的关联，而对于户外使用的汽车，其零部件的环境可靠性（例如，轮胎塑料老化、漆面抗腐蚀）等测试必须要考虑的。

换句话说认证指标对认证对象的约束主要与认证对象的特性或者使用要求有关。认证机构对特定的认证对象开展认证活动时，如果选取不合适的认证指标，一方面，会给企业造成不必要的成本浪费；另一方面，这类认证也毫无意义可言。

（四）认证采信对认证对象的约束

认证采信是认证活动或者认证结果应面对的现实。认证的总体目标是向所有利益相关方提供产品符合规定要求的信心，但这种信心的接收方对于认证结果的信任程度将会决定认证对象是否进行认证评价。

在这个问题上，国内和国外认证的实际情况给我们很清晰的对比。在国内，CCC 认证作为强制性认证，是一种红线式存在，任何违反规定的都将受到政府部门的处罚，可以说 CCC 认证的采信是政府基于对人民生命财产的保护，因此受到国内各方的关注，而国内自愿性认证目前开展的采信基础较弱，只有少部分品牌企业会采信自愿性认证的结果，国内对于自愿性认证的监督和信用机制还在不断完善，当然消费者采信的作用也在不断加强，在这个阶段，自愿性认证的作用还尚未真正显现。相比于国外，以美国为例，对比美国现在比较知名的 UL 认证，UL 认证本身是一个自愿性认证，在过去一百多年的认证实施过程中，UL 认证已经被美国相关政府部门和广大消费者所认可，政府和市场对其采信的程度非常深，这也是现在出口美国的产品通常都会申请 UL 认证的关键原因。同样在德国也是这种情况，TUV 认证已经变成了一个品牌。

三、指标选取

指标选取是认证评价最为关键的一步。为什么说指标选取是认证评价最为关键的一步？这是因为选对了指标，认证活动才具有意义，选错指标要么会使认证活动失去意义，造成不必要的认证成本，要么就是脱离实际需求，过高追求指标的高度，造成额外支出，严重的甚至会造成认证机构和认证申请人之间的法律纠纷。

（一）传统指标选取的原则

传统认证中认证指标的选取具有被动性，这主要是因为传统认证的对象往往是比较成熟的产品，对应的产品标准体系已基本完善，指标选取以安全、性能为主，认证活动中为了降低认证机构的认证风险，认证方案制定人员往往以最严格的模式进行指标选取，因此指标往往是大而全的。

在传统认证中，指标的选取一般遵循“公平、公正、科学”的原则，这主要体现在：

第一，公平。认证指标的选取对应了特定的认证对象，认证对象的生产者往往不是一个，如何既保证符合产品技术的实际情况，又兼顾大部分行业生产者的整体利益，这就要求在指标选取上要保证公平，这也是为什么企业标准不能作为认证依据的根本原因。

第二，公正。认证活动是第三方行为，是认证机构针对特定产品所处行业所有生产企业可开展的活动，这要求认证机构在指标选取上要公正对待，不能对不同生产者的同一产品施以不同的认证指标。

第三，科学。任何指标的选取和设定都必须遵循科学的原则，认证在一定程度上是一种商业行为，认证评价指标的过高、过低均会导致认证偏离科学合理的主线。

（二）通用指标的选取

在现行的各类认证活动中，认证指标的选取依据对象的不同而不同，在实际的认证活动中，常常遇到同一认证对象存在不同的实体形态，针对这类情况，认证一般会选取某些通用指标作为认证评价的基本要求。例如，对于信息技术设备来说，安全的指标、电磁兼容的指标都是通用指标，也是该类产品必须满足的要求。

（三）特定指标的选取

特定指标的选取往往跟产品的实际应用有关，也就是我们常说的应用场景，这类指标通常是在通用指标的基础上额外增加的，但同时也是必要的。

以充电桩产品为例，在充电桩产品通用的电气安全、电磁兼容指标基础上，根据充电桩为电动汽车充电的实际应用，充电桩产品在认证时还要考虑到桩车之间协议的兼容，否则将会导致不同充电桩生产企业生产的充电桩无法与不同电动汽车生产者生产的电动汽车进行互联充电，也正是因此，目前国内有相应的标准在起草，对相应的指标进行规定，例如，《基于 CAN 总线的电动汽车车载充电机和交流充电桩之间的通信协议》《基于 PLC 技术的电动汽车与充电桩之间通信技术要求》等。

第二节　“互联网＋认证”评价指标

在传统认证中，尤其是产品认证，明确了认证对象之后，认证活动基本围绕认证对象的技术和质量展开，这也是认证的现状。随着互联网与认证评价相结合，认证的运行模式将会发生重大变化，不仅仅是互联网这种信息化手段的应用，更是在于互联网条件下，认证评价指标不再局限于传统的产品技术指标，大数据的应用将丰富认证对象的多样性，同时也将丰富同一认证对象多样性的认证指标，认证指标将不再局限于传统的产品技术指标，而是以产品全生命周期为主线，覆盖产品/服务风险指标、企业信用指标、消费者评价指标、社会关注和影响指标等多方面的综合指标。

可以说，“互联网＋认证”评价将彻底改变传统认证所起的信任传递的作用，认证机构将为消除消费者的不信任、传递生产者的信任转变为承担引导和解决因实际发生不符合生产者消费者已经达成的一致要求的第三方。

一、产品风险指标

产品风险指标是基于产品技术基础和使用风险设定的指标，可以从安全性指标、性能指标、危害程度与发生概率、高风险指标等方面进行考虑。

（一）安全性指标

安全是产品最基本的要求，也是使用者最基本的购买保障。任何产品在安全上出了问题，都将是灾难性的。对于有形的产品来说，安全性指标可以从人身安全、财产安全、电气安全、机械安全、火灾安全进行考虑。

1. 人身安全

人身安全是任何产品的底线，任何可能造成人身安全的指标因素无论是在生产时还是在认证时都要加以考虑。

2. 财产安全

财产安全分为产品财产本身安全和由产品诱发的其他财产安全。一方面，消费者通过花费一定的资金购买产品，产品本身已经是消费者的个人财产；另一方面，除了该产品本身之外，消费者购买或拥有的其他财产安全同样受到该产品安全的影响。

3. 电气安全

电气安全是用电产品涉及的安全，不仅仅是产品本身电气绝缘、安全载流量的安全，同样也关系到使用者的人身健康安全。

4. 机械安全

任何有形的产品，都会存在空间上的实体，无论从重量、形状还是从结构、棱角都存在一定的安全风险，应从人的需要出发，在使用机械的全过程的各种状态下，达到使人的身心免受外界因素危害的存在状态和保障条件。

5. 火灾安全

对于火灾，在我国古代，人们就总结出“防为上，救次之，戒为下”的经验。随着社会的不断发展，在社会财富日益增多的同时，导致发生火灾的危险性也在增多，火灾的危害性也越来越大。对于火灾等级可以参考国家的相关分类。

（二）性能指标

1. 基础性能指标

对于消费者购买某种产品满足用于某种目的的性能指标为基础性能指标，所以，任何产品的基础性能指标需要明确设定，例如，对于空调产品，其制冷 / 制热性能必须作为基础性能指标进行考虑；对于灯具产品，其照明方面的性能（如亮度）必须考虑。

设置基础性能指标是基于满足购买者使用的明确需求，也应该是产品性能中必须固有的性能。

2. 性能提升指标

有了基础性能指标之后，需要考虑基础性能之外的指标，这类指标简单可以分为两类，一类是与基础性能指标紧密相关的指标；另一类是独立于基础性能指标之外的其他性能指标。同样拿空调产品为例，具备制冷 / 制热功能之外，制冷效率、能耗这些指标均是与基础的制冷 / 制热功能相关联，这类指标在设置时也应加以考虑，如空调的质量、外观尺寸等。这些指标可以作为有别于基础性能指标的性能提升指标予以考虑，同时这也与产品的应用有关，这就像家用空调来说，大多数人肯定希望空调的尺寸尽可能小，占用空间尽可能少。

性能提升指标一定程度可以解释为产品在性能方面超出购买者购买预期的指标，在这类指标的设置上建议与基础性能指标相关的必须加以考虑，完全独立于基础性能指标的可以适当考虑。

（三）危害程度与发生概率

结合安全风险指标、性能指标的设置，考虑各项指标发生不满足的危害、可能造成的程度以及可能发生的概率，通过设置相应的因子，对各项指标进行加权，以确定同一产品不同厂家在产品技术和质量上的差异，进而形成可执行的认证评价方案。

对于安全风险指标，结合发生概率，危害程度可以从无危害、轻度危害、严重危害、致命性危害4个层级进行考虑；对于基础性能指标，结合发生概率，危害程度可以从无危害、致命性危害两个层级考虑；对于性能提升指标，则可以参考安全风险指标的分类。

GB/T 22760—2020《消费品安全　风险评估导则》列出了有关消费品危害风险等级划分的标准，见表3-1。

表3-1　消费品危害的风险等级划分

伤害发生的可能性	伤害发生的严重程度			
	非常严重	严重	一般	微弱
Ⅰ	S	S	S	M
Ⅱ	S	S	S	L
Ⅲ	S	S	S	L
Ⅳ	S	S	M	A
Ⅴ	S	M	L	A
Ⅵ	M	L	A	A
Ⅶ	L	A	A	A
Ⅷ	A	A	A	A

说明：

S	表示严重风险；
M	表示中等风险；
L	表示低风险；
A	表示可容许风险。

结合安全风险指标、性能指标的设置，考虑各项指标发生不满足的危害、可能

造成的程度以及可能发生的概率，通过设置相应的因子，对各项指标进行加权，以确定同一产品不同厂家在产品技术和质量上的差异，进而形成可执行的认证评价方案。

（四）高风险指标

高风险指标的确定和选择应基于安全风险指标、性能指标、危害程度与发生概率的内容，结合产品的设计、原材料的使用等多重实际因素的影响，进行一一地识别和确认。

以智能手机产品为例，不同厂家生产的智能手机在满足消费者使用的前提下，从安全性指标上说，其电磁兼容指标跟不同产品的设计和原材料使用有关，其实际值的高低直接决定该项是否成为高风险指标；而性能提升指标方面，电池的使用寿命，本身可以不作为高风险指标考虑，但结合不同厂家的设计和生产，有些厂家的电池将不得不列进高风险指标。

简而言之，对于高风险指标的考虑，除了结合产品本身的质量之外，必须考虑使用者的安全，甚至要考虑使用者的预期期望。

二、企业信用指标

企业信用指标有别于产品风险指标，可以说是产品的相关性指标，更多关注在企业的运行、管理方面。一个在运行、管理方面表现良好，持续落实到具体工作中的企业，其生产的产品必将有更为稳定的企业基础。

对于企业信用指标，建议从行政许可、行政处罚、失信惩戒、风险提示进行考虑。

（一）行政许可

行政许可作为政机关根据公民、法人或者其他组织的申请，经依法审查，准予其从事特定活动的行为。按照审批主题所做的界定，涉及面比较宽。主要具有以下几方面特征。

1. 行政许可是依法申请的行政行为

行政相对方针对特定的事项向行政主体提出申请，是行政主体实施行政许可行为的前提条件。无申请则无许可。

2. 行政许可的内容是国家一般禁止的活动

行政许可以一般禁止为前提，以个别解禁为内容。即在国家一般禁止的前提下，对符合特定条件的行政相对方解除禁止使其享有特定的资格或权利，能够实施某项特定的行为。

3. 行政许可是行政主体赋予行政相对方某种法律资格或法律权利的具体行政行为

行政许可是针对特定的人、特定的事做出的赋予对方某种法律资格或法律权利的一种具体行政行为。

4. 行政许可是一种外部行政行为

行政许可是行政机关针对行政相对方的一种管理行为，是行政机关依法管理经济和社会事务的一种外部行为。行政机关审批其他行政机关或者其直接管理的事业单位的人事、财务、外事等事项的内部管理行为不属于行政许可。

5. 行政许可是一种要式行政行为

行政许可必须遵循一定的法定形式，即应当是明示的书面许可，应当有正规的文书、印章等予以认可和证明。实践中最常见的行政许可的形式就是许可证和执照。

从行政许可的性质、功能和适用条件的角度来说，大体可以划分为 5 类：普通许可、特许、认可、核准、登记。每类都具有特定的定义和边界，这里不做赘述。

从认证的角度考虑，行政许可的范围可以作为认证评价指标的基础类指标，从根本上保证企业的经营活动、产品的生产销售等的合法合规。

（二）行政处罚

行政处罚是指行政主体依照法定职权和程序对违反行政法规范，尚未构成犯罪的相对人给予行政制裁的具体行政行为。行政处罚特征是：实施行政处罚的主体是作为行政主体的行政机关和法律法规授权的组织；行政处罚的对象是实施了违反行政法律规范行为的公民、法人或其他组织；行政处罚的性质是一种以惩戒违法为目的、具有制裁性的具体行政行为。

行政处罚指标可以作为观察企业在实际经营活动中实际情况的重要立足点，根据不同的行政处罚方式（警告、罚款、没收违法所得和没收非法财物、责令停产停业、暂扣或吊销许可证、执照、拘留），可以为后续确认认证方案，进行认证评价提供必要的信息输入，实现同一基本认证方案基础上的定制化方案差异，最大限度地降低认证机构的风险，同时也最大限度地改进和提升企业在经营活动中的规范性。

（三）失信惩戒

认证是传递信任的活动，信用、诚信无疑对于申请认证的企业至关重要。随着互联网、大数据的应用，信用反馈或者说消费者反馈的渠道日益顺畅，政府和相关部门在信用监管方面日益改善，2018年1月，为深入贯彻党的十八届三中、四中、五中全会精神，落实《中央政法委关于切实解决人民法院执行难问题的通知》（政法〔2005〕52号）、《国务院关于促进市场公平竞争维护市场正常秩序的若干意见》（国发〔2014〕20号）、《国务院关于印发社会信用体系建设规划纲要（2014—2020年）的通知》（国发〔2014〕21号）等文件精神及“褒扬诚信、惩戒失信”的总体要求，促进大数据信息共享融合，创新驱动健全社会信用体系，国家发展和改革委员会、最高人民法院、人民银行等部委联合签署了《关于对失信被执行人实施联合惩戒的合作备忘录》。国家发展和改革委员会基于全国信用信息共享平台建立失信行为联合惩戒系统。最高人民法院通过该系统向签署本备忘录的其他部门和单位提供失信被执行人信息并按照有关规定更新动态。其他部门和单位从失信行为联合惩戒系统获取失信被执行人信息，执行或协助执行本备忘录规定的惩戒措施并按季度将执行情况通过该系统反馈给最高人民法院和国家发展改革委，从顶层设计上为信用监管指明了方向。

失信惩戒结果不同，作为认证评价基础指标引入认证指标库，有利于在认证指标选取时综合考虑认证指标的选取和确认，避免信用相关问题造成的认证评价风险。

（四）风险提示

企业在实现其目标的经营活动中，会遇到各种不确定性事件，这些事件发生的概率及其影响程度是无法事先预知的，这些事件将对经营活动产生影响，从而影响企业目标实现的程度。这种在一定环境下和一定限期内客观存在的、影响企业目标实现的各种不确定性事件就是风险。简单来说，所谓风险就是指在一个特定的时间内和一定的环境条件下，人们所期望的目标与实际结果之间的差异程度。对于认证对象的风险，可以理解为生产目的与劳动成果之间的不确定性。而造成这种不确定性的原因可以从以下几个方面进行考虑。

1. 风险因素

风险因素是指促使某一特定风险事故发生或增加其发生的可能性或扩大其损失程度的原因或条件。它是风险事故发生的潜在原因，是造成损失的内在或间接原因。例如，对于建筑物而言，风险因素是指其所使用的建筑材料的质量、建筑结构的稳定性等；对于人而言，则是指健康状况和年龄等。

根据性质不同，风险因素可分为有形风险因素与无形风险因素两种类型。

（1）有形风险因素

有形风险因素也称实质风险因素，是指某一标的本身所具有的足以引起风险事故发生或增加损失机会或加重损失程度的因素。如一个人的身体状况，某一建筑物所处的地理位置、所用的建筑材料的性质等地壳的异常变化、恶劣的气候、疾病传染等都属于实质风险因素。人类对于这类风险因素，有的可以在一定程度上加以控制，有些在一定时期内还是无能为力。在保险实务中，由实质风险因素引起的损失风险，大都属于保险责任范围。

（2）无形风险因素

无形风险因素是与人的心理或行为有关的风险因素，通常包括道德风险因素和心理风险因素。

道德风险因素是指与人的品德修养有关的无形因素，即由于人们不诚实、不正直或有不轨企图，故意促使风险事故发生，以致引起财产损失和人身伤亡因素。如投保人或被保险人的欺诈、纵火行为等都属于道德风险因素。在保险业务中，保险人对因投保人或被保险人的道德风险因素所引起的经济损失，不承担赔偿或给付责任。心理风险因素是与人的心理状态有关的无形因素，即由于人们疏忽或过失以及主观上不注意、不关心、心存侥幸，以致增加风险事故发生的机会和加大损失的严重性的因素。例如，企业或个人投保财产保险后产生了放松对财务安全管理的思想，如产生物品乱堆放，吸烟后随意抛弃烟蒂等的心理或行为，都属于心理风险因素。由于道德风险因素与心理风险因素均与人密切相关，因此，这两类风险因素合并称为人为风险因素。

2. 风险事故

风险事故（也称风险事件）是指造成人身伤害或财产损失的偶发事件，是造成损失的直接的或外在的原因，是损失的媒介物，即风险只有通过风险事故的发生才能导致损失。

就某一事件来说，如果它是造成损失的直接原因，那么它就是风险事故；而在其他条件下，如果它是造成损失的间接原因，它便成为风险因素。

举例：

（1）下冰雹路滑发生车祸，造成人员伤亡，这时冰雹是风险因素。

（2）冰雹直接击伤行人，它是风险事故。

3. 损失

在风险管理中，损失是指非故意的、非预期的、非计划的经济价值的减少。

通常我们将损失分为两种形态，即直接损失和间接损失。直接损失是指风险事故导致的财产本身损失和人身伤害，这类损失又称为实质损失；间接损失则是指由直接损失引起的其他损失，包括额外费用损失、收入损失和责任损失。在风险管理中，通常将损失分为 4 类：实质损失、额外费用损失、收入损失和责任损失。

按照风险性质可以分为：

（1）纯粹风险

纯粹风险是指只有损失机会而无获利可能的风险。比如房屋所有者面临的火灾风险、汽车主人面临的碰撞风险等，当火灾碰撞事故发生时，他们便会遭受经济利益上的损失。

（2）投机风险

投机风险是相对于纯粹风险而言的，是指既有损失机会又有获利可能的风险。投机风险的后果一般有 3 种：一是没有损失；二是有损失；三是盈利。比如在股票市场上买卖股票，就存在赚钱、赔钱、不赔不赚三种后果，因而属于投机风险。

按照行为分类，风险可以分为：

（1）特定风险

与特定的人有因果关系的风险，即由特定的人所引起的，而且损失仅涉及特定个人的风险，如火灾、爆炸、盗窃以及对他人财产损失或人身伤害所负的法律责任均属此类。

（2）基本风险

其损害波及社会的风险。基本风险的起因及影响都不与特定的人有关，至少是个人所不能阻止的风险。与社会或政治有关的风险，与自然灾害有关的风险都属于基本风险，如地震、洪水、海啸、经济衰退等均属此类。

按照产生原因，风险可以分为：

（1）自然风险

自然风险是指因自然力的不规则变化使社会生产和社会生活等遭受威胁的风险，如地震、风灾、火灾以及各种瘟疫等自然现象是经常的、大量发生的。在各类风险中，自然风险是保险人承保最多的风险。

自然风险的特征有：自然风险形成的不可控性；自然风险形成的周期性；自然风险事故引起后果的共沾性，即自然风险事故一旦发生，其涉及的对象往往很广。

（2）社会风险

社会风险是指由于个人或团体的行为（包括过失行为、不当行为以及故意行为）或不行为使社会生产以及人们生活遭受损失的风险，如盗窃、抢劫、玩忽职守及故意破坏等行为将可能对他人财产造成损失或人身造成伤害。

（3）政治风险

政治风险是指在对外投资和贸易过程中，因政治原因或订立双方所不能控制的原因，使债权人可能遭受损失的风险。如因进口国发生战争、内乱而中止货物进口，或因进口国实施进口或外汇管制等。

（4）经济风险

经济风险是指在生产和销售等经营活动中由于受各种市场供求关系、经济贸易条件等因素变化的影响或经营者决策失误，对前景预期出现偏差等导致经营失败的风险。比如企业生产规模的增减、价格的涨落和经营的盈亏等。

（5）技术风险

技术风险是指伴随着科学技术的发展、生产方式的改变而产生的威胁人们生产与生活的风险，如核辐射、空气污染和噪声等。

对于风险指标的考虑，要结合风险可能发生的概率和影响，综合分析各类风险可能发生的概率，利用可获得的风险提示进行判定。

三、消费者评价指标

随着以国内大循环为商品售后服务评价体系指标体系的建立可以结合《商品售后服务评价体系》的框架进行设置，主要针对生产型企业和销售服务型企业的售后服务水平进行指标确定。

在《商品售后服务评价体系》中规定了如下的评价指标。

（一）生产型企业商品售后服务评价指标

规定了评价生产型企业商品售后服务水平的 8 个单项的 27 项指标：1）服务文化，包括服务理念、服务承诺、服务策略、服务目标；2）服务制度，包括服务规范、服务流程、服务监督与奖惩、服务制度管理；3）服务体系，包括组织管理、服务网点、人员配置、业务培训、服务投入；4）配送安装，包括商品包装、配送服务、安装调试；5）维修服务，包括维修保障、维修设施、技术支持；6）客户投诉，包括投诉渠道、投诉记录、投诉处理；7）客户管理，包括沟通渠道、客户关系；8）服务改进，包括产品改进、服务改进、管理改进。

（二）销售服务型企业商品售后服务评价指标

规定了评价销售服务型企业产品售后服务的 8 个单项的 23 项指标：1）服务文

化，包括服务理念、服务承诺、服务策略、服务目标；2）服务制度，包括服务规范、服务流程、服务监督与奖惩、服务制度管理；3）服务体系，包括组织管理、人员配置、业务培训；4）产品保证，包括质量保证、产品退换货、维修网点设置；5）配送安装，包括配送服务、安装调试；6）客户投诉，包括投诉渠道、投诉记录、投诉处理；7）客户管理，包括沟通渠道、客户关系；8）服务改进，包括服务改进、管理改进。

结合消费者不同阶段的需求，可以将以上指标按照需求、体验、反馈不同的阶段进行标识。

（一）消费者需求

按照消费者的目的性可以分为：初级的物质需求和高级的精神需求。其中，初级的物质需求表现在人们没有达到一定的消费能力之前，为了获取赖以生存的物质所带来的消费；精神需求则是在满足了物质需求后，为了得到更多的非物质需求（精神需求）而带来的消费。消费者需求的指标应关注在消费者未发生消费行为，或者已发生类似消费行为，更多关注在产品或者服务本身的质量指标上，消费者在需求被满足方面的基本要求，例如，产品或服务的说明、描述、宣传、广告方面的信息发布。

（二）消费者体验

消费者体验指标的选取可以参考《商品售后服务评价体系》对评价指标的分类设置，例如，生产型企业商品售后服务水平的5个单项的19项指标中：1）服务文化，包括服务理念、服务承诺、服务策略、服务目标；2）服务制度，包括服务规范、服务流程、服务监督与奖惩、服务制度管理；3）服务体系，包括组织管理、服务网点、人员配置、业务培训、服务投入；4）配送安装，包括商品包装、配送服务、安装调试；5）维修服务，包括维修保障、维修设施、技术支持。销售服务型企业产品售后服务的5个单项的16项指标：1）服务文化，包括服务理念、服务承诺、服务策略、服务目标；2）服务制度，包括服务规范、服务流程、服务监督与奖惩、服务制度管理；3）服务体系，包括组织管理、人员配置、业务培训；4）产品保证，包括质量保证、产品退换货、维修网点设置；5）配送安装，包括配送服务、安装调试。

（三）消费者反馈

消费者反馈指标的选取同样参考《商品售后服务评价体系》对评价指标的分类

设置，应多关注在消费者使用产品或享受服务后的真实反馈，在消费者反馈指标方面的设定应考虑指标设置的公正性、客观性。例如，生产型企业商品售后服务水平考虑3个单项的8项指标：1）客户投诉，包括投诉渠道、投诉记录、投诉处理；2）客户管理，包括沟通渠道、客户关系；3）服务改进，包括产品改进、服务改进、管理改进；销售服务型企业产品售后服务考虑3个单项的7项指标：1）客户投诉，包括投诉渠道、投诉记录、投诉处理；2）客户管理，包括沟通渠道、客户关系；3）服务改进，包括服务改进、管理改进。

四、社会关注和影响指标

（一）社会舆情

从传统的社会学理论上讲，舆情本身是民意理论中的一个概念，它是民意的一种综合反映。舆情是指在一定的社会空间内，围绕社会事件的发生、发展和变化，作为主体的民众对作为客体的社会管理者、企业、个人和其他各类组织及其政治、社会、道德等方面的取向产生和持有的社会态度。

网络舆情是社会舆情在互联网空间的映射，是社会舆情的直接反映。传统的社会舆情存在于民间，存在于大众的思想观念和日常的街头巷尾的议论之中，前者难以捕捉，后者稍纵即逝，舆情的获取只能通过社会明察暗访、民意调查等方式进行，获取效率低下，样本少而且容易流于偏颇，耗费巨大。而随着互联网的发展，大众往往以信息化的方式发表各自看法，网络舆情可以采用网络自动抓取等技术手段方便获取，效率高而且信息保真（没有人为加工），覆盖面全。

因此，在社会舆情方面的监控系统应具有以下能力和特点，以便于及时、准确、公正地获得相关舆情信息。

1. 热点识别能力

可以根据转载量、评论数量、回复量、危机程度等参数，识别出给定时间段内的热门话题。

2. 倾向性分析与统计

对信息的阐述的观点、主旨进行倾向性分析，以提供参考分析依据，分析的依据可根据信息的转载量、评论的回言信息时间密集度，来判别信息的发展倾向。

3. 主题跟踪

主题跟踪主要是指针对热点话题进行信息跟踪，并对其进行倾向性与趋势分析。跟踪的具体内容包括：信息来源、转载量、转载地址、地域分布、信息发布者等相关信息元素。其建立在倾向性与趁势分析的基础上。

4. 信息自动摘要功能

能够根据文档内容自动抽取文档摘要信息，这些摘要能够准确代表文章内容主题和中心思想。用户无须查看全部文章内容，通过该智能摘要即可快速了解文章大意与核心内容，提高用户信息利用效率。而且该智能摘要可以根据用户需求调整不同长度，满足不同的需求。主要包括文本信息摘要与网页信息摘要两个方面。

5. 趋势分析

通过图表展示监控词汇和时间的分布关系以及趋势分析。以提供阶段性的分析。

6. 突发事件分析

突发事件有以下几种：自然灾害、社会灾难、战争和偶发事件等。互联网信息监控分析系统主要是针对互联网信息进行突发事件监听与分析。对热点信息的倾向分析与趁势分析，以监听信息的突发性。

7. 报警系统

报警系统主要是针对舆情分析引擎系统的热点信息与突发事件进行监听分析，然后根据信息的语料库与报警监控信息库进行分析，以确保信息的舆论健康发展。

8. 统计报告

根据舆情分析引擎处理后的结果库生成报告，用户可通过浏览器浏览，提供信息检索功能，根据指定条件对热点话题、倾向性进行查询，并浏览信息的具体内容，提供决策支持。

（二）行业口碑

口碑监测指用户对品牌的评价，是品牌触点中的一些关键指标。口碑监测指标可以全面描述用户对品牌的评价，包括产品应用消息、企业荣誉、企业公民行为、负品牌现象、论坛与博客监测。口碑有正口碑和负口碑。因此在口碑得分上，也将出现正分和负分。

口碑监测可以从以下 4 个方面的内容加以考虑。

1. 口碑信息监测

企业、产品、品牌正负面口碑信息监测，竞争对手品牌的口碑对比监测。监测品牌在网络用户中的满意度、好评率以及随着时间或事件的变化发展情况，并完成以时间轴进行的品牌形象分值对比。

2. 口碑事件监测

品牌或产品的好评率、知名度、美誉度、用户关注点等品牌满意度监测，监测产品在网络用户中的满意度、不同品牌产品的被关注特性、期待改进方向，重点监测正 / 负面口碑的产生原因、传播路径、发展形态。并进行正负面热点口碑事件的总结和经验积累。

3. 网络营销及效果监测

针对网络营销主题，提供口碑评论者信息、评论时间、评论内容、评论语气强度、评论感情倾向、正反向关注度等监测服务、搜索引擎呈现率、产品品牌知名度、用户关注度、好评率变化统计分析。

4. 危机口碑警报

对公司管理层、产品或品牌等具有重大影响的主题信息的监测（包括负面报道及重要事件的发布、评论、传播等），负面口碑信息监测能够根据用户需求，定时按关键词，对全网和定向搜索的网站进行定向扫描，过滤、抽取、识别用户关注内容，发现危机口碑及时上报，根据不同的级别，采取对应预案进行预警。

（三）重大事件影响

对于重大事件影响的考虑，可以从企业自身发生的重大事件和企业造成的重大社会事件两个方面出发，考虑重大事件影响指标的选取。

企业自身重大事件多关注在企业内部发生的重大变化，可以从以下方面进行考虑：

——公司的经营方针和经营范围的重大变化；

——公司的重大投资行为和重大的购置财产的决定；

——公司订立重要合同，可能对公司的资产、负债、权益和经营成果产生重要影响；

——公司发生重大债务和未能清偿到期重大债务的违约情况；

——公司发生重大亏损或者重大损失；

——公司生产经营的外部条件发生的重大变化；

——公司的董事、三分之一以上监事或者经理发生变动；

——公司主要股东或者实际控制人，其持有股份或者控制公司的情况发生较大变化。

这些重大事件很大程度会影响企业在质量控制方面的实际运行，因此应作为指标选取的因素加以考虑。

企业造成的重大社会事件则更多考虑因企业原因造成的突发事件，尤其是危害到社会公众的生命或财产，此类事件的影响一般将受到国家相关政府部门的关注和跟进，从选取指标的角度，可以考虑结合国家行政管理部门相应的处理结果，做相应的指标设置。

五、其他评价指标

在传统的认证活动中，尤其是产品认证活动中，评价指标很大程度关注在产品的技术方面，这是产品之所以流通的基本属性；传统认证活动中也会对企业的基础设施、供应商管理、生产过程以及人员能力等进行适当地评价，下面我们将结合传统认证活动对这几方面的要求，考虑互联网、大数据情况下，这些指标选取的设置进行阐述。

（一）基础设施

广义上说，基础设施是指为社会生产和居民生活提供公共服务的物质工程设施，是用于保证国家或地区社会经济活动正常进行的公共服务系统。它是社会赖以生存发展的一般物质条件。那么对于企业而言，企业基础设施应当包括企业基本的水电设施、办公设施、厂房、生产设备等，一定程度上，可以外延至跟企业相关的道路交通、园林绿化、文化设施等公用工程设施和公共生活服务设施等。

在传统的认证活动中，对于企业设施的考虑，一般集中在企业的场地厂房、生产设备方面。例如，厂房的环境、温湿度、污染物排放、不同区域的布置，设备的维护保养、计量校准等，这些指标在互联网、大数据的条件下，将可以更加便利地进行监控。以生产车间的环境为例，传统认证中会考虑到生产车间外部环境和内部环境，外部环境主要考虑气候、周围噪声、振动等对产品生产的影响，内部环境则更多关注在内部温湿度、清洁度等对产品生产的影响，这些影响因素的变化往往是通过相应的设备进行监控，通过对监控结果的分析，来进行事后的处置措施，在互联网、大数据的应用中，这些因素的监控将可以实时地反馈和分析，将大大缩减因这些因素变化而造成的影响分析和措施采取时间，质量问题将会提前被监测和解决。同时这些过程监控的信息可以通过区块链的平台被记录，对后期的问题追溯提供更为全面、准确的证据。

（二）供应商管理

1. 供应商分类

供应商分类是对供应商系统管理的重要一部分。它决定着哪些供应商你想开展战略合作关系，哪些你想增长生意，哪些维持现状，哪些积极淘汰，哪些身份未定。供应商可分为战略供应商（Strategic Suppliers）、优先供应商（Preferred Suppliers）、考察供应商（Provisional Suppliers）、消极淘汰供应商（Exit Passive）、积极淘汰供应商（Exit Active）和身份未定供应商（Undetermined）。当然，不同公司的分法和定义可能略有不同。

一般来讲，交易型是指为数众多，但交易金额较小的供应商；战略型供应商是指公司战略发展所必需的少数几家供应商；大额型供应商指交易数额巨大，战略意义一般的供应商，战略供应商指那些对公司有战略意义的供应商。例如，他们提供技术复杂、生产周期长的产品，他们可能是唯一供应商。他们的存在对公司的存在至关重要。更换供应商的成本非常高，有些乃至不可能。对这类供应商应该着眼长远，培养长期关系。

优先供应商提供的产品或服务可在别的供应商处得到，但公司倾向于使用优先供应商。这是与战略供应商的根本区别。优先供应商是基于供应商的总体绩效，如价格、质量、交货、技术、服务、资产管理、流程管理和人员管理等。优先供应商待遇是挣来的。例如，机械加工件，有很多供应商都能做，但公司优先选择供应商A，把新生意给这个供应商，就是基于供应商A的总体表现。

考察供应商一般是第一次提供产品或服务给公司，对其表现还不够理解，于是给一年的期限来考察。考察完成，要么升级为优先供应商，要么降为淘汰供应商。当然，对于优先供应商，如果其绩效在某段时间下降，也可调为考察供应商，“留校察看”，给他们机会提高，然后要么升级，要么降级。

消极淘汰供应商不应该再得到新的产品。但公司也不积极把现有生意移走。随着主产品完成生命周期，这样的供应商就自然而然淘汰出局。对这种供应商要理智对待。如果绩效还可以的话，不要破坏平衡。从供应商角度来说，产品已在生产，额外的投入不多，也乐得继续支持你；从采购方来说，重新选择供应商可能成本太高。这样，双方都认识到维持现状最好。当然，有些情况下，产品有可能成为“鸡肋”，供应商不怎么盈利（或不愿意继续供货），采购方也不愿增加新供应商。那么，供应商的力量就相对更大，给你的产品的重视度不足，绩效可能不够理想。这对采购方绝对是个挑战。维持相对良好的关系就更重要。

积极淘汰供应商不但得不到新生意，连现有生意都得移走。这是供应商管理中最极端的例子。对这类供应商一定要防止“鱼死网破”的情况。因为一旦供应商知道自己现有的生意要被移走，有可能采取极端措施，要么抬价，要么中止供货，要么绩效变得很差。

供应商的身份确定。在分析评价之后，要么升级为考察供应商，要么定义为消极淘汰或积极淘汰供应商。

供应商分类的另一目的是公司内部沟通。例如，新生意都给战略或优先供应商，然后再考虑考察供应商，绝不能给淘汰供应商。这些都应成为书面政策，沟通给公司内各个部门。当然，在分类供应商时应该征求别的部门的意见。但一旦决定，整个公司就应执行。再例如，公司应该采用供应商清单（Approved Vendor List，AVL）上的供应商。而供应商清单则应基于供应商分类体系。当然，作为供应商管理部门，要确保各类供应商能达到公司期望。要不，内部客户的合理期望没法满足，现有的供应商政策可能没法被执行。

2. 供应商评价选择

采购商选择供应商建立战略伙伴关系、控制双方关系风险和制定动态的供应商评价体系非常重要。随着采购额占销售收入比例的不断增长，采购逐渐成为制造商成败的重要因素。供应商的评估与选择作为供应链正常运行的基础和前提条件，正成为企业间最热门的话题。

选择供应商的标准有许多，根据时间的长短进行划分，可分为短期标准和长期标准。在确定选择供应商的标准时，一定要考虑短期标准和长期标准，把两者结合起来，才能使所选择的标准更全面，进而利用标准对供应商进行评价，最终寻找到理想的供应商。

选择供应商作为短期合作伙伴的标准主要有：商品质量合适、价格水平低、交货及时和整体服务水平好。

（1）合适的商品质量

采购商品的质量合乎采购单位的要求是采购单位进行商品采购时首先要考虑的条件。对于质量差、价格偏低的商品，虽然采购成本低，但会导致企业的总成本增加。因为质量不合格的产品在企业投入使用的过程中，往往会影响生产的连续性和产成品的质量，这些最终都会反映到总成本中去。

相反，质量过高并不意味着采购物品适合企业生产所用，如果质量过高，远远超过生产要求的质量，对于企业而言也是一种浪费。因此，采购中对于质量的要求是符合企业生产所需，要求过高或过低都是错误的。

（2）较低的成本

成本不仅仅供应商包括采购价格，而且包括原料或零部件使用过程中所发生的一切支出。采购价格低是选择供应商的一个重要条件。但是价格最低的供应商不一定就是最合适的，因为如果在产品质量、交货时间上达不到要求，或者由于地理位置过远而使运输费用增加，都会使总成本增加，因此总成本最低才是选择供应商时考虑的重要因素。

（3）及时交货

供应商能否按约定的交货期限和交货条件组织供货，直接影响企业生产的连续性，因此交货时间也是选择供应商时要考虑的因素之一。

企业在考虑交货时间时需要注意两个方面的问题：一是要降低生产所用的原材料或零部件的库存数量，进而降低库存占压资金，以及与库存相关的其他各项费用；二是要降低断料停工的风险，保证生产的连续性结合这两个方面内容，对交货及时的要求应该是这样：用户什么时候需要，就什么时候送货，不晚送，也不早送，非常准时。

（4）整体服务水平好

供应商的整体服务水平是指供应商内部各作业环节能够配合购买者的能力与态度。评价供应商整体服务水平的主要指标有以下几个方面：

产品使用培训：如果采购者对如何使用所采购的物品不甚了解，供应商就有责任向采购者培训所卖产品的使用知识。

供应商对产品卖前和卖后的培训工作，也会大大影响采购方对供应商的选择。

安装服务：通过安装服务，采购商可以缩短设备的投产时间或投入运行所需要的时间。

维修服务：免费维修是对买方利益的保护，同时也对供应商提供的产品提出了更高的质量要求。这样，供应商就会想方设法提高产品质量，避免或减少免费维修情况的出现。

技术支持服务：如果供应商向采购者提供相应的技术支持，就可以在替采购者解决难题的同时销售自己的产品。比如，信息时代的产品更新换代非常快，供应商提供免费或者有偿的升级服务等技术支持对采购者有很大的吸引力，也是供应商竞争力的体现。

选择供应商作为长期合作伙伴的标准主要在于评估供应商是否能保证长期而稳定的供应，其生产能力是否能配合公司的成长而相对扩展，其产品未来的发展方向能否符合公司的需求，以及是否具有长期合作的意愿等。其主要考虑下列4个方面：

（1）内部组织是否完善

供应商内部组织与管理关系到日后供应商供货效率和服务质量。如果供应商组织机构设置混乱，采购的效率与质量就会因此下降，甚至会由于供应商部门之间的互相扯皮而导致供应活动不能及时地、高质量地完成。

（2）是否建立完善的质量管理体系

采购商在评价供应商是否符合要求时，其中重要的一个环节是看供应商是否采用相应的质量体系，如是否通过ISO 9000质量体系认证，内部的工作人员是否按照该质量体系不折不扣地完成各项工作，其质量水平是否达到国际公认的ISO 9000所规定的要求。

（3）机器设备是否先进以及妥善保养

如何从供应商机器设备的新旧程度和保养情况就可以看出管理者对生产机器、产品质量的重视程度，以及内部管理的好坏。如果车间机器设备陈旧，机器上面灰尘油污很多，很难想象该企业能生产出合格的产品。

（4）是否建立稳健的财务制度

供应商的财务状况直接影响到其交货和履约的绩效，如果供应商的财务出现问题，周转不灵，就会影响供货进而影响企业生产，甚至出现停工的严重危机。

总的来说，无论是选择短期供应商，还是长期供应商，对于供应商最重要的是供应内容或者是供应商所提供的产品或者服务的质量要得到保证，在质量保证的基础上，进一步考虑性价比的要求。

（三）生产过程管理

什么是生产过程？生产过程是指围绕完成产品生产的一系列有组织的生产活动的运行过程，所以生产管理就是对生产过程进行计划、组织、指挥、协调、控制和考核等一系列管理活动的总称。在生产过程中，劳动者运用劳动工具，直接或间接地作用于劳动对象，使之按人们预定目的变成工业产品。工业企业作为一个系统，它的基本活动是供、产、销；系统的主要功能是生产合格的工业产品，创造产品的使用价值和增加价值，并作为商品出售满足社会需求。

按照生产过程组织的构成要素，可以将生产过程分为物流过程、信息流过程和资金流过程。

1. 物流过程

采购过程、加工过程或服务过程、运输（搬运）过程、仓储过程等一系列过程既是物料的转换过程和增值过程，也是一个物流过程。

2. 信息流过程

生产过程中的信息流是指在生产活动中，将其有关的原始记录和数据，按照需要加以收集、处理并使之朝一定方向流动的数据集合。

3. 资金流过程

生产过程的资金流是以在制品和各种原材料、辅助材料、动力、燃料设备等实物形式出现的，分为固定资金与流动资金。资金的加速流转和节约是提高生产过程经济效益的重要途径。

传统认证活动中，对生产过程的物流过程和信息流过程进行了关注，同时结合这两种过程的影响因素予以评价。在互联网 + 认证活动中，以上 3 种过程都将会得到更为真实、准确的监控和记录，从追溯的角度将更加容易。

（四）人员管理

企业的人员能力在认证评价活动中更多被关注在技术能力方面。传统的人员技术能力一般是培训、评价授权、操作、考核、持续提升这样一个过程，其中较为关键的考核，往往采取的是定期或者不定期以针对性的方式进行，这其实一定程度上并不能反应人员的真实能力，或者说由于人的主观能动性与环境变化的影响，人员的能力不能通过简单考核轻易做出结论。这正如在传统认证中，某个生产工序的操作人员的个人能力档案非常齐全，经历了各种培训、考核、实际操作，但在实际的生产过程中，仍会存在不同情形的失误或者问题，这种问题在传统的生产或者认证活动中很难解决或者避免，但在互联网 + 认证的活动中将会迎刃而解，个人能力的各种评价作为基础仍被保留，但有关人员能力和水平更多的是通过生产和管理操作和记录予以体现。无论是事中还是事后，大数据将会提供一个更为准确的模拟或再现。

第三节　“互联网 + 认证”评价指标选取要求

认证指标的选取是一项非常复杂的工作，传统的认证活动经历了丰富的实践，形成了固定的经验或者比较完备的指标体系，但随着互联网、大数据的广泛使用，人们的生活方式将发生翻天覆地的变化，原来的指标体系固然仍要考虑，但需要结合实际引入更多相关的指标，换句话说，未来的认证活动中，成熟的产品技术指标体系是基础，但将不能支撑认证活动的实际需要。

如何进行“互联网＋认证”评价指标的选取将是认证行业面临的重大问题。在这里，结合前面的章节描述，从指标库建立和指标体系应用两个方面介绍“互联网＋认证”评价指标选取方面的基本要求和建议。

一、指标库的建立

指标库的建立在遵循认证公正、客观的原则基础上，综合考虑认证机构、认证对象、认证类型的实际情况，做好指标层级的顶层设计，因为，设置怎样的指标层级将直接决定在后续的认证活动中指标选取的正确与否。

首先，指标库的建立要坚持自上而下与自下而上相结合的设计原则，明确评价指标内容。自上而下与自下而上看似矛盾，但在实际的操作中存在相互配合的关系。对于与某类产品的指标库建立，首先要从顶层做好设计，避免不必要的指标进入指标库，或者说对于相关性指标的选取需要进行界定，而自下而上则是要从实际出发，结合供需、反馈等诸多因素进行考虑。

其次，指标库的建立要坚持适度原则，明确不同评价指标的选取方法。适度原则，要求指标库的建立要避免大而全的做法。认证对企业是一种成本支出活动，应尽量避免大而全的指标要求造成企业不必要的成本支出。不同指标的选取，既要考虑该指标的选取的合理性，也要考虑该指标的实用性。

再次，指标库的建立要坚持互联互通的原则，同时要对评价指标进行规则赋值。互联互通指的是在指标库的建立不宜存在同一产品存在不同的指标库，即便存在也应在不同指标库之间进行互联互通。同时，在指标库里某项指标设定时应考虑该指标适用的不同产品，对每个评价指标进行规则赋值，将会大大降低后期评价活动中可能存在的指标修订。

最后，指标库的建立需要有总体评价的适用说明。指标库里的指标将会以单个指标的形式存在，如何再选用所有的适用指标后进行总体评价，需要进行设定。

二、“互联网＋认证”指标体系的应用

以国内 CCC 认证为例，作为 CCC 认证对象的产品，首先从其所在行业来说，

基本属于比较成熟的行业，同时又是与广大消费者生命、财产息息相关，因此，目前的认证指标多以安全和电磁兼容为主，一方面涉及人财物；另一方面考虑环境的影响。此类产品在“互联网＋认证”活动中，技术指标的选取将不会发生大的变化，但其他指标（如企业信用指标、产品风险指标、消费者评价指标与社会关注和影响指标）将会大大加强，无论是认证机构还是政府监管部门的风险压力将会大大降低。

总的来说，“互联网＋认证”指标体系的建立，将会加快认证评价活动模式的快速改变，一方面，从认证机构的角度来说，指标的选取将会降低后续认证活动的风险；另一方面从生产者和消费者的角度来说，两者之间需要的信息传递将跟随相应指标的选取而进一步对称，这无疑将是认证发展的重要一步。

第四章 “互联网+认证”样本选取技术

第一节 样本选取基本理论

从本质上来说，认证活动是一个样本选取和评价的过程。认证机构通过对认证对象提供的产品、过程、服务进行抽样调查，寻找符合性的证据，与评价指标进行对照，得出符合或不符合的结论。

因此，有关样本、抽样原则、抽样方案、抽样标准等的概念，对于认证人员和认证对象来说都是必须了解的。狭义上来说，样本指产品认证中抽取用于检测的样品；广义上来说，样本不仅指实物样品，还包括与认证对象和评价指标相关的文件、记录、资料、数据和信息等。样本选取的过程就是抽样过程。

传统的认证活动中进行评审/审核/检查时，基本上是以现场抽取对应的资料和记录、进行人员询问和考核、抽取样品检测等方式；互联网环境下，认证的抽样方式更加多样化，更加准确和快捷。

一、抽样步骤

（一）什么是样本选取

样本选取（即抽样）是一种方法，使我们能够基于子集（样本）的统计信息来获取总体信息，而无须调查所有样本。

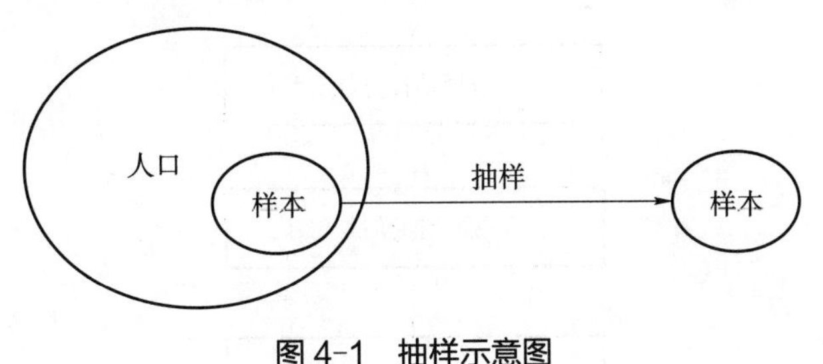

图4-1 抽样示意图

图4-1说明了什么是抽样，让我们通过一个例子更直观地进行理解。

我们想要找到北京这个城市所有成年男性的平均身高。假设北京的人口大约为

2000万，男性大约为1200万。你可以想象，要找到北京所有男性的身高来计算平均身高几乎是不可能的。

那么我们如何取样？

假设我们去篮球场，以所有职业篮球运动员的平均身高作为样本。这将不是一个很好的样本，因为一般来说，篮球运动员的身高比普通男性高，这将使我们对普通男性的身高没有正确的估计。

有一个很简单的解决方案：我们在随机的情况下随机找一些人，这样我们的样本就不会因为身高的不同而产生偏差。

（二）为什么我们需要抽样

通过上面的例子，你可能在这一点上已经有了直觉的答案。

抽样是为了从样本中得出关于群体的结论，它使我们能够通过直接观察群体的一部分（样本）来确定群体的特征。

选择部分样本比选择一个总体中的所有个体所需的时间更少。

样本选择是一种经济有效的方法。

因此对样本的分析比对整个群体的分析更方便、更实用。

（三）抽样步骤

以图4-2流程图的形式可以比较清晰来讲述抽样的步骤。

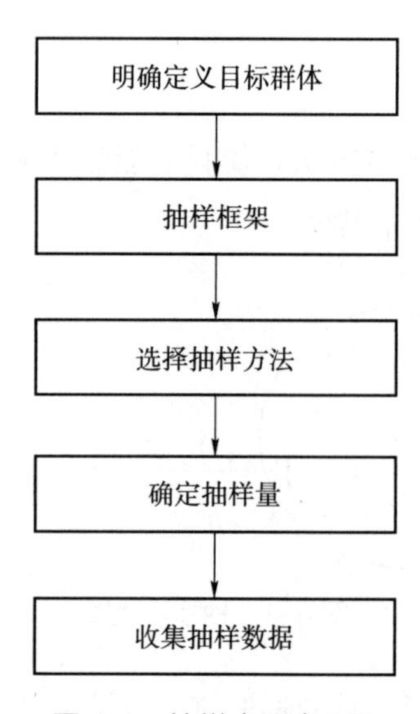

图4-2　抽样步骤流程图

让我们以美国总统选举研究为例，将这些步骤应用于执行抽样。美国总统选举民意调查是根据全国 3 亿多选民的意见得出的还是根据这些选民的一小部分得出的？让我们看看是怎么做的。

第一步：抽样过程的第一步是明确定义目标群体。

因此，为了进行民意调查，投票机构仅考虑 18 岁以上且有资格投票的人。

第二步：确定抽样框架（Sampling Frame）——这是构成样本总体的个体列表。

因此，这个例子的抽样框架是将名字出现在一个选区的所有投票人列表。

第三步：一般来说，使用概率抽样方法是因为每一张选票都有相等的价值。不考虑种族、社区或宗教，任何人都可以被包括在样本中。不同的样品取自全国各地不同的地区。

第四步：样本量（Sample Size）是指样本中所包含的个体的数量，这些个体的数量需要足够以对期望的准确度和精度进行推断。

样本量越大，我们对总体的推断就越准确。

在民意调查中，各机构试图让尽可能多的不同背景的人参与抽样调查，因为这有助于预测总统候选人可能赢得的票数。

第五步：一旦确定了目标人群、抽样框架、抽样技术和样本数量，下一步就是从样本中收集数据。

在民意测验中，机构通常会向选民提出问题，根据答案，各机构试图解释选民投票给谁，以及总统候选人赢得多少票数。

二、不同类型的抽样技术

抽样有不同类型的方法，如图 4-3 所示，主要分为概率抽样和非概率抽样。

概率抽样：在概率抽样中，总体中的每个个体都有相等的被选中的机会。概率抽样给了我们最好的机会去创造一个真正代表总体的样本。

非概率抽样：在非概率抽样中，所有元素被选中的机会都不相等。因此，有一个显著的风险，即最终得到一个不具代表性的样本，它不会产生可推广的结果。

例如，假设我们的人口由 20 个人组成。每个个体的编号从 1 ～ 20，并由特定的颜色（红色、蓝色、绿色或黄色）表示。在概率抽样中，每个人被选中的概率是 1/20。

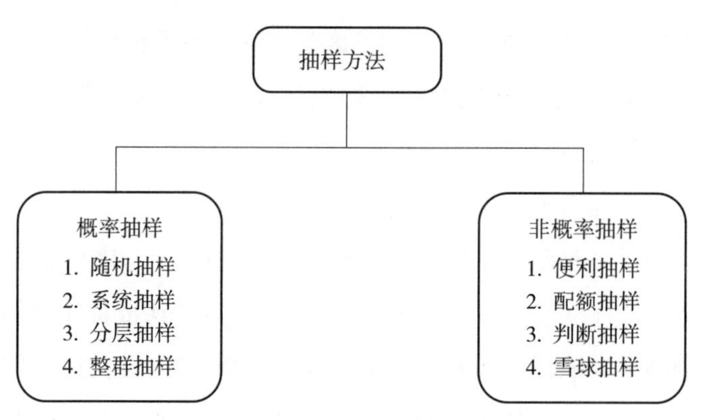

图 4-3　抽样方法类型

对于非概率抽样，这些概率是不相等的。一个人被选中的机会可能比别人大。现在我们对这两种抽样类型有了一定的了解，让我们分别深入了解每种抽样类型，并理解每种抽样的不同类型。

（一）概率抽样的类型

1. 简单随机抽样

在这里，每个人都是完全由随机选择的，人口中的每个成员都有被选择的机会。

图 4-4 是随机抽样示意图，从样本 1 ～ 20 中，随机抽取 5 个样本（2，6，10，13，18）。简单的随机抽样可减少选择偏差。

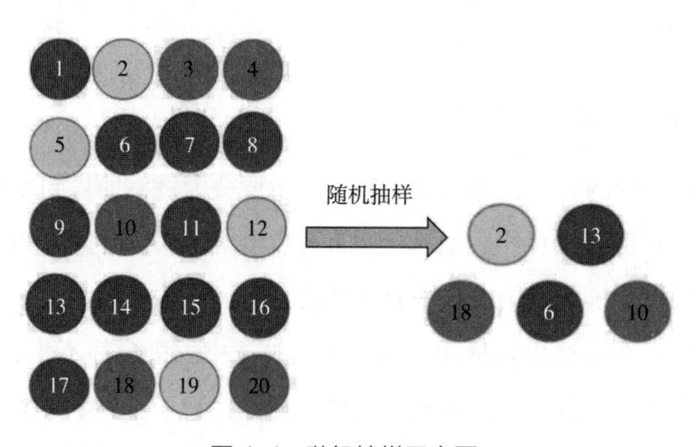

图 4-4　随机抽样示意图

这种技术的一大优点是它是最直接的概率抽样方法。但它有一个缺点，它可能不会选择特别多我们真正感兴趣的个体元素。蒙特卡罗方法采用重复随机抽样的方法对未知参数进行估计。

2. 系统抽样

在这种类型的抽样中，第一个个体是随机选择的，其他个体是使用固定的“抽样间隔”选择的。让我们举一个简单的例子来理解这一点。

假设我们的总体大小是 x，我们必须选择一个样本大小为 n 的样本，然后，我们要选择的下一个个体将是距离第一个个体的 x/n 个间隔。我们可以用同样的方法选择其余的。

图 4-5 是系统抽样示意图。从图 4-5 中可以看出：假设，我们从第 3 个人开始，样本容量是 5。因此，我们要选择的下一个个体将是（20/5）=4，从第 3 个人开始，即 7（3+4），依此类推。选择的样本应该为 3、3+4=7、7+4=11、11+4=15、15+4=19。

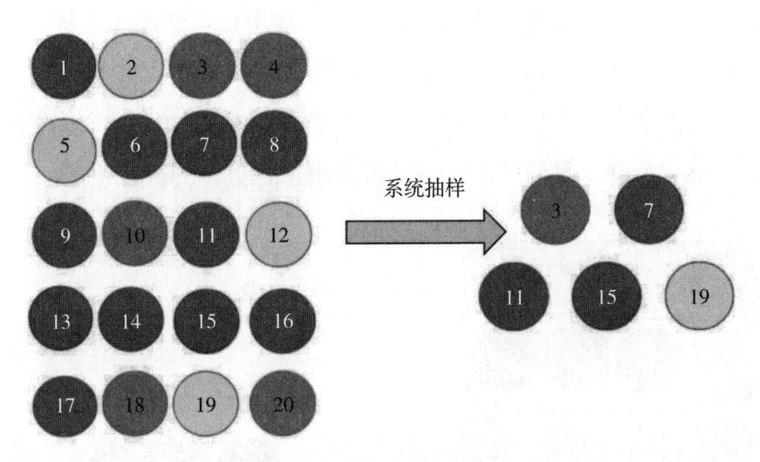

图 4-5 系统抽样示意图

系统抽样比简单随机抽样更方便。然而，如果我们在人群中选择项目时存在一种潜在的模式，这也可能导致偏差（尽管这种情况发生的概率非常低）。

3. 分层抽样

在这种类型的抽样中，我们根据不同的特征，如性别、类别等，把人口分成子组（称为层），然后我们从这些子组中选择样本。

如图 4-6 所示，我们首先根据不同形状将我们的种群分成不同的子组。然后，从每一种颜色中，我们根据它们在人口中的比例选择一个个体。

当我们想要从总体的所有子组中得到表示时，我们使用这种类型的抽样。然而，分层抽样需要适当的人口特征的知识。

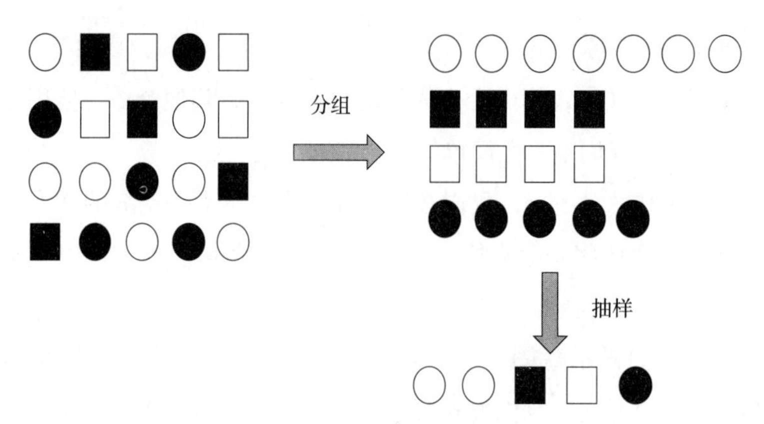

图 4-6　分层抽样示意图

4. 整群抽样

在整群抽样中，我们使用总体的子组作为抽样单位，而不是个体。全体样本被分为子组，称为群，并随机选择一个完整的群作为抽样样本。

在图 4-7 的例子中，我们将人口分为 5 个群。每个群由 4 个个体组成，我们在样本中选取了第 4 个群。我们可以根据样本大小包含更多的群。

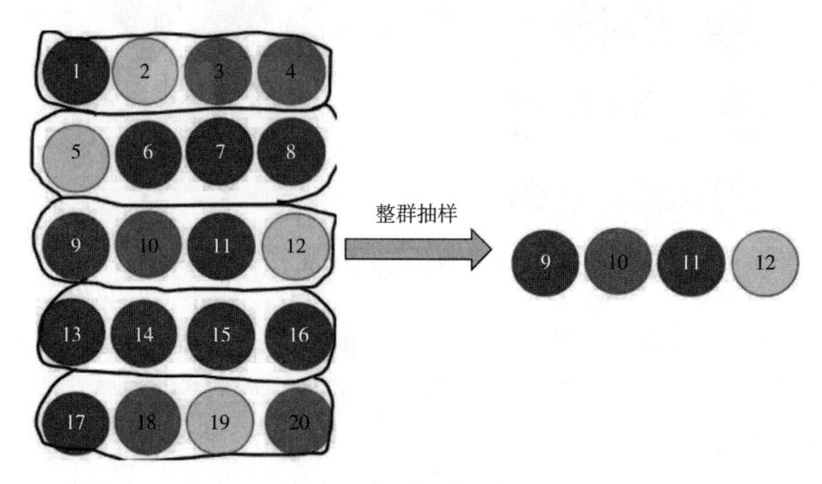

图 4-7　整群抽样示意图

当我们集中在一个特定领域或区域时，就会使用这种类型的抽样。

（二）非概率抽样的类型

1. 便利抽样

这可能是最简单的抽样方法，因为个人的选择是基于他们的可用性和参与意愿。

如图 4-8 所示，假设编号为 4、7、12、15 和 20 的个体想要成为样本的一部分，因此，我们将把它们包含在样本中。

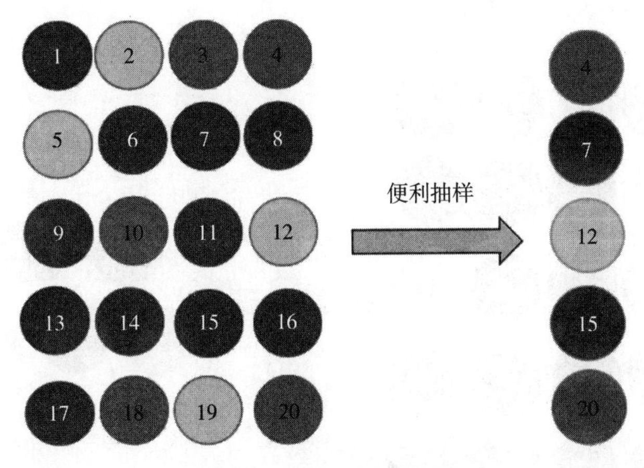

图 4-8 便利抽样示意图

便利抽样容易产生显著的偏见，因为抽样可能不能代表诸如宗教或人口的性别等具体特征。

2. 配额抽样

在这种抽样中，我们根据预先确定的总体特征来选择样本。考虑到我们必须为我们的样本我们选择一个倍数为 4 的个体，如图 4-9 所示，编号为 4、8、12、16 和 20 的个人已经为我们的样本保留。

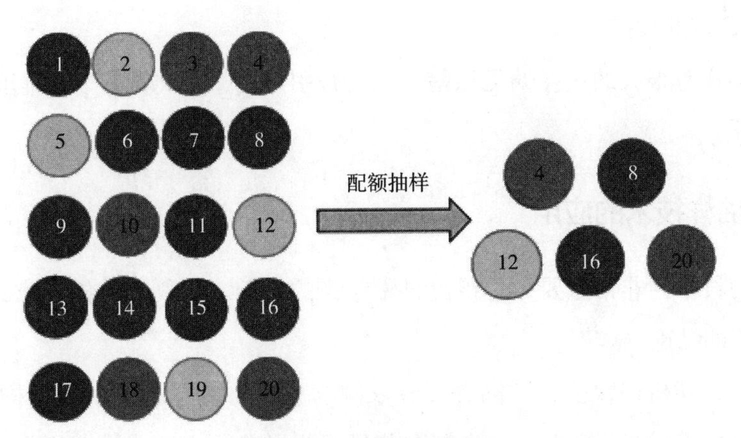

图 4-9 配额抽样示意图

在配额抽样中，选择的样本可能不是我们考虑的人口特征的最佳代表。

3. 判断抽样

这也称为选择性抽样。在选择要求参加者时，取决于专家判断（见图 4-10）。

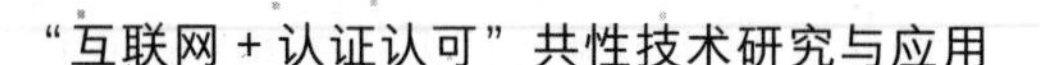

假设，我们的专家认为，应该将编号为 1、7、10、15 和 19 的人作为我们的样本，因为它们可以帮助我们更好地推断人口。你可以想象，配额抽样同样也容易受到专家的偏见，不一定具有代表性。

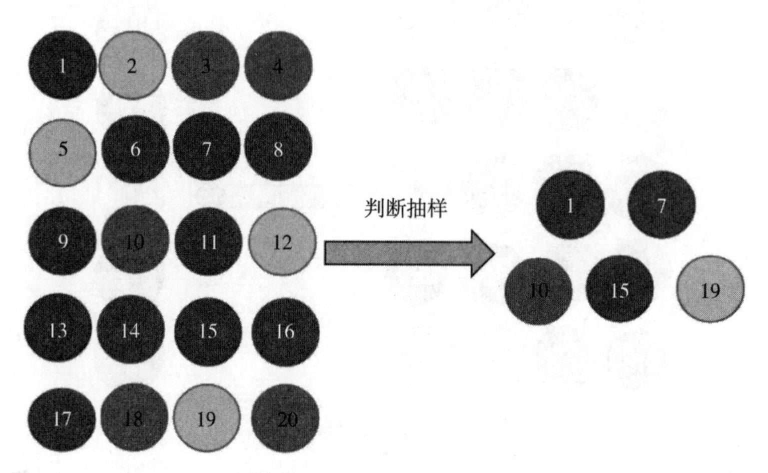

图 4-10　判断抽样示意图

4. 雪球抽样

雪球抽样顾名思义就像滚雪球一样。现有的人被要求推荐更多他们认识的人，这样样本的大小就会像滚雪球一样增加。当抽样框架难以识别时，这种采样方法是有效的。

在这里，我们随机选择了 1 个人作为样本，然后他推荐了 6 个人，6 个人推荐了 11 个人，依此类推。

雪球抽样有很大的选择偏见风险，因为被引用的个体将与推荐他们的个体具有共同的特征。

三、抽样技术的应用

抽样的科学性非常重要，是得出科学结论的基础。不科学的抽样方式常常会导致似是而非的结论。

前几年，某机构曾公布了抽查了各家网购平台的抽检结果，92 件样品 38 件非正品，而手机正品率只有 28%。电视台节目据此报道说，“9 个电商平台中，只有两家没有被检出销售假冒或质量不合格的商品。”

9 家网购平台上的商品多得数不清，总共抽取 92 件，平均每家抽取 10 件商品检测，得到的结果能否代表真实情况？并且，非正品也不等于假冒或是质量不合格。看一下这次抽检的详情表（表 4-1），会发现很多不合理之处。

表 4-1 网购平台抽样情况

网购平台 / 商品	平台 1	平台 2	平台 3	平台 4	平台 5	平台 6	合计
手机	1（1）	4（0）	1（1）		1（0）		7（2）
儿童玩具	6（6）	9（3）		3（3）			18（12）
润滑油	7（7）	8（4）	4（3）	3（3）			22（17）
服装	2（2）	7（4）	2（2）	4（2）			15（10）
化妆品	4（2）	8（5）				3（3）	15（10）
化肥农药		15（3）					15（3）
采购量	20	51	7	10	1	3	92
正品量	18	19	6	8	0	3	54
正品率 /%	90	37	85	80	0	100	59

特别是手机产品，3 家网购平台都只抽了 1 件，能有代表性吗？平台 5 更惨，被抽取了 1 个商品，不幸还是非正品，一下子全军覆没了。

对于商品质量抽检而言，一个消费者任意网购一件商品回来，检测是否正品或者是否符合国家标准，是否也能算作一次质量检测？当然，他毕竟完成了一次抽样。但是，这种行为叫作非概率抽样，样本总是限于主观和容易获取的部分。既不能确定抽样误差，也不能通过统计数据推断整体。

非概率抽样的方法有很多种，如“先生耽误您两分钟”的街头拦人发调查问卷就是个典型，这属于方便抽样，最容易的样本选取。其他还有比如判断抽样，尽管总体涉及所有类别的所有商品，但仅通过个人判断，选择个别商品来描述整个样本。

这种粗略和前期的探索，主要目的是用较低的成本做近似的估计。优点是方便快捷省事，缺点是样本的代表性会受到质疑。

想要客观地对总体的某些特征做出具备一定可靠性的推论，概率抽样中最正式的抽样方法：简单随机抽样是个好选择。随机抽样要求总体中每个个体拥有相同的被抽中概率。当总体非常大时，做到这点非常困难。

现在很多网购平台商品类别繁多，数量更加庞大。跑一遍人家的数据库，随机抽取太不现实。这种情况下，对简单随机抽样做出改进和简化就很有必要。

系统抽样是一种改进方法，以固定的间隔每隔若干个体抽取一个样本。另一种改进方法是采用分层抽样，按某种特征将要个体划分成不同的层，然后按照简单随机抽样方法从每一个层里抽取足够的个体。

“层”就是某种划分方法，例如，人可以分成男、女两层。每个层都是总体的一个子集，各层之间互相独立。只有划分出具有代表性的层后，抽样才有意义。相比随便点开一家店铺购买一些商品用于检测，根据信用等级等指标，先选出有代表性的商铺，然后在商铺中随机挑选商品，是个比较好的抽样方法。

再回到前面提到的商品抽样监测结果，不同的样本其实不具备可比性。平台 1 的自营和平台 2 的卖家店铺，一个是平台自己卖，一个是所有人都来卖。就像单纯地对比癌症的发病率高于心脏病的发病率，既不能得出癌症比心脏病更可怕的结论，也不能说明人们应该预防癌症多于预防心脏病。

除此之外，得到每个电商平台的正品率还算好说，直接合计得出一个总体的正品率，却没有道理。不同电商在经营模式、消费者习惯等各个环节都有很多差异。在不能确保其他条件相同的情况下，单纯的累加只会浪费人们的注意力。举个例子，男性也会得乳腺癌，但远比女性低，非要计算全人类得乳腺癌的概率其实没什么意义。

从前面抽样情况表遍布统计陷阱，比如化肥这一类别的质量检测，去除这一项，平台 2 的正品率一下从 37.25% 飞升到 44.44%，但是平台 2 上的化肥商品恐怕很难占到总量的 7%。更不要说其他电商平台均未抽取化肥这一商品了。

再比如，让我们粗略地用平台 1 PK 平台 3 一次。按照发布的监测情况表，平台 1 抽取 20 个样本，正品量 18，正品率 90.00%；平台 3 抽取 7 个样本，正品量 6，正品率 85.71%。近 5% 的差别还算明显。但是按照这个 7/6 比率，如果平台 3 抽取 21 个样本，正品量是 18。这个时候，你还会觉得平台 1 相比平台 3（20/18 和 21/18）有明显的正品优势吗？

最少抽取多少个样本，才算样本充分？

所以，样本量的不一致，带来了很多误解和不准确。抽取 1 个样本全是假的或者 3 个样本全是正品，就推断该平台正品率 0% 或者 100% 就显得不太科学。

那么，抽样调查中需要多少样本才算证据充分呢？实际上，统计学里，具备相应置信度的样本量是可以计算的。

抽样方法本身就会引起误差。在总体中随机抽取样本，样本均值 x 是总体均值 μ 的偏差就是抽样误差（$E=\mu-x$）。这个误差的分布是符合标准正态分布的。

面对一个数量庞大的总体，样本量也要足够多（>30）时，可以用如式（4-1）可以估算需要抽取的样本量。

$$n \approx \frac{(Z_{\alpha/2})^{2\sigma 2}}{E^2} \tag{4-1}$$

n——样本量；

σ^2——方差，抽样个体值和整体均值之间的偏离程度，抽样数值分布越分散方差越大，需要的采样量越多；

E——为抽样误差（可以根据均值的百分比设定）；

$Z_{\alpha/2}$——置信度，置信度越高需要的样本量越多；95% 置信度比 90% 置信度需要的采样量多 40%。

由此可见，在保证一定置信度（样本某测量值的可信程度）的情况下，如果要将误差控制得越小，所需的样本量则越大。样本量太少，误差便会很大，对总体真实情况的推断和估计也就很难准确了。

四、抽样标准

目前我国抽样检验国家标准主要按判定方式分为计数抽样检验和计量抽样检验系列标准。

计数检验指与规格或标准作比较后把产品分为合格、不合格，或者分为一级品、二级品、三级品等进行计数判定的检验。

计量检验指以产品的计量结果进行判定的检验。

计数检验与计量检验的特点如下：

（1）计数检验只需把产品分为合格品或不合格品，手续比较简单，节省检验费用。如一个产品有 20 种质量特性，用计数检验只需一种抽样方案，就能做出接受与否的判定，但是用计量检验，因为每种质量特性对应一个抽样方案，需要 20 个抽样方案，才能做出结论；

（2）样本大小相同时，计量检验结果的可靠性高于计量检验结果。例如，计数检验时，日光灯的寿命以大于或等于 1000h 为合格品；计量检验时，一个产品的寿命为 1000h，另一个产品的寿命为 1500h，虽然都为合格品，但是质量的优劣有很大的差别，由此可见，计量检验可提供更详细的产品质量信息；

（3）对一般的成批产品抽样检验，常常采用计数检验方案；对质量不易过关，具有破坏性的和本身很贵重的产品，由于希望尽量减少检验产品的个数，一般采用计量检验方案。

为保证抽样检验工作的质量，我国根据不同的情况制订了一系列抽样检验标准，其中较常见的抽样检验国家标准如下。

1. GB/T 2828.1—2012《计数抽样检验程序　第 1 部分：按接收质量限（AQL）检索的逐批检验抽样计划》

GB/T 2828.1 规定了一个计数抽样检验系统。本部分用接收质量限（AQL）来检索。目的是通过批不接收使供方在经济上和心理上产生的压力，促使其将过程平均质量水平值保持在和规定的接收质量限以下，而同时给使用方接收劣质批的概率提供一个上限。

GB/T 2828.1 是应用最广泛的抽样检验标准，特别是在工厂的生产控制和贸易商品验收等领域，检验部门可以根据产品的抽检情况，发现质量变劣时，转移到加严检验或暂停抽样检验，意味着抽检的批次变多，或停止生产，核查不合格产生的原因；如果质量一直保持较好的状态，可以转移到放宽检验，就是减少抽检批次，减少检验成本。著名的转移规则图如图 4-11。

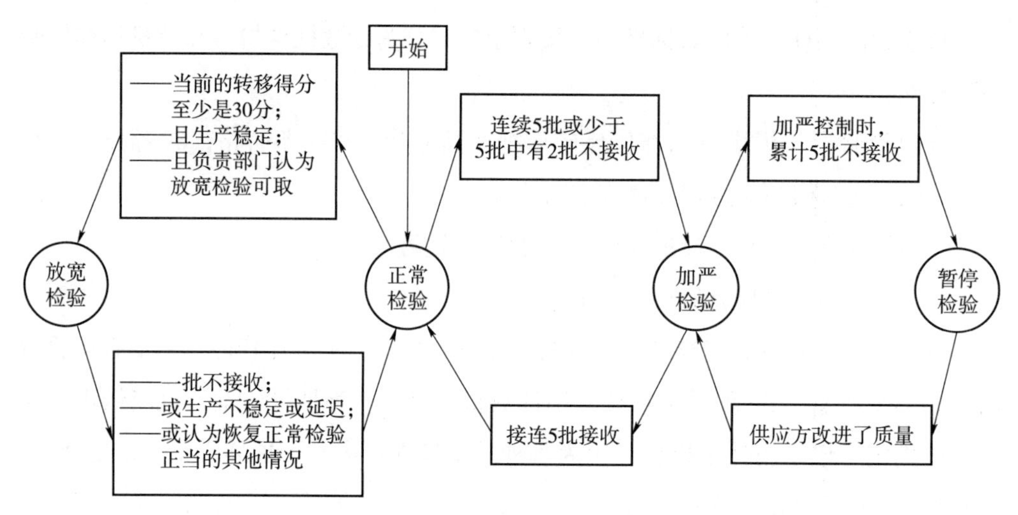

图 4-11　抽样转移规则图

转移规则注意事项：

（1）除非负责部门另有规定，检验开始应采用正常检验；

（2）正常检验转为加严检验。

当进行正常检验时，若在不多于连续 5 批中有 2 批经初次检验（不包括再次提交检验批）不通过，则从下一批检验转到加严检验。以○代表抽样检验通过批，●代表抽样检验不通过批。如有下列情况则转为加严检验：

1）○○○○●○○● / 加严检验；

2）○●○○○○●● / 加严检验；

3）●○○○○●○○○○○●○● / 加严检验。

从上述 3 种情况可见，起数批应从第一个出现的不通过批开始，若不足 5 批或正好 5 批中出现 2 个不通过批，则在第 2 个不通过批后立即转到加严检验；若第 1 个不通过批后的连续通过批达到或超过 4 批，则作为起数批的第一个不通过批，不再作为起数批，重新出现的不通过批，作为起数批。

（3）加严检验转为正常检验

当进行加严检验时，若连续 5 批经初次检验（不包括再次提交检验批）通过，则从下一批检验转到正常检验。如下列情况：

1）○●○○○○○ / 转回正常检验；

2）●○●○○○○○ / 转回正常检验。

（4）正常检验转为放宽检验

当进行正常检验时，若下列条件均满足，则从下一批转到放宽检验：

1）当前的转移得分至少是 30 分；

2）生产正常；

3）负责部门同意转到放宽检验。

（5）放宽检查转为正常检查

在进行放宽检验时，若出现下列任一情况时，则从下一批检验转到正常检验：

1）有一批放宽检验不通过；

2）生产不正常；

3）负责部门认为有必要回到正常检验。

上述 3 条中只要具备其中一条，都要回到正常检验。因放宽检验时判断要求已经放松，如果条件不把严，将会有很大的可能放过质量水平低的产品，造成使用方不应有的损失。在目前多数企业管理水平不高和生产技术还不很先进的情况下，对放宽检验应持慎重态度。

（6）加严检验转为暂停检验

累五规则。加严检验开始后，不通过批数累计到 5 批时，暂时停止按本标准检验。

当给予停止检验的企业，实施了有效改进措施后，可以提出恢复检验。恢复检验的产品批一般从加严检验开始。

2. GB/T 2828.2—2008《计数抽样检验程序　第 2 部分：按极限质量（LQ）检索的孤立批检验抽样方案》

GB/T 2828.2 是一个按极限质量 LQ 检索的计数验收抽样检验系统。该抽样系统用于孤立批（孤立序列批，孤立批或是单批）检验，在这里 GB/T 2828.1 的转移规则不适用。

GB/T 2828.2 本部分的方案使用优先数系的极限质量 LQ 为索引，使用方的风险除了两种情况低于 13% 外，通常都低于 10%。这种检索方法比 GB/T 2828.1 中的极限质量保护的特别程序更方便。

3. GB/T 2828.3—2008《计数抽样检验程序　第 3 部分：跳批抽样程序》

GB/T 2828.3 的本部分规定了计数验收检验的一般跳批抽样程序。这些程序的目的是对具有满意的质量保证体系和有效质量控制的供方所提交的高质量的产品提供一种减少检验量的途径。检验量的减少是通过以规定的概率，随机确定所提交检验的批是否可不经检验即予以接收。这些程序是将已用于 GB/T 2828.1 中对样本单位的随机抽取原理推广至对批的随机抽取。

4. GB/T 2828.4—2008《计数抽样检验程序　第 4 部分：声称质量水平的评定程序》

本部分可用于各种形式的质量核查，包括利用样本的检验结果来说明某一核查总体是否符合某一声称质量水平的场合。该标准的前身是 GB 14161—1993 和 GB/T 14437—1997，是专门给质量监督部门用的，现已去除了这项约束，也可用于企业的各类产品检验。

5. GB/T 2828.5—2011《计数抽样检验程序　第 5 部分：按接收质量限（AQL）检索的逐批序贯抽样检验系统》

本部分中的序贯抽样检验计划是 GB/T 2828.1 计数验收抽样系统的补充。GB/T 2828.1 的验收抽样计划是按接收质量限（AQL）来检索的。它的目标是通过批不接收使生产方在经济上和心理上产生压力，促使其将过程平均至少维持与规定的接收质量限同样好，而同时为使用方可能接收劣质批的风险提供一个上限。

6. GB/T 2828.10—2010《计数抽样检验程序　第 10 部分：GB/T 2828 计数抽样检验系列标准导则》

GB/T 2828.10 给出了计数抽样系统的一般介绍和在 GB/T 2828.1、GB/T 2828.2、GB/T 2828.3、GB/T 2828.4、GB/T 2828.5 及 GB/T 2828.11 中所提出计数抽样计划和抽样方案的概述。

GB/T 2828.10 还给出了在具体情形下，如何选用合适的抽样检验系统的方法。

7. GB/T 2828.11—2008《计数抽样检验程序　第 11 部分：小总体声称质量水平的评定程序》

本部分适用于能从核查总体中抽取由一些单位产品组成的随机样本，以不合格品数为质量指标的小总体计数一次抽样检验。可用于各种形式的质量核查，不可用于批的验收抽样。

8. GB/T 2829—2002《周期检验计数抽样程序及表（适用于对过程稳定性的检验）》

本标准规定了以不合格质量水平（用不合格百分数或每百单位产品不合格数表示）为质量指标的一次、二次、五次抽样方案及抽样程序，它适用于对过程稳定性的检验。

9. GB/T 6378.1—2008《计量抽样检验程序　第 1 部分：按接收质量限（AQL）检索的对单一质量特性和单个 AQL 的逐批检验的一次抽样方案》

本部分规定了计量一次抽样方案的验收抽样系统，标准中批的接收性实质上是由过程不合格品百分数（从过程中各批随机抽取的样本来估计）决定的。

其中抽样检验程序不适用于事先对不合格品已经过筛选的批。

10. GB/T 8054—2008《计量标准型一次抽样检验程序及表》

本标准规定了以均值和不合格品率为质量指标的计量标准型一次抽样检验的程序与实施方法，适用于产品质量特性以计量值表示且服从或近似服从正态分布的检验。

11. GB/T 38358—2019《电子商务产品质量监测抽样方法》

由于电子商务的蓬勃发展，电子商务产品如何进行质量监测成为人们关注的问题。本标准的发布解决了前文提到的电子商务抽样无法可依，得出争议结论的尴尬局面。标准规定了对电子商务产品总体质量水平进行估计的调查抽样方法，包括确定质量监测对象及质量特性、确定监测总体和构建抽样框、抽样方案设计、实施网上抽样方案、样品检测和结果计算等内容。

本标准适用于电子商务环境下，以分立个体类产品或定量包装散料为监测总体的产品质量水平估计。本标准不适用于验收抽样检验以及质量监督抽样检验。

12. GB/T 28863—2012《商品质量监督抽样检验程序具有先验质量信息的情形》

本标准规定了在流通领域中对商品的质量特性进行质量监督时的抽样方法、抽样方案和评价程序，仅用于判定某一监督总体是否不符合某一质量要求，不用于判定某一监督总体符合某一质量要求。

本标准适用于监督管理部门对可能危及人体健康和人身、财产安全的重要商品，消费者或有关组织反映、知情人举报、监管发现有质量问题等具有先验质量信息的商品（散料或分立分离个体）的监督抽样检验。

本标准不适用于生产企业的内部质量控制，也不适用于商品的验收检验。

13. GB/T 13262—2008《不合格品百分数的计数标准型一次抽样检验程序及抽样表》

本标准规定了以批不合格百分数为质量指标的计数标准型一次抽样检验的程序与实施方法，适用于单批质量保证的抽样检验。

上述介绍的抽样标准是很多生产、贸易和市场监管中常用的方法，也是认证过程中样本采集的基本原则，熟悉上述标准在不同场景中的使用，有利于掌握认证样本选取的正确方法，判断认证对象质量控制手段正确与否的科学基础。

第二节　传统认证中的样本选取技术

传统认证中采取的样本选取方法和途径主要包括以下几种：文件查阅、记录调阅、人员询问、数据分析和随机抽样等，很大程度上依赖于审核人员的专业知识和经验，可能会疏漏重大风险点和重要信息。

讲到样本，大多数人马上会联想到产品抽样检验。认证过程是一个抽样调查的过程，这样有利于对样本概念的理解，就是从总体中抽取部分进行检查，是否符合标准或其他特定要求，因此样本选取就是调查取证的过程，对认证结果具有举足轻重的作用。

我们以产品认证工厂检查为例，看看在传统的认证样本选取中是怎么做的：

（一）人员能力

对于一个几十个人的小企业，可以对每一个人的职责进行考核；但是对于一个上千甚至上万人的企业来说，在几天的审核时间内对每一个人的能力和履职情况进行考核是不太可能的事情，因此一般在众多岗位中一般选取以下比较重要的岗位。

1. 质量负责人 / 管理者代表

工厂是否规定与认证要求符合性和产品一致性等有关的各类人员的职责、权限及相互关系？

工厂是否在其管理层中指定质量负责人?

质量负责人是否具有以下方面的职责和权限、并有充分能力胜任:

(1)确保本文件的要求在工厂得到有效地建立、实施和保持;

(2)确保认证产品符合认证标准的要求并与认证批准的产品一致;

(3)了解强制性产品认证证书和标志的使用要求,强制性产品认证证书注销、暂停、撤销的条件,确保强制性产品认证证书、标志的正确使用。

2. 认证联络员

工厂是否在组织内部指定认证联络员,负责在认证过程中与认证机构保持联系,其有责任及时跟踪、了解认证机构及相关政府部门有关强制性产品认证的要求或规定,并向组织内报告和传达?

认证联络员跟踪和了解的内容是否至少包括以下内容:

(1)强制性认证实施规则换版、产品认证标准换版及其他相关认证文件的发布、修订的相关要求;

(2)证书有效性的跟踪结果;

(3)国家级和省级监督抽查结果。

3. 认证技术负责人

需建立适用简化流程的关键件变更批准机制的工厂,是否在其组织内任命认证技术负责人,其主要职责是负责适用简化流程的关键件变更的批准,确保变更信息准确及变更符合规定要求,并对产品的一致性负责,并确保其有充分能力胜任。

4. 生产关键控制岗位

在确定考察生产关键岗位的人员能力是否符合岗位要求前,必须了解、掌握产品的生产工序,并判断哪些是关键控制点。虽然大部分生产岗位对产品质量可能都会有影响,但是部分岗位影响的只是产品的外观或包装,而非关键性能或安全指标。因此对生产关键岗位的抽查比例要大于非关键岗位的比例。

(二)资源

1. 生产设备

每个生产企业应该具备必要的生产设备以满足稳定生产符合认证依据标准要求产品的需要。

对于一些大型企业或生产工序复杂的企业,生产设备清单上就有上百种类型的设备，有些同一类型的设备可能都有很多台，如何对众多设备进行检查，需要从以下几个方面考量：一是该设备是否会对产品质量产生重要影响；二是该设备正常运行的稳定性，出现问题的概率大小；三是该设备是否能现场监控和检查。生产设备抽样检查原则见表 4-2。

表 4-2　生产设备抽样检查原则

设备类型	抽查内容
关键工序生产设备	尽量覆盖所有设备，现场核查控制参数和实际运行数据，自上一个认证周期以来的维修保养记录
非关键工序生产设备	现场核查设备状态是否完好

2. 监视和测量设备

工厂是否配备足够的检验试验仪器设备，确保在采购、生产制造、最终检验试验等环节中使用的仪器设备能力满足认证产品批量生产时的检验试验要求。

检验试验人员是否能正确地使用仪器设备，掌握检验项目的要求并有效实施？

用于确定所生产的认证产品符合规定要求的检验试验仪器设备是否按规定的周期进行校准或检定？校准或检定周期是否按仪器设备的使用频率、前次校准情况等设定？校准或检定是否溯源至国家或国际基准？

仪器设备的校准或检定状态是否能被使用及管理人员方便识别？

是否保存仪器设备的校准和检定记录？

委托外部机构进行检定或校准时，工厂是否确保外部机构的能力满足校准或检定要求？并保存相关能力评价结果？

在检验试验设备较多的情况下，要特别关注产品安全、重要性能指标对应的检测设备，还有检测设备对应的检测参数，如产品测试温度 60℃，用于测试的烘箱在该温度是否有校准。

（三）采购

1. 供应商评价

在产品认证中关键原材料 / 器件的型号 / 规格，以及其供应商非常重要，只有保证原材料 / 器件的一致性，才能保证产品的一致性。因此工厂必须建立供应商清单，对供应商进行定期评价。

审核现场需查看工厂是否在备案的供应商里采购、是否对供应商提供的原材料质量情况和产品提供能力进行分析和判定。

2. 原材料采购

对于原材料较多的工厂，采购是一个重要的部门，可能直接影响产品的质量。抽查原材料采购记录，可以发现工厂是否使用非批准的、规格不一致的原材料，是否存在偷工减料、以次充好的问题。

采购控制至少要从两个方面进行检查：一是是否从批准的供应商进行采购；二是物料是否符合规定的要求。在现场审核有限的时间内，要对所有时间段的所有物料进行检查是不可能的，因此只能抽取一定数量的采购记录和仓库中存在的原材料进行核对检查，这时样本如何抽取就非常重要。一般情况下，抽取记录的时间方面，应按照以下原则考虑：

（1）在最近一个审核周期内正常生产的日期；

（2）停止生产一段时间后重新开始采购和生产的日期；

（3）不合格品率较高的日期；

（4）投诉、抽查不合格产品生产日期；

（5）至少三个不同的日期或时间段。

如上次现场审核的时间为2019年10月10日，本次审核的时间为2020年10月8日，那么本次抽查的采购记录最好在2019年10月10日—2020年10月08日。某些特殊情况下，如有些原材料属于批量购买，一年只是购买几次，应按实际进货时间进行核查。

除去对采购时间的考虑之外，对原材料的品种划分和归类也是一个需要重点考虑的内容。在产品认证中，对关键件的检查是必不可少的一项内容。关键件指直接影响整机（车）产品认证相关质量的元器件、材料等。通常，这些关键件可以作为独立的元器件供货，并可按相关的独立元器件标准进行检测和认证。

3. 原材料验收

工厂应该对供应商提供的关键件进行检验或验证，即工厂在条件充分的情况下应该对每一批关键件进行自己检验；如条件不允许，则实行对供应商提供的符合性证明材料，如检验报告进行验证。

对原材料的抽检，一般采用GB/T 2828.1、GB/T 2828.2、GB/T 2828.3和GB/T 2828.4中的方法，企业可以根据原材料种类特点、自身检验设备配置和人员能力等实际情况采用不同的抽样检验方案。

另外，工厂还应该明确定期对关键件进行确认检验的标准、项目和频次。确认检验必须包括国家标准中要求的安全、环保等项目，周期一般为一年。表4-3列出了塑胶玩具原材料确认检验要求。表 4-4 列出了家用和类似用途电器产品部分关键件确认检验要求。

表 4-3　塑胶玩具原材料确认检验要求

材料性质	名称	检验项目	依据标准	检验频次
主体材料	塑胶材料、塑胶部件	增塑剂含量	GB 6675.1	1 次 / 年
		可迁移元素含量	GB 6675.4	1 次 / 年
		机械强度	企业标准	1 次 / 年
涂层材料	涂料、油漆、油墨等	迁移元素含量	GB 6675.4	1 次 / 年
注：GB 6675.1《玩具安全　第 1 部分：基本规范》和 GB 6675.4《玩具安全　第 4 部分：特定元素的迁移》。				

表 4-4　家用和类似用途电器产品部分关键件确认检验要求

关键件名称	检验项目	依据标准	检验频次
电源线	导体电阻	GB/T 5013.1 GB/T 5023.1	1 次 / 年
	绝缘厚度		
	护套厚度		
	外径		
	耐电压试验		
	绝缘老化前机械性能		
	护套老化前机械性能		
插头	极性检查	GB/T 1002 GB/T 2099.1	1 次 / 年
	尺寸检查		
	电气强度		
	机械强度		
	耐热		
	绝缘材料的耐非正常热、耐燃和耐漏电起痕		
器具耦合器	极性检查	GB/T 17465.1 GB/T 17465.2 GB/T 17465.3 GB/T 17465.4	1 次 / 年
	接地连续性		
	电气强度		
	尺寸		
	拔出力		
	分断能力		
	机械强度		
	耐热和抗老化性能		
	绝缘材料的耐非正常热、耐燃和耐漏电起痕		

续表

关键件名称	检验项目	依据标准	检验频次
继电器	标志和文档	GB/T 21711.1	1 次 / 年
	端头		
	电气强度		
	发热		
	基本操作性能		
	耐热和耐燃		
	电气耐久性		
定时器和定时开关	资料	GB/T 14536.1 GB/T 14536.8	1 次 / 年
	电气强度和绝缘电阻		
	发热		
	制造偏差和漂移		
	耐久性		
	爬电距离和电气间隙		
	耐热、耐燃和耐漏电起痕		

注：GB/T 5013.1《额定电压 450/750V 及以下橡皮绝缘电缆 第 1 部分：一般要求》、GB/T 5023.1《额定电压 450/750 V 及以下聚氯乙烯绝缘电缆 第 1 部分：一般要求》、GB/T 1002《家用和类似用途单相插头插座 型式、基本参数和尺寸》、GB/T 2099.1《家用和类似用途插头插座 第 1 部分：通用要求》、GB/T 17465.1《家用和类似用途器具耦合器 第 1 部分：通用要求》、GB/T 17465.2《家用和类似用途器具耦合器 第 2 部分：家用和类似设备用互连耦合器》、GB/T 17465.3《家用和类似用途器具耦合器 第 2 部分：防护等级高于 IPX0 的器具耦合器》、GB/T 17465.4《家用和类似用途器具耦合器 第 2-4 部分：靠器具重量啮合的耦合器》、GB/T 21711.1《基础机电继电器 第 1 部分：总则与安全要求》、GB/T 14536.1《家用和类似用途电自动控制器 第 1 部分：通用要求》和 GB/T 14536.8《家用和类似用途电自动控制器 定时器和定时开关的特殊要求》。

在现场审核中，需抽取关键原材料验收资料，特别要关注抽检的项目是否与规定的要求相一致。

（四）生产过程控制

生产过程控制是认证中最重要的一环。只有生产过程控制得当，才能生产出合格的产品，生产过程控制需关注下列内容。

1. 关键工序控制

工厂是否对影响认证产品质量的关键工序进行识别？

关键工序指该工序的加工质量不易或不能通过其后的检验和试验充分得到验

证，这种工序有时也称特殊工序。关键工序由行业来界定，如喷漆、焊接、热处理、热压成型等。如玩具的注塑工序，其温度和时间是关键控制参数，每台设备、每批次产品在开机时都必须做首件检验。

工厂是否对关键工序进行了控制？对关键工序的控制是否能确保认证产品与标准的符合性？

关键工序操作人员是否具有相应的能力？

2. 环境控制

当产品生产过程对环境条件有要求时，工作环境能否满足规定要求？

3. 过程监视和测量

必要时，工厂是否对适宜的过程参数进行监视、测量？

4. 设备维护保养

工厂是否对设备进行了维护保养，以确保设备的能力持续满足生产要求。

（五）产品检验

1. 例行检验

工厂是否建立并保持文件化的程序，对例行检验进行控制，以确保认证产品满足规定的要求？

一般情况下，例行检验在生产的最终阶段；如例行检验在生产过程中完成，后续生产工序不会对之前的检验造成影响。

例行检验在工厂内部实施时，是否满足控制要求？

例行检验委托外部实施时，是否确保外部机构的能力满足检验要求？是否保存了相关能力评价结果？

2. 确认检验

工厂是否建立并保持文件化的程序，对确认检验进行控制，以确保认证产品满足规定的要求？

工厂是否组织实施认证产品确认检验？其检验频次、项目、要求是否不低于强制性认证实施规则的规定？工厂是否保留确认检验记录和相关实验室的认可证明？

成品的例行检验和确认检验的项目、依据标准、频次等，按照不同产品要求，如部分家电产品（家用电动洗衣机、电风扇）的例行检验和确认检验见表 4-5 和表 4-6。

表 4-5 家用电动洗衣机例行检验和确认检验和功能检查要求

认证依据标准	试验项目	确认检验	例行检验	功能检查
GB 4706.1 GB 4706.20 GB 4706.24 GB 4706.26	接地电阻	1 次 / 年	√	√
	电气强度	1 次 / 年	√	√
	标志	1 次 / 年		
	防触电保护	1 次 / 年		
	溢水、淋水后的电气强度	1 次 / 年		
	稳定性和机械危险 - 门盖联锁稳定性和机械危险 - 联动试验	1 次 / 年	√	
注：GB 4706.1《家用和类似用途电器的安全 第 1 部分：通用要求》、GB 4706.20《家用和类似用途电器的安全 滚筒式干衣机的特殊要求》、GB 4706.24《家用和类似用途电器的安全 洗衣机的特殊要求》和 GB 4706.26《家用和类似用途电器的安全 离心式脱水机的特殊要求》。				

表 4-6 电风扇例行检验和确认检验和功能检查要求

认证依据标准	试验项目	确认检验	例行检验	功能检查
GB 4706.1 GB 4706.27	接地电阻	1 次 / 年	√	√
	电气强度	1 次 / 年	√	√
	标志	1 次 / 年		
	防触电保护	1 次 / 年		
	非正常工作	1 次 / 年		
	机械危险	1 次 / 年		
注：GB 4706.27《家用和类似用途电器的安全 第 2 部分：风扇的特殊要求》。				

（六）认证产品的一致性检查

认证产品的一致性检查在产品认证工厂检查中是一项重要的工作，可以通过现场检查产品的标识、结构、关键件及现场目击试验，判断现场生产或库存的产品是否与认证产品相一致。

工厂应该建立并保持文件化的程序，对可能影响产品一致性及产品与标准符合性的变更（如工艺、生产条件、关键件和产品结构等）进行控制。

在现场检查时，应重点关注获证产品是否发生过变更？变更是否在得到认证机构或认证技术负责人批准后实施？工厂是否保存相关变更及批准记录？检查内容主要包括以下几方面。

1. 标识

认证产品标识（如铭牌、产品技术文件和包装箱上标明的产品名称、型号规格、技术参数）应符合标准要求并与认证批准的结果一致。

2. 产品结构

认证产品涉及安全和 / 或电磁兼容性能的结构应符合标准要求并与认证批准的结果（型式试验报告、变更批准资料、产品描述等）一致。

3. 关键件

认证产品所用的关键件是否满足以下要求？

是否符合相关标准要求？

是否与认证机构批准或生产企业技术负责人批准的一致？

4. 现场见证 / 目证试验

工厂接受现场见证 / 目证试验，检验结果是否符合认证要求？

试验的样品在工厂检验合格的认证产品中抽取，按工厂检查员指定的项目和要求，原则上由工厂检验人员利用工厂仪器设备实施，检查员现场见证（见表 4-7 示例）。

表 4-7　现场见证 / 目证试验示例

产品名称	单相两极带接地不可拆线插头			
型号规格	DQ-03 10A 250V ～（配 60227IEC 53 3 × 0.75mm^2）			
产品编号	2019-12-02			
试验项目	认证标准要求	测试结果	判定	备注
电气强度	2000V 1min：≤100mA 无闪络，不击穿	无闪络，不击穿	合格	极与极，极与外壳（设定 5mA）
标志检查	标志内容完整、清晰、耐久	符合	合格	
极性检查、接地连续性检查	极性正确、导通正常	符合	合格	

第三节　“互联网 + 认证”样本选取技术

从上一节的介绍，我们可以发现传统认证中采取的样本选取主要依靠现场审核人员的能力和经验：随机抽取的文件、记录、人员和样品，要尽可能的具有代表性，但是一般来说，在很短的 1d ～ 2d，审核人员看到的可能只是冰山一角。因此，我们常常会在审核末次会上声明：本次审核具有一定的局限性和时限性，抽样审核存在着一定的风险，审核组尽量使这种抽样具备代表性，使评审结论公正和科学。

从抽样的原理和标准来看，最正确的抽样方案也是建立在一定的不确定度上的。建立在一定统计规律和分布的基础上，通过少数的样本，推导出整体的状况，难免存在疏漏和离群的现象，这也正是认证技术的风险所在。

随着“互联网＋制造”“互联网＋商务”等新业态的出现，大数据时代的来临，我们可以分析更多的数据，有时甚至可以处理和认证相关的所有数据，而不再依赖于随机采样。

一、大数据的应用

“互联网＋认证”的核心是大数据的应用。传统认证因为可收集的数据有限，或者可收集数据的手段有限，只能用少量的数据来推断整体的状况，这种情况下有可能造成结论的偏差。最明显的例子是2016年的美国选举民调，在大选之前，几乎所有著名美国民调公司通过抽样调查，一致认为希拉里会当选，结果特朗普出人意料地胜出。这说明抽样存在的偏差可能造成不同的结论。因此大数据的使用在某种程度上可以更真实、更全面地描述事件的本身。

根据《中国互联网发展报告2020》，截至2019年底，中国移动互联网用户规模达13.19亿；电子商务交易规模34.81万亿元，已连续多年占据全球电子商务市场首位；网络支付交易额达249.88万亿元，移动支付普及率位于领先水平；全国数字经济增加值规模达35.8万亿元。如此巨大的市场产生了巨大的数据量，成为企业产品开发、生产、销售的重要参考，也成为认证行业可获取样本的重要来源。

大数据的处理过程一般包括。

（一）数据采集

大数据的采集是指利用多个数据库来接收发自客户端（Web、App或者传感器形式等）的数据，并且用户可以通过这些数据库来进行简单的查询和处理工作。

在大数据的采集过程中，其主要特点和挑战是认证机构要针对很多的被认证对象，与客户端的通信协议不一致，需要协调一致。

（二）预处理

虽然采集端本身会有很多数据库，但是如果要对这些海量数据进行有效分析，还是应该将这些来自前端的数据导入到一个集中的大型分布式数据库，或者分布式存储集群，并且可以在导入基础上做一些简单清洗和预处理工作。

导入与预处理过程的特点和挑战主要是导入的数据量大，每秒钟的导入量经常会达到百兆，甚至千兆级别。

（三）统计 / 分析

统计与分析主要利用分布式数据库，或者分布式计算集群来对存储于其内的海量数据进行普遍分析和分类汇总等，以满足大多数常见的分析需求。

统计与分析这部分的主要特点和挑战是分析涉及的数据量大，其对系统资源，特别是I/O会有极大的占用。

二、产品风险指标选取

（一）风险数据库的建立

要判断一个产品的风险等级，必须先建立产品的风险数据库。数据库的建立可以有两种形式，一是根据自身实验室积累的以往检测数据；二是通过网络爬虫技术收集相关产品的国家或地方抽查检测数据。

1. 网络爬虫技术

网络爬虫（又称为网页蜘蛛、网页机器人，Web Crawler），是一种按照一定的规则，自动地抓取万维网信息的程序或者脚本。

网络爬虫按照系统结构和实现技术，大致可以分为以下几种类型：通用网络爬虫（General Purpose Web Crawler）、聚焦网络爬虫（Focused Web Crawler）、增量式网络爬虫（Incremental Web Crawler）、深层网络爬虫（Deep Web Crawler）。

通用网络爬虫又称全网爬虫（Scalable Web Crawler），爬行对象从一些种子URL扩充到整个Web，主要为门户站点搜索引擎和大型Web服务提供商采集数据。这类网络爬虫的爬行范围和数量巨大，对于爬行速度和存储空间要求较高。

聚焦网络爬虫（Focused Crawler），又称主题网络爬虫（Topical Crawler），是指选择性地爬行那些与预先定义好的主题相关页面的网络爬虫。和通用网络爬虫相比，聚焦爬虫只需要爬行与主题相关的页面，极大地节省了硬件和网络资源，保存的页面也由于数量少而更新快，还可以很好地满足一些特定人群对特定领域信息的需求。

聚焦网络爬虫和通用网络爬虫相比，增加了链接评价模块以及内容评价模块。聚焦爬虫爬行策略实现的关键是评价页面内容和链接的重要性，不同的方法计算出的重要性不同，由此导致链接的访问顺序也不同。

（1）基于内容评价的爬行策略

DeBra将文本相似度的计算方法引入到网络爬虫中，提出了Fish Search算法，它将用户输入的查询词作为主题，包含查询词的页面被视为与主题相关，其局限性在于无法评价页面与主题相关度的高低。Herseovic 对 Fish Search 算法进行了改进，提出了 Sharksearch 算法，利用空间向量模型计算页面与主题的相关度大小。

（2）基于链接结构评价的爬行策略

Web 页面作为一种半结构化文档，包含很多结构信息，可用来评价链接重要性。PageRank 算法最初用于搜索引擎信息检索中对查询结果进行排序，也可用于评价链接重要性，具体做法就是每次选择 PageRank 值较大页面中的链接来访问。另一个利用 Web 结构评价链接价值的方法是 HITS 方法，它通过计算每个已访问页面的 Authority 权重和 Hub 权重，并以此决定链接的访问顺序。

（3）基于增强学习的爬行策略

Rennie 和 McCallum 将增强学习引入聚焦爬虫，利用贝叶斯分类器，根据整个网页文本和链接文本对超链接进行分类，为每个链接计算出重要性，从而决定链接的访问顺序。

（4）基于语境图的爬行策略

Diligenti 等人提出了一种通过建立语境图（Context Graphs）学习网页之间的相关度，训练一个机器学习系统，通过该系统可计算当前页面到相关 Web 页面的距离，距离越近的页面中的链接优先访问。印度理工大学（IIT）和 IBM 研究中心的研究人员开发了一个典型的聚焦网络爬虫。

现有聚焦爬虫对抓取目标的描述可分为基于目标网页特征、基于目标数据模式和基于领域概念 3 种。

（1）基于目标网页特征

基于目标网页特征的爬虫所抓取、存储并索引的对象一般为网站或网页。根据种子样本获取方式可分为：

1）预先给定的初始抓取种子样本；

2）预先给定的网页分类目录和与分类目录对应的种子样本；

3）通过用户行为确定的抓取目标样例。

（2）基于目标数据模式

基于目标数据模式的爬虫针对的是网页上的数据，所抓取的数据一般要符合一定的模式，或者可以转化或映射为目标数据模式。

（3）基于领域概念

建立目标领域的本体或词典，用于从语义角度分析不同特征在某一主题中的重要程度。

2. 数据采集

利用爬虫技术，通过采集产品质量监督抽查信息平台产品抽查数据、对接检测实验室的业务管理系统的检验数据，建立抽查信息数据库，作为产品质量风险的判断依据。以企业名称、产品类别字段搜索产品质量监督抽查信息服务平台的产品抽查结果、不合格项目情况，比对认证企业、产品的质量情况，对重点关注指标、一般指标进行归类图表分析。信息采集内容包括：企业名称、产品名称、产品详情名称、规格型号、生产日期 / 批号、抽查结果、主要不合格项目、抽查时间等；同时可将技术中心业务系统获取的业务数据整理后导入数据库中，检验数据包括：检验项目、检验结果、检验依据等。

3. 数据分析

通过对采集的数据进行分析、整理，可以输出如下内容。

（1）不同类别产品抽查的不合格情况分析

通过对采集的产品信息进行整理和分析，我们可以得到日用消费品、食品相关产品、农业生产资料、工业生产资料、建筑和装饰装修材料等不同种类产品的不合格情况（见图 4-12）。

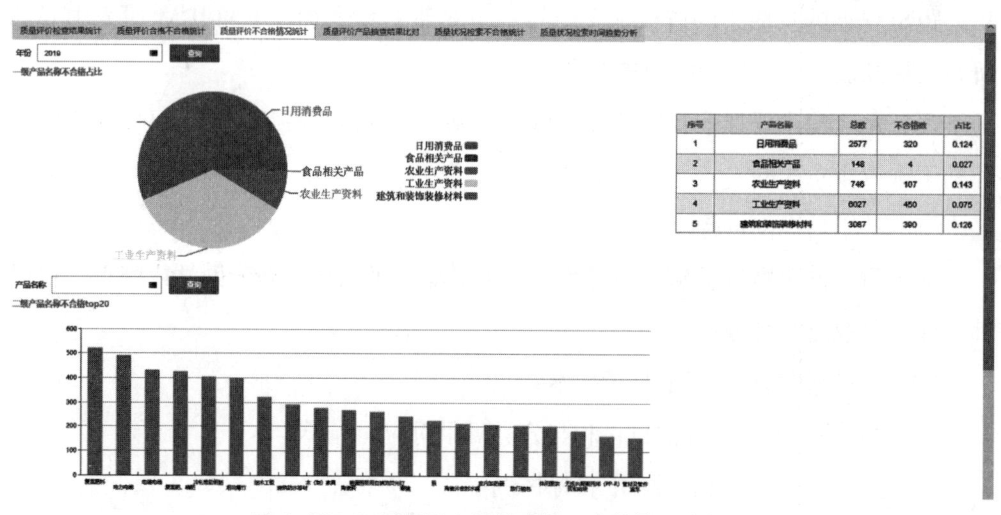

序号	产品名称	总数	不合格数	占比
1	日用消费品	2577	320	0.124
2	食品相关产品	148	4	0.027
3	农业生产资料	746	107	0.143
4	工业生产资料	6027	450	0.075
5	建筑和装饰装修材料	3087	390	0.126

图 4-12　不同类别产品抽查的不合格情况分析图

（2）不同年度产品的不合格情况分析

通过对历年来不同区域的产品信息进行采集和分析，我们可以得到产品的质量发展趋势、不同地区产品的质量状况（见图 4-13）。

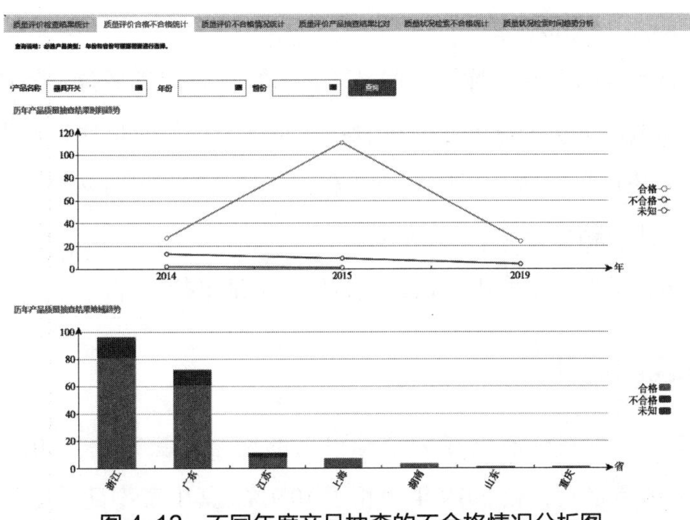

图 4-13　不同年度产品抽查的不合格情况分析图

（3）同一种产品的不合格项目分析

同时，我们可以获得某类产品的不合格项目分布情况，从中获得发生频率较高的高风险项目予以重点检查（见图 4-14）。

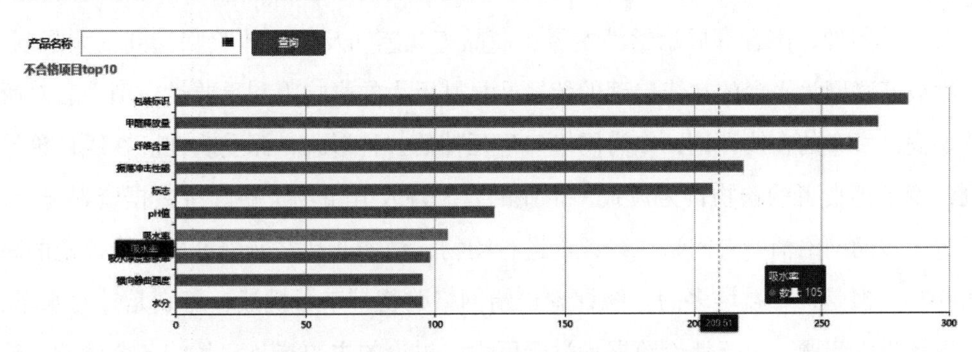

图 4-14　同一种产品的不合格项目分析图

4. 数据利用

通过网络数据的采集和分析，建立不同产品的风险数据库，认证机构可以针对不同区域的企业、不同产品、产品的不同项目予以关注，按风险等级对企业生产的产品进行检查（见表 4-8）。

表 4-8　不同产品风险分析示例

产品种类	抽查频率较高的不合格项目	不合格产品区域
电冰箱	对触及带电部件的防护、能效等级（能效指数）	广东、浙江
电风扇	稳定性和机械危险	广东
毛巾	pH、吸水率、纤维含量	广东、浙江、北京
纸杯	感官指标	广东、福建、山东

5. 认证产品质量状况检索

利用爬虫技术，以企业名称搜索产品质量监督抽查信息平台、各省市地方监管部门的网站，抓取网上被曝光的企业信息；采集网上产品质量抽查通报结果，供查询判断使用。采集信息包括：标称生产企业、产品名称、型号规格、生产日期 / 批号、综合判定、不合格项目等。

对抽查不合格的产品采取不予认证或暂停认证证书的处理。

三、消费者评价指标

自 2013 年起，我国已连续成为全球最大的网络零售市场。2020 年，我国网上零售额达 11.76 万亿元，较 2019 年增长了 10.9%。其中实物商品零售额 9.76 万亿元，占社会消费品零售总额的 24.9%。截至 2020 年 12 月，我国网络购物用户规模达 7.82 亿。随着以国内大循环为主体、国内国际双循环的发展格局加快形成，网络零售不断培育消费市场新动能，通过助力消费“质”“量”双升级，推动消费“双循环”。

网络购物与传统的实体消费最大的不同是所购商品只能通过网络可呈现的方式如文字、图像、声音等展示给消费者，商品直观感知及试用体验则受到很大限制，使得以互联网为平台的在线口碑的传播凸显其巨大的影响力和重要性。消费者对所选购商品发布的在线评论，作为网络口碑延伸的一种形式，深受欢迎。在线评论深刻改变了消费者的购物行为模式、企业的营利性及其市场策略。有数据资料显示，超过半数的网络消费者网站在线评论进行购物，订购商品之前浏览过在线评论的高达 98%。但是，日益增多的在线评论也给网络购物带来了挑战，特别是针对水军、恶意评价等问题。由于评论数据量过于巨大，讨论的主题涉及商品的各个属性，想从大量的商品评论中整理出有用信息，是非常困难的。

用户满意度评价模型中最经典就是美国客户满意指数模型（ACSI）和欧洲客户满意指数模型（ECSI）。此后学者们提出的各种满意度评价模型大多是基于这两种模型进行改进和发展的。Tontini 对模型中的用户满意系数加入调整因子，对影响用户满意度的因素赋予更大的权重，依据影响因素的权重实现用户满意度的评价。Shi L. 针对模型中的评价指标进行细化从不同方面重构了满意度评价模型体系。Li F. 和 Wei D. 基于电子商务特点，提出了信息满意度和信息系统满意度作为用户满意度评价模型中的两个关键因素。LiuX. L. 利用模糊算法设计了一个物流企业客户满意度评价模型。于宝琴和杜广伟将 Servqual 模型同传统的满意度评价模型相结合，利用模糊评价，设立指标权重，建立了服务质量满意度评价模型。王帆针对网络购物中用户满意度感知，利用结构方程验证了用户满意度评价模型。杨浩雄和王雯改进了现有的用户满意度评价理论模型，利用结构方程构建了第三方物流企业顾客满意度测评体系，采用模糊层次分析法对模型进行了验证。

比较实用的消费者在线评价的统计模型主要有以下几种。

（一）基于情感分析的商品评价模型

情感分析是2001年在分析股票的留言板上首次出现的，股票的走势会受到投资者的情感影响，而投资者的情感则可以通过股票留言板中的留言来提取。次年，Turney和Pang分别提出了有监督学习和无监督学习的情感分类研究。Pang认为，对文档进行分类时不必对整个文档进行研究，应该将文本分类技术用于文档中含有主观情绪的部分。2008年，Abbasi对提取特征的过程进行了改进，开发了熵加权遗传算法，通过对阿拉伯语与英语的语法句法特征分析，提取特征集，有效提高了学习的准确度，数据的准确识别达到了95%。2010年Pak等人对国外流行的推特上的内容进行情感分析表明，利用这种社交平台监控国民舆情具有可操作性，并且发现越来越多的人喜欢在这种平台表达自己情感。

陈晓玲等于2018年进行了如下基于情感分析的商品评价模型研究，该评价模型的评价结论，贴合消费者体验，评价效率也得到提高。

1. 数据的获取

利用python对电商评论数据进行抓取，需要在发链接请求时附带上完善的header信息即可。

2. 数据的清洗

由于刷单行为越演越烈，数据清洗成为构建商品评价模型的重要一环。数据清洗基于两个规则：一是每个买家每天最多在一件商品下评论一次，这是为了杜绝同一账号在同一商品下多次刷评论的行为，也是为了删除爬取过程中的重复数据；二是从评价内容的角度，利用余弦定理，从评价内容中找出相似的文本向量，剔除极度相似的评论。

3. 指标体系的建立

（1）主题模型

利用LDA（Latent Dirichlet Allocation）主题模型，可以从经过清洗的大量数据文本中找出潜在主题，即消费者所关心的商品属性，通过人为的判定这些主题的类别，来确定出商品的评价指标体系。LDA模型对词语和文章的关系有着这么一种认识，即每一篇文章或者每一段文字都是由一个或者多个主题构成，每一个主题又是由特定的词组合而成。LDA的联合概率公式为式（4-2）。

$$p(\theta,z,w|\alpha,\beta)=p(\theta|\alpha)\prod_{n=1}^{N}p(z_n|\theta)p(w_n|z_n,\beta) \tag{4-2}$$

每一篇文章首先从主题分布 θ 中挑选出一个主题 z（p（$\theta|\alpha$）），同时 z 对应着一个词分布 p（$z_n|\theta$），从词分布中挑选出 N 词语，再重新回到主题分布中挑选主题，循环 K 次就是一篇文章的词分布。α，β 是主题分布与词分布的先验分布（狄里克雷分布）的参数。计算后验概率和似然函数为式（4-3）和式（4-4）。

$$p(\theta,z|w,\alpha,\beta)=\frac{p(\theta,z,w|\alpha,\beta)}{p(w|\alpha,\beta)} \tag{4-3}$$

$$p(w|\alpha,\beta)=\frac{\Gamma(\sum_i\alpha_i)}{\prod_i\Gamma(\alpha_i)}\int(\prod_{i=1}^{k}\theta_i^{\alpha i-1})(\prod_{n=1}^{N}\sum_{i=1}^{k}\prod_{j=1}^{V}(\theta_i\beta_{ij})^{w_n^j}) \tag{4-4}$$

该式中含有的参数 α，β 是无法直接求解的，只能使用计算机进行大量的样本抽取，对后验分布进行估计。

（2）指标体系

利用主题模型，从大量评论中挑出消费者最关注的商品属性，构成评价指标体系（表4-9）。

表4-9　商品属性评价指标体系表

<table>
<tr><td rowspan="13">评价指标</td><td>一级指标</td><td>二级指标</td></tr>
<tr><td rowspan="8">手机</td><td>电池</td></tr>
<tr><td>价格</td></tr>
<tr><td>外观</td></tr>
<tr><td>喇叭</td></tr>
<tr><td>摄像头</td></tr>
<tr><td>流畅度</td></tr>
<tr><td>正品与否</td></tr>
<tr><td>配件</td></tr>
<tr><td>客服</td><td>售后</td></tr>
<tr><td>物流</td><td>总体</td></tr>
<tr><td>快递</td><td>总体</td></tr>
</table>

（3）情感单元的抽取

情感单元包含两部分信息：情感的主体和情感。情感单元的抽取目的是将杂乱的评论变为规范的问卷式数据，一段评论可能包含多个情感单元，只抽取每段评论中与最终评价指标息息相关的情感单元。

情感单元中的情感主体利用一些筛选规则即可以很快判定情感。从可实现性与高效的角度，可将每一条规则定为 4 个部分（关键词、联合词 1、联合词 2、互斥词）。例如，[（容量），（电），（……），（内存、存储、空间）]，这样一条简单的规则，已经可以将电池容量这个主体抽取出来了，经过反复测试，建立了 90 余条规则用于抽取情感主体。情感单元中的情感抽取则是根据 3 部分决定的，情感词（褒贬义词）、程度词和转义词，见表 4-10。

表 4-10 主体对应的情感词汇

主体	褒贬义词	程度词	转意词
手机	好	真的，很	
指纹，解锁	差	也，很	但是
朋友	满意	很	
返回，键	糟糕	太	不
性价比	高	很	

每一个褒贬义词都有自己的褒贬义得分，褒义词正分，贬义词负分，程度词 0.8 分～ 2 分，转意词 -1 分，每一句计算公式如式（4-5）。

$$\text{score}=\sum \text{褒贬义词} \times \text{程度词} \times \text{转意词} \qquad (4\text{-}5)$$

最终的情感分还需要进行规范：

1）分数≥2　　记 2　非常满意；

2）0＜分数＜2　　记 1　满意；

3）分数 =0　　记 0　一般；

4）-2＜分数＜ 0　　记 -1　不满意；

5）分数≤-2　　记 -2　非常不满意。

最终的抽取结果见表 4-11。

表 4-11 评论情感单元提取表分

评论	主题	情感得分
正品行货，值得购买	正品与否	1
	总体	1
手机用两天系统很流畅，外观也还不错，拿在手里手感超好。没有像网络上所说的发热，充电也就有一点温热，不像某星一充就炸。前后拍照很清晰，相片放大都能看到很清楚。指纹感应效果也快，很喜欢。支持国产	流畅度	2
	外观	1
	电池	0
	电池	0
	摄像头	2
	总体	2
商品质量一直是我最看重，感觉 × × 就是比其他地方好	总体	1

（4）情感词典的扩充

情感词典是帮助确定情感强弱与翻转的词典，使用 Hownet 情感词典。“这部手机好”和“这部手机很好”这两句话都是褒义，但是“很”这个程度词就让后一句的褒义要大于前一句。由于，Hownet 词典没有基于特定方向，像发烫、黑屏、卡机、自动关机这类过于专业化的词汇没有出现在词典中，需要根据研究方向进行扩充和修改词典。将利用 Apriori 和 word2vec 模型对评论进行处理，找出和研究主体相关的词，再人工筛选出合适的词加入词典。利用非监督的机器学习找出行业相关的词，再人工筛选，能够有效提高词典的扩充效率与准确率。

（5）评论的有效度模型

在商品的评价中，贴合消费者思维模式的评论是高质量的评论，评论的质量越高对模型最终结果影响越大，因此，在建立商品评价模型前，就需要先建立评论的有效度模型。在爬取的评论数据中，除了有每一条评论的文本内容，还含有一些其他信息，比如买家的昵称、等级、评论的点赞数量、回复数量和评价时间，这些信息可以代表问卷质量。

指标都是效益型指标，利用熵值法确定权重，熵值法的核心公式，计算第 i 个评论第 j 项指标的占比、计算评论的第 j 项指标熵、各个指标的权重分别为式（4-6）～式（4-8）。

$$\mathrm{P}_{ij}=\mathrm{X}_{ij}/\sum_{i=1}^{n}\mathrm{X}_{ij} \tag{4-6}$$

$$e_j=-(1/\ln m)\times\sum_{i=1}^{n}P_{ij}log(P_{ij}) \tag{4-7}$$

$$\mathrm{W}_j=\frac{g_j}{\sum_{j=1}^{m}g_j} \tag{4-8}$$

（6）商品评价模型

在选取评价模型时考虑了共性和个性两个要求。共性：评价模型将海量评论的信息总结出规律，同时又尽可能地保留更多的信息。个性：商品的同一属性可能不同的人的评价是不一样的，所以希望在最终评价时可以针对不同类型的客户，给予不同的评价结果。

模糊关系矩阵 R 可以解决共性问题，不仅从评论中提取出有效的信息，最终的信息是根据评论信息计算该商品属性对于非常满意、满意、一般、不太满意和非常不满意 5 个消费者态度的隶属度，这样的隶属度矩阵富含更多的信息。而权矢量（a_1，a_2，$a_3 \cdots a_n$）则代表了个性，不同的消费者对于商品各个属性所关注的程度即可用该矢量标识。当买家对于指标的权矢量不好确定时，可以使用层次分析法来确定各指标权重。

评价模型的构建逻辑如图 4-15 所示。

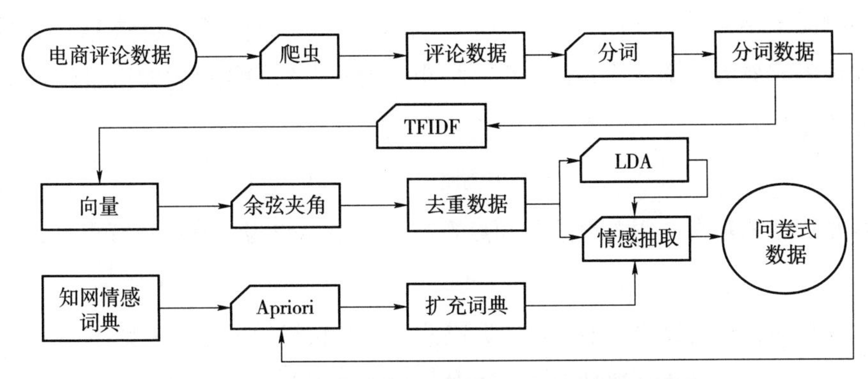

图 4-15 基于情感分析的商品评价模型构建逻辑图

（二）基于用户评论建立的产品综合评价模型

1. 单条评论评分模型

通过评论文本与星级建立一个评分模型，通过该模型可以得到单条评论的打分情况，从而观察到各产品的综合评价。为达到这个目的，结合星级、点赞数、总投票数这几项数据集，先建立单条评论评分模型。

由于评分模型得出的分数，它的取值范围为［0，100］，因此输入评分模型的评论得分与星级得分也应是百分制数据（见图 4-16）。

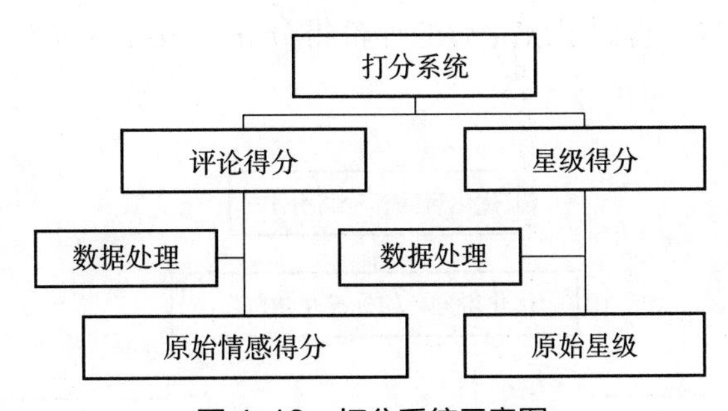

图 4-16 打分系统示意图

（1）评论得分

本部分将计算出能够直接输入打分模型的评论得分。由于原始情感得分仅表示该购买人的个人想法，无法体现他人是否认同该评论，因此将其依据可信度进行优化。此后，通过 TOPSIS 法，可以得到最后能输入打分系统的评论得分数据。

1）优化情感得分

为保证评分的完整性和准确性，保留了评论文本中的中性文本，因此所有评论的情感得分取值范围为［-1，1］，即 $x \in [-1, 1]$。

不同的评论由于评价者的情况不同而具有不同的可信度，为能让评论对产品评分的影响能依据其可信度进行适当调整，引入一个新变量点赞权重系数，用来将可信的评论影响放大，不可信的评论影响缩小，由此得到的优化后的情感得分 a' 公式计算如式（4-9）。

$$a' = x^* (\text{点赞权重系数} + 1) \tag{4-9}$$

对原数据的观察，用总投票数和点赞数两个指标作为计算点赞权重系数的原始数据。

通过观察总投票数的大小，将数据依据总投票数将数据分为 3 类：

①总投票数非常小：该情况下，对该评论表示认同或者不认同的人数过少，无法判断该评论是否更可信，因此我们不给予这类数据更多的信任；

②总投票数较小：该情况下，已经有部分人对该评论发表其观点，可稍微看出该评论是否可信，它的信任改变 δ_1；

③总投票数较大：该情况下，由大量的人表示认同该评论或者不认同，我们可以明确它的可信度，对这类数据信任改变 δ_2。

为避免对数据影响过大，造成结果不合理。在对原始数据进行观察后，将划分类别的两个界限定为：10，50；并且设定 a_1=0.1，a_2=0.15。

2）TOPSIS 法获得最终数据

通过上一个步骤，得到了优化后的评价得分 a'，接下来可以通过 TOPSIS 法获得最终的评价得分 a（见图 4-17）。

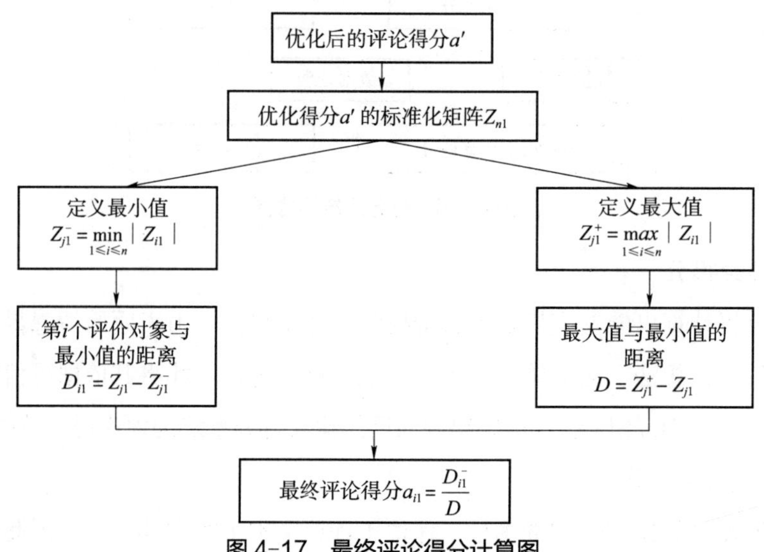

图 4-17　最终评论得分计算图

（2）星级得分

由于星级从一星到五星表示从非常不满意到非常满意，并非百分制的数值，无法直接输入打分系统，因此需要对数据进行处理。

为了模型的合理性，将一星赋值成 0 分，二星赋值成 25 分，以此类推五星为 100 分（表 4-12）。

表 4-12 星系对应得分表

星级	得分
★	0
★★	25
★★★	50
★★★★	75
★★★★★	100

经过以上计算过程，得到了可以直接输入模型的评论得分。为了评分模型得出的数据更能体现整条评论（包含评价本体与星级）的意向，结果更准确，给评论得分和星级得分不同的权重。

通过观察原数据，考虑到评论包含评论者对商品的满意或者不满意的具体原因，且比星级评价包含了更多评论者的感情倾向，最终选定权重比为：评论得分：星级得分 =6 ：4。

由此得出的最终商品得分的公式如式（4-10）。

$$最终商品得分=0.6\,评论得分+0.4\,星级得分 \tag{4-10}$$

通过该算法能得到满足要求的百分制数值，并且能较好地反映购买者对单个商品的评价。

2. 产品评分模型

通过单条评论评分模型，得到了产品的单条评论的打分情况，由单条评论的打分情况计算出该品牌的打分，从而反映该产品的口碑情况（见图 4-18）。

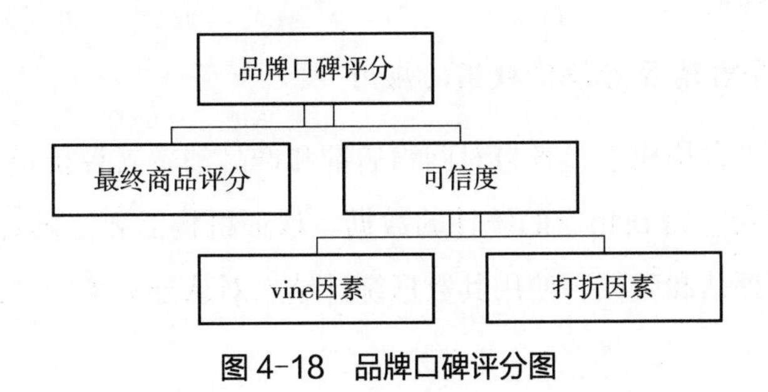

图 4-18 品牌口碑评分图

对于其中的一个产品 α，引入变量 N 表示该产品的评论总数量，变量 W_i 为第 i 条评论得分占产品总得分的权重，于是得到产品评分公式如式（4-11）。

$$\text{品牌口碑评分}=\sum_{i=1}^{N}\text{最终商品得分}\times w_i / \sum_{i=1}^{N} W_i \tag{4-11}$$

为了精简模型，在某条评论表现出更可信时增加其权重，如果未能体现其可信度则不改变其权重。引入可信度系数变量，得到权重算法公式如式（4-12）。

$$w_i=1+\text{可信度系数} \tag{4-12}$$

通过观察原始数据，发现两个会较大程度地影响该条评论在产品总得分过程中可信度的指标：是否打折和用户的评级，对比数据后发现，被邀请成为平台明星用户比在打折时购买产品的用户更少，且被邀请的用户的评论具有较高的信誉。因此最终选定权重比为：用户评级因素：打折因素 =7 : 3，由此得出的最终产品得分按式（4-13）计算。

$$\text{可信度系数}=0.7\times\text{用户评级因素}+0.3\times\text{打折因素} \tag{4-13}$$

对这两个指标进行详细分析：对于打折指标，如果用户打折购买该产品，则其更倾向于给予该产品更高的评价与星级，而原价购买的用户的评价则会更客观；对用户评级指标：如果某用户被邀请成为平台明星用户，他的评论相比未被邀请的人会更加客观、符合实际情况。根据上述分析，将打折与用户评级两个指标化为两个变量：

$$\text{打折因素}=\begin{cases}0 & \text{打折=Yes}\\0.1 & \text{打折=No}\end{cases}$$

$$\text{用户级别因素}=\begin{cases}0 & \text{非明星用户}\\0.1 & \text{平台明星用户}\end{cases}$$

这样可以得到权重 w_i，并且权重 w_i 的取值不大于 1.1，不会造成得分增幅过大的情况，影响结果。在计算出权重 w_i 后，就可以计算出产品得分，然后就可以按照得分从高到低对产品进行排序，排名越靠前就说明该产品在用户中的口碑越好，反之则说明口碑越差。

（三）电商平台消费者评价数据的应用

目前，电商平台均建立了各自对网络店铺和产品消费者评价模型，店铺用户和消费者均可在平台上得到相应的统计的数据。认证机构需要了解评价模型的结构，对其合理性进行评估和验证，使用其数据统计结果对认证对象的产品和服务进行分级和定位。

利用爬虫技术，根据提供的目标企业的相关产品销售网上地址，在网上购物平台采集消费者网上评价（好评、中评、差评）进行分类统计，解析商品评价标签信息，结果供认证人员予以利用（见图 4-19）。

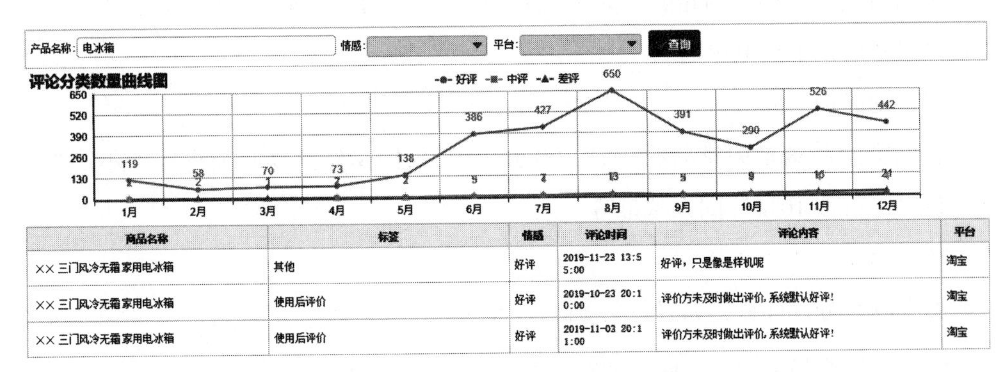

商品名称	标签	情感	评论时间	评论内容	平台
××三门风冷无霜家用电冰箱	其他	好评	2019-11-23 13:55:00	好评，只是像是样机呢	淘宝
××三门风冷无霜家用电冰箱	使用后评价	好评	2019-10-23 20:10:00	评价方未及时做出评价，系统默认好评！	淘宝
××三门风冷无霜家用电冰箱	使用后评价	好评	2019-11-03 20:11:00	评价方未及时做出评价，系统默认好评！	淘宝

图 4-19 不同时段客户评价统计图

1. 电商平台消费者评价好、中、差评的比例分析

通过对大型电商平台店铺和商品消费者评价分析，其主流的好、中、差评的百分比基本符合各品牌和产品的市场定位、产品质量状况，因此平台的好、中、差评的比例分析可以提供基本的审核数据。

2. 差评的语义分析，是否涉及产品质量问题

差评意味着用户对企业提供的产品或服务不满意，但是由于电商平台提供服务除了产品之外，还涉及快递、平台客服等。从差评语义分析的关键词和具体内容，可以分别对认证相关的产品质量、快递、平台客服等内容分别分类进行审核（见图 4-20）。

序号	词	词频
1	冰箱	2276
2	不错	1391
3	满意	1118
4	效果	774
5	物流	742
6	外观	722
7	收到	703
8	美的	694
9	送货	675
10	服务	667

图 4-20 平台某冰箱产品的用户差评统计图

3. 消费者评价赋值规则

由于产品繁多，认证机构可以针对不同的品牌、产品设置不同的消费者评价赋值规则，赋值应该重点考虑两方面的因素：销量和好评率，销量大的产品显示畅销，消费者满意度高。为排除个别商品销量很少，好评率却奇高的刷单行为，一般消费品可考虑以下赋值规则。

（1）商品销量分值

在同类产品销量中排名第一计 100 分，第二计 99 分，以此类推，如不能准确计算销量，可按 10% 区间大致推算。

（2）商品好评度分值

按实际百分比计算，如好评为 98%，计 98 分。

（3）总体满意度

总体满意度 = 商品销量分值 + 商品好评度分值

四、社会关注和影响指标

由于互联网应用日益广泛、信息量呈海量增长，有时出现涉及与企业相关的重要舆情信息已经在网上传播，如不能及早发现、准确应对，会给认证带来极高的风险，因此舆情采集和分析可以提高认证的有效性。

舆情分析系统的思想来源于话题检测与追踪 TDT（Topic Detection and Tracking）。话题检测与追踪采用信息抽取、数据挖掘等技术，主要用于对网络媒体信息流进行话题的自动识别和已知话题的持续跟踪，它已成为自然语言信息处理领域的研究热点。

网络舆情分析包括通过网络爬虫等工具从互联网上采集信息开始到最后将获取的舆情信息服务于舆情管理的一系列流程，首先从网络上采集舆情数据资源，对采集得到的 Web 页面等数据进行预处理，抽取其中的关键信息，然后将关键信息进行建模并通过相关算法进行内容上的分析，最后将分析结果提供给用户。因此，结合上述要求进行企业网络舆情分析模型的设计。设计的基本原则包括：利用 Hadoop 大数据平台和 HDFS 及 MapReduce 技术实现企业网络舆情海量数据的存储与处理，提高企业舆情处理效率；对反映企业舆情的文字、图片等信息能够自动采集、处理和分析，并及时发现企业舆情热点。

基于大数据的网络舆情分析系统模型设计大致如图 4-21，但是由于目前网络信息传播的形式多样化，如微博、论坛、新闻网站、聊天平台等，因此对于系统设计和运行带来较大的难度和成本。考虑到成本和时间因素，系统可以先聚焦到几个与行业相关或影响力较大的网站，进行检索，或以爬取相关信息，对信息量很少的资料可以进行人工分析，对于大数据进行语义分析和处理。

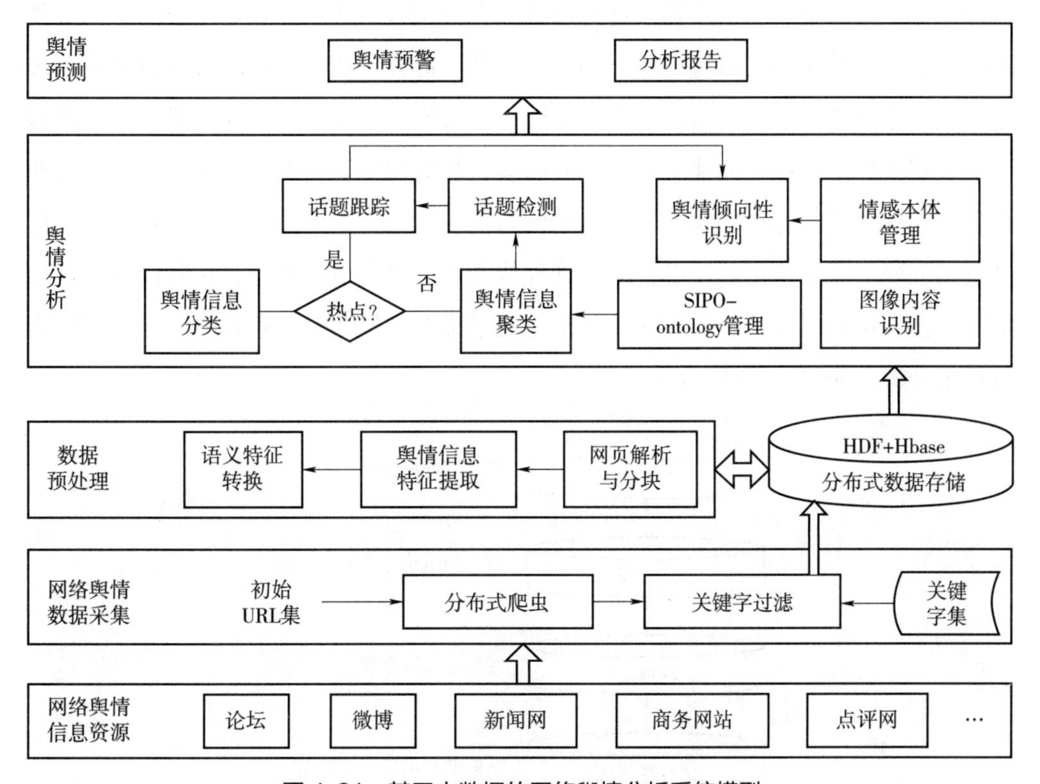

图 4-21 基于大数据的网络舆情分析系统模型

五、过程与能力指标

工业互联网是新一代信息技术与工业产业链生态深度融合的产物。工业互联网由云计算、边缘计算、大数据、人工智能和5G通信等新一代信息技术赋能，通过实现人、机、物的全面互联，构建全生产链、全产业链、全价值链全面链接的新型工业生产制造和服务体系，优化资源配置效率，发掘装备工艺潜能，打造工业生产新范式。工业互联网技术的核心是对机器设备和业务系统产生的数据进行建模分析，将数据转化为指导设备和业务进行优化的应用服务，促进工业知识的沉淀、传播、复用与价值创造。工业互联网平台是一套综合技术体系，需结合不同行业应用加强核心技术突破，实现设计、生产、运维、管理等全流程数字化和模型化，汇聚共享设计能力、生产能力、软件资源、知识模型等“智造”资源。

因此，工业互联网企业价值链数据中包含了客户、供应商等数据，这些数据在当前的全球经济一体化发展形势下，无论是面对激烈而严峻的国际竞争，还是在进行技术开发方面，都成为其竞争力提升的重要影响因素。数据分析应用方面，不仅可以根据企业的运营与生产目标进行合理的资源配置，还可以进行企业员工的合理调配与协调，并实施产业链上下游的协同配合。此外，还可以对设备进行精确管理与控制，进一步将固有的逻辑控制方式转变为柔性的控制方式，在人机协同管理机制下实现按照不同岗位职能，以及不同活动目标需求而进行的最直观的表达，由此帮助用户优化制定相关决策。尤其是在网络化技术支持下，不仅可以实现通信数据平台的互联与互通，更能在设备集群管理状态下通过大量计算进行运营信息数据的深度挖掘，由此展开进一步的对比分析，通过集群建模而对其存在的差异性问题进行详细分析，如图 4-22 所示。

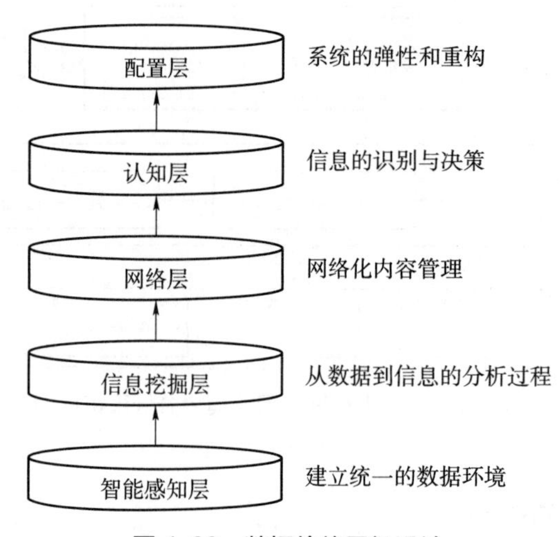

图 4-22　数据价值层级设计

（一）定制化生产

对于定制化和网络化生产来说，因为整个生产系统涉及客户订单、设计、生产、检验、库存等环节，环环相扣，因此认证面临很大的难度，对过程和能力指标进行评估是关键，应从数据的规范、安全和质量保证出发，通过单个模块的认证，简单集成系统认证，复杂集成系统的认证，最后对产品质量和管理进行评估，如图 4-23 所示。

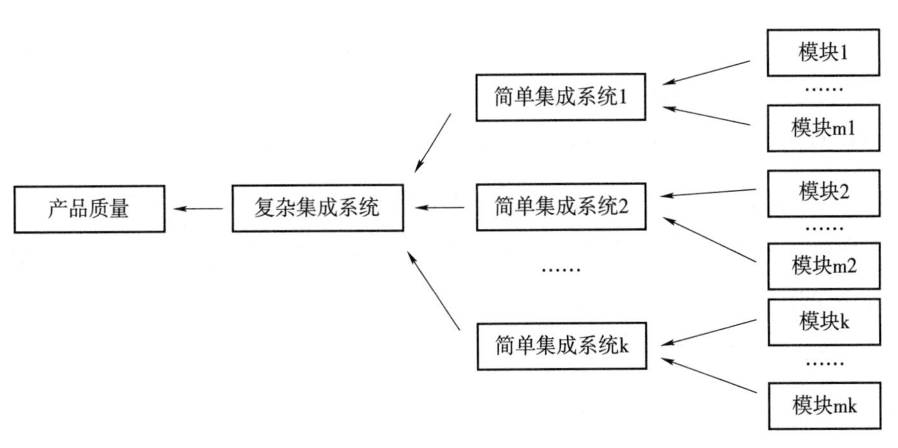

图 4-23 定制化和网络化生产认证流程

定制平台以用户需求为核心、注重用户体验的开放式社群生态平台。社群用户在定制平台上提出自己的需求和创意，与平台设计师一同参与到产品设计、定制整个过程中，并且连接专家、技术资源等共同加入，将用户创意变现成真实有温度的产品，为社群用户提供一站式的多元化内容、产品及服务。

用户是平台运转的核心，最大程度引入用户资源形成社群是平台业务流的首要条件。通过高度模块化系统的多触点嵌入方式实现社群用户的高度聚合和全流程体验的一致性，通过技术手段与多样化运营高度融合的方式，实现和社群用户的高黏性、高质量的交互，在此基础上，实现社群交互和设计、研发的协同与流程控制。

融合社群聚合：通过将交互模块以嵌入式技术手段实现同外部社群对接和聚合，形成多场景社群矩阵，实现社群用户资源的引爆，并保证在统一的底层数据平台实现不同场景的社群相互融合，最后反哺到定制平台形成整合，用户在交互全流程中保证体验的一致性和用户数据、交互数据的统一分析和利用。

用户整合：将整合的用户以属性和场景再进行细分，以优质的内容进行精准交互，并充分利用 KOL 和行业领袖资源、专家资源，以不同的场景排列组合经营用户，围绕特定场景引发痛点，并快速通过社群效应进行放大形成规模化，解决个性化需求和大规模定制的冲突。

交互定制：通过场景化、细分化的社群和精细化的用户经营，激发用户的使用痛点、定制欲望、迭代需求，平台聚集的设计资源、技术资源等随即开始零距离的并联，用户需求得以快速、准确地捕捉和解决，驱动产品的优化和迭代，并给予用户即得感和参与产品需求交互、设计、研发等全流程。

高度联动协同：以高效的互联互通保证用户的数据在各个系统中无数次的往返

传递，以丰富细微到用户的小数据的完整性，以保证对用户更加充分地了解，用数据去驱动更多的数据决策。

数据分析利用：最大程度聚合、沉淀不同场景社群的用户数据、交互数据，充分利用平台功能和大数据能力，通过对社群用户行为、轨迹，及对产品需求的数据挖掘、归纳、总结，输出用户画像及产品画像，驱动产品的优化和迭代，以更大程度不断满足用户需求，提升用户体验。

1. 定制化设计要求

定制化设计主要负责快速响应定制化平台获取的用户需求，并转换为设计数据或生产信息。在产品设计过程中与用户持续交互，根据用户的需求不断调整产品的设计方案，实现全用户参与的设计模式。定制化设计功能也可集成在定制化平台中，实现用户需求和创新资源的连接。

（1）模块化设计

基础模块 + 可变模块的组合定制，即定制平台为用户提供需求度较高的基础产品和一些用户可自主选择的模块。比如外观图案、除甲醛功能、wifi 控制功能等。用户可根据自己的家庭情况、个人喜好或装修风格等自由选配，选配后产品生产效果图可 360° 全景查看，满意后再下单。若用户认为这些模块仍不是自己想要的，则有另外两种定制模式来实现。

从建模块、用模块分两个方向实施推进，首先根据产品架构和用户需求把产品划分成若干模块类，接着整合、优化模块系统相近的平台，降低产品管理复杂度；通过对现有接口的排查，梳理接口关系，编制企业层级接口编码规则及接口增减管理流程，设计新产品时执行新的接口标准，以提高模块通用率。

（2）众创设计

用户在定制平台与专业客服人员交互自己的创意，不同创意通过微信、微博及定制平台等渠道进行点赞评比。点赞超过预定数量的创意将由专业设计师把梦想照进现实。设计师与用户可实时对话，完成图纸，创意图通过网络投票评比，中标创意正式进入开发环节。在 3D 虚拟装配验证、样品试制等开发过程中用户均可参与并提出建议。新产品设计验证完成后，用户即可在定制平台下单、支付。

（3）专属定制设计

完全个性化的专属定制，用户提出全新的需求或创意概念，支付一定的预订金后，交设计师打造，定制平台同时互联内部设计资源平台及外部第三方设计资源等，吸引全球一流资源来设计。3D 样品设计及验证完成后下单支付，由本企业工厂或第三方工厂生产。

2. 建立个性化产品数据库

从用户需求出发，通过对用户需求大数据分析，将用户需求以模块功能相匹配，搭模块优选数据库。在模块化产品架构下，通过模块快速配置出用户需求的产品，实现产品的平台化、模块化、配置化。通过不同模块的选配，可组合变化出数亿级的产品解决方案，满足用户的个性化定制体验。

3. 虚拟仿真

（1）产品数字化样机

即产品虚拟样机，通过虚拟样机显示产品的外观、内部结构、装配和维修过程、使用方法、工作过程、工作性能等。产品数字化样机共7类：概念样机、结构样机、性能样机、工艺样机、质量样机、生产样机、维修维护样机。从设计和管理两方面分析考虑，通过产品设计与设计过程的数字化和智能化，缩短产品开发周期，促进产品的数字化，提高产品创新能力。

（2）产品虚拟仿真

虚拟仿真建设共3个领域，虚拟产品设计、虚拟工艺、虚拟制造仿真。虚拟产品设计仿真领域主要是两大方面：CAE（Computer Aided Engineering）产品性能仿真和产品设计公差仿真。虚拟工艺仿真领域包含制造尺寸规划与验证、装配工艺仿真、人因仿真、3D作业指导书。虚拟制造仿真领域主要包含工厂布局、物流仿真、价值流、LOB（Line Of Balance）平衡仿真、机器人仿真、虚拟试生产仿真。

（3）设计可行性

设计可行性通过具体设计团队及财务团队的业务模型进行评审，确定是否可行。

（4）外部个性化系统要求

个性化定制强调用户的参与和快捷高效的用户反应，这不仅要求企业拥有高效、优化的内部信息化环境，还必须拥有高效的外部个性化定制系统，如付款交易系统、基于大数据预排的订单排产系统、订单的多点缓冲库匹配系统等，同时还要建立不同场景的订单匹配逻辑及后端系统对接、全流程可视打通、销售配置器等，在系统及能力上都要做出连接及储备。通过系统的连接，可提供给用户以下体验：

1）下单可视：订单的参数、3D效果、交易状态等可视，实现用户与订单之间的互联；

2）工位可视：订单生产的环节、工位能力等可视，实现用户与工厂的互联；

3）物流可视：订单的送达进度、送达师傅等信息可视，实现用户与物流的互联；

4）晒单可视：订单的评论、其他用户的信息等可视，实现用户与用户的互联。基于用户下单及下单后可视，可进行OMS（订单执行系统）、APS（智能排产系统）、IMES（生产执行系统）、LES（智慧物流系统）等系统的建设及对接，使用户信息可在市场、研发、制造、采购、售后等系统间传递，以保障定制信息的准确性。

4. 数字化车间要求

数字化车间主要负责定制化生产过程的信息流与数据流管理，包括计划排产、工艺执行、物流、设备运维管理等。不同行业的数字化车间认证应符合相应国家标准或行业标准。

5. 制造设备与资源

（1）智能化程度

装备智能化程度分为自动化、数字化和智能化。自动化要求设备能够在没有人的直接参与下，按照人的要求，完成设定的功能。数字化要求设备具备信息获取、信息传递、信息处理等功能，并能实现设备与设备之间、设备与系统之间的通信。智能化要求设备具有自感知、自控制、自诊断、自优化等智能功能。

（2）联网与数据采集

核心设备和监测传感器具备联网能力，自动在线采集设备状态关键数据。

（3）专家知识库、标准作业指导

具备专家知识库、标准作业指导等能力。

（4）生产资源联网情况

包括人员数字化管控、物料资源实时监控等。生产资源在条码及电子标签等编码技术的基础上满足生产资源的可识别性。包括生产资源的编号、参数及使用对象等的属性定义；生产资源的上述信息应采用自动或者半自动方式进行读取，并自动上传到相应设备或者执行层，便于生产过程的控制与信息追溯。

6. 网络设施和数据管理

（1）工业网络

数字化车间应采用工业网络，支持设备之间的通信，并考虑网络安全。

（2）数据传输实时性

按照制造过程对信息实时性和可靠性的要求，数字化车间可采用如下通信方式：

1）对实时性要求为毫秒级，可采用一对一直接通信，如数控机床与上下料机器人之间的互联；

2）对实时性要求在毫秒到秒级之间，可采用现场总线，如生产线的可编程控制器之间的互联；

3）对实时性要求在秒级以上，可采用以太网，如设备与制造执行系统之间的互联，以太网可选择各种通信协议标准，如 ProfiNet、Powerlink、OPC UA 等；

4）对实时性和可靠性要求不高，以及与移动装备之间的互联可采用无线通信网。

数据传输实时性 = 支持实时数据传输的设备比例 = 车间内支持实时数据传输的设备数量 / 设备总数。

（3）数据管理

运行管理数据应用情况，生产过程、质量管控、运行维护、物流、库存等的数据采集覆盖范围，是否具备生产进度数据管理、生产成本管理、生产质量数据管理、生产物料数据管理、生产人员数据管理、生产环境数据管理、生产工艺数据管理等功能。

（4）数据字典

数字化车间推荐采用已成为国家标准的数据字典，也可以使用以企业标准或规范形式表现的内部数据字典。数字化车间应建立数据字典，具体要求如下：

1）应包括车间制造过程中需要交互的全部信息，如设备状态信息、生产过程信息、物流与仓储信息、检验与质量信息、生产计划调度信息等；

2）应描述各类数据基本信息，如数据名称、来源、语义、结构以及数据类型等；

3）应支持定制化，各行业可根据各自特点制定本行业的数据字典。

7. 制造运行管理

（1）计划排产

能实现均衡化混流生产，主要包括：

1）详细排产要求，为满足车间生产计划要求，根据产品工艺路线和可用资源，制定工序作业计划的过程；

2）生产调度要求，为了实现作业计划的要求，分派设备或人员进行生产，并对生产过程出现的异常情况进行管理；

3）生产跟踪要求，为企业资源计划作生产响应准备的一系列活动。

（2）排产效率

详细排产应根据产品生产工艺制定工序计划，考虑车间设备管理、生产物流管理中设备、人员、物料等资源的可用性进行计划排产，形成作业计划发送给生产调度。另外，排产生成的作业计划也会反馈影响生产设备、人员、物料等生产要素的管理，如与设备维护保养计划相互影响。数字化车间应能减少技术准备时间，提高排产效率。

（3）生产监控系统与可视化信息系统

应建立生产监控系统和可视化信息系统，实现车间工艺执行管理的便捷性与灵活性。

（4）生产过程质量数据和产品质检数据

质量数据主要包括生产设备工艺控制参数、质量检测设备检测结果、人工质量检测结果等生产过程数据，覆盖原材料、零部件、半成品和成品。数字化车间应提供质量数据的全面采集，对质量控制所需的关键数据应能够自动在线采集，以保证产品质量档案的详细与完整；同时尽可能提高数据采集的实时性，为质量数据的实时分析创造条件。数字化车间应全面采集生产过程质量数据和产品质检数据。

（5）质量判定与评价体系

建立质量判定与评价指标体系，对生产质量进行分析、对比与评价。

（6）物流管理系统

具有安全防护设施、人机交互系统、先进物流设备、物料编码感知设备、物流应用软件及数据库。

（7）库存管理

数字化车间的库存管理应是基于不同库存活动对车间物料形态、数量、状态等属性变化进行记录、追溯与分析等活动。可借助于信息化手段与自动化技术，使其变得更加精确和透明。主要包括库存数据采集与追溯、库存分析。实施跟踪物料所在的位置、数量和状态；库存移动自动化。

（8）设备维修维护

应建立以设备维修维护计划制定、工单分配、下发、执行、反馈为流程的标准化维修维护体系，以计划工单为主要管理形式，利用智能移动终端（如手持 PDA、平板电脑）完成维修维护的执行和反馈。针对典型故障，提供维护维修的经验库，能够基于采集的设备状态进行自诊断；对于维修过程，提供图文、视频等标准作业指导，确保设备安全稳定运行。数字化车间的设备保养维护数字化管理、SCADA

设备维修维护管理系统、设备备件管理系统。

8. 智能化实验室要求

智能化实验室是指工厂内，负责出厂检验与型式检验的工厂实验室与检测工位，也包括负责出具产品质量检测报告的第三方检验检测机构。该环节的核心功能是将与产品质量相关的检测数据与检测结果，通过信息化的方式传输至监督管理机构和用户，以保证产品符合用户需求。

9. 实验室仪器设备与样品

（1）联网与数据采集

实验室核心检测设备和监测传感器具备联网能力，自动在线采集检测过程数据。

（2）数据接口

实验室仪器设备应开放数据接口，推荐优先采用已成为国家标准的数据接口。

（3）样品及辅助设备联网

包括原料、样品、辅助设备设施的数据联网。部分样品在条码及电子标签等编码技术的基础上满足生产资源的可识别性。包括编号、参数及使用对象等的属性定义；上述信息应采用自动或者半自动方式进行读取，并自动上传到相应设备或者实验室信息管理系统，便于检测过程的控制与追溯。

10. 实验室信息管理系统

实验室应配备实验室信息管理系统，其主要功能应包括办公管理、组织管理、检测过程管理、资源管理、体系管理等基本功能，其中检测过程管理中，实验室信息管理系统应与检测仪器设备实现通信，即能够读取和采集检测仪器设备的数据。

（二）数据安全

据国家工业信息安全发展研究中心发布的《2019—2020年度工业信息安全形势分析》显示，工业系统或将进入网络安全问题爆发阶段。2016年，工业和信息化部发布了《工业控制系统信息安全防护指南》，提出了11项防护要求。

1. 安全软件选择与管理

对系统可用性、实时性要求较高，工业主机（如MES服务器、OPC服务器、数据库服务器、工程师站、操作员站等应用的安全软件）应事先在离线环境中进行测试与验证，其中，离线环境指的是与生产环境物理隔离的环境。验证和测试内容包括安全软件的功能性、兼容性及安全性等。

需要建立工业控制系统防病毒和恶意软件入侵管理机制，对工业控制系统及临时接入的设备采用必要的安全预防措施。安全预防措施包括定期扫描病毒和恶意软件、定期更新病毒库、查杀临时接入设备（如临时接入U盘、移动终端等外设）等。

2. 配置和补丁管理

做好虚拟局域网隔离、端口禁用等工业控制网络安全配置，远程控制管理、默认账户管理等工业主机安全配置，口令策略合规性等工业控制设备安全配置，建立相应的配置清单，制定责任人定期进行管理和维护，并定期进行配置核查审计。

当发生重大配置变更时，工业企业应及时制定变更计划，明确变更时间、变更内容、变更责任人、变更审批、变更验证等事项。其中，重大配置变更是指重大漏洞补丁更新、安全设备的新增或减少、安全域的重新划分等。同时，应对变更过程中可能出现的风险进行分析，形成分析报告，并在离线环境中对配置变更进行安全性验证。

密切关注CNVD、CNNVD等漏洞库及设备厂商发布的补丁。当重大漏洞及其补丁发布时，根据企业自身情况及变更计划，在离线环境中对补丁进行严格的安全评估和测试验证，对通过安全评估和测试验证的补丁及时升级。

3. 边界安全防护

工业控制系统的开发、测试和生产环境需执行不同的安全控制措施，工业企业可采用物理隔离、网络逻辑隔离等方式进行隔离。

工业控制网络边界安全防护设备包括工业防火墙、工业网闸、单向隔离设备及企业定制的边界安全防护网关等。工业企业应根据实际情况，在不同网络边界之间部署边界安全防护设备，实现安全访问控制，阻断非法网络访问，严格禁止没有防护的工业控制网络与互联网连接。

工业控制系统网络安全区域根据区域重要性和业务需求进行划分。区域之间的安全防护，可采用工业防火墙、网闸等设备进行逻辑隔离安全防护。

4. 物理和环境安全防护

对重要工业控制系统资产所在区域，采用适当的物理安全防护措施。

USB、光驱、无线等工业主机外设的使用，为病毒、木马、蠕虫等恶意代码入侵提供了途径，拆除或封闭工业主机上不必要的外设接口可减少被感染的风险。确需使用时，可采用主机外设统一管理设备、隔离存放有外设接口的工业主机等安全管理技术手段。

5. 身份认证

用户在登录工业主机、访问应用服务资源及工业云平台等过程中，应使用口令密码、USB-key、智能卡、生物指纹、虹膜等身份认证管理手段，必要时可同时采用多种认证手段。

应以满足工作要求的最小特权原则来进行系统账户权限分配，确保因事故、错误、篡改等原因造成的损失最小化。工业企业需定期审计分配的账户权限是否超出工作需要。

可参考供应商推荐的设置规则，并根据资产重要性，为工业控制设备、SCADA 软件、工业通信设备等设定不同强度的登录账户及密码，并进行定期更新，避免使用默认口令或弱口令。

可采用 USB-key 等安全介质存储身份认证证书信息，建立相关制度对证书的申请、发放、使用、吊销等过程进行严格控制，保证不同系统和网络环境下禁止使用相同的身份认证证书信息，减小证书暴露后对系统和网络的影响。

6. 远程访问安全

工业控制系统面向互联网开通 HTTP、FTP、Telnet 等网络服务，易导致工业控制系统被入侵、攻击、利用，工业企业应原则上禁止工业控制系统开通高风险通用网络服务。

工业企业确需进行远程访问的，可在网络边界使用单向隔离装置、VPN 等方式实现数据单向访问，并控制访问时限。采用加标锁定策略，禁止访问方在远程访问期间实施非法操作。

工业企业确需远程维护的，应通过对远程接入通道进行认证、加密等方式保证其安全性，如采用虚拟专用网络（VPN）等方式，对接入账户实行专人专号，并定期审计接入账户操作记录。

工业企业应保留工业控制系统设备、应用等访问日志，并定期进行备份，通过审计人员账户、访问时间、操作内容等日志信息，追踪定位非授权访问行为。

7. 安全监测和应急预案演练

应在工业控制网络部署可对网络攻击和异常行为进行识别、报警、记录的网络安全监测设备，及时发现、报告并处理包括病毒木马、端口扫描、暴力破解、异常流量、异常指令、工业控制系统协议包伪造等网络攻击或异常行为。

在工业企业生产核心控制单元前端部署可对 Modbus、S7、Ethernet/IP、OPC 等主流工业控制系统协议进行深度分析和过滤的防护设备，阻断不符合协议标准结构的数据包、不符合业务要求的数据内容。

工业企业需要自主或委托第三方工控安全服务单位制定工控安全事件应急响应预案。预案应包括应急计划的策略和规程、应急计划培训、应急计划测试与演练、应急处理流程、事件监控措施、应急事件报告流程、应急支持资源、应急响应计划等内容。

应定期组织工业控制系统操作、维护、管理等相关人员开展应急响应预案演练，演练形式包括桌面演练、单项演练、综合演练等。必要时，企业应根据实际情况对预案进行修订。

8. 资产安全

应建设工业控制系统资产清单，包括信息资产、软件资产、硬件资产等。明确资产责任人，建立资产使用及处置规则，定期对资产进行安全巡检，审计资产使用记录，并检查资产运行状态，及时发现风险。

应根据业务需要，针对关键主机设备、网络设备、控制组件等配置冗余电源、冗余设备、冗余网络等。

9. 数据安全

应对静态存储的重要工业数据进行加密存储，设置访问控制功能，对动态传输的重要工业数据进行加密传输，使用 VPN 等方式进行隔离保护，并根据风险评估结果，建立和完善数据信息的分级分类管理制度。

应对关键业务数据，如工艺参数、配置文件、设备运行数据、生产数据、控制指令等进行定期备份。

应对测试数据，包括安全评估数据、现场组态开发数据、系统联调数据、现场变更测试数据、应急演练数据等进行保护，如签订保密协议、回收测试数据等。

10. 供应链管理

在选择工业控制系统规划、设计、建设、运维或评估服务商时，应优先考虑有工控安全防护经验的服务商，并核查其提供的工控安全合同、案例、验收报告等证明材料。在合同中应以明文条款的方式约定服务商在服务过程中应当承担的信息安全责任和义务。

应与服务商签订保密协议，协议中应约定保密内容、保密时限、违约责任等内容。防范工艺参数、配置文件、设备运行数据、生产数据、控制指令等敏感信息外泄。

11. 落实责任

应建立健全工控安全管理机制，明确工控安全主体责任，成立由企业负责人牵头的，由信息化、生产管理、设备管理等相关部门组成的工业控制系统信息安全协调小组，负责工业控制系统全生命周期的安全防护体系建设和管理，制定工业控制系统安全管理制度，部署工控安全防护措施。

（三）标识解析

在万物互联的工业互联网中，每个物品、元器件，甚至每条信息都有其全球唯一的“身份证”，这个“身份证”就是标识。目前，工业企业广泛使用标识标记各种物品，但不同企业和行业的编码和解析方式不尽相同。主流标识体系包括Handle、OID、Ecode、VAA等。随着工业互联网的发展，全要素、全产业链、全价值链全面连接的需求日益迫切，需要建立一种兼容不同技术体系、能够跨系统跨层级跨地域的工业互联网标识解析体系。

通过统一融合的工业互联网标识解析体系，企业或用户可以利用标识访问产品在设计、生产、物流、销售到使用等各环节，在不同管理者、不同位置、不同数据结构下智能关联的相关信息数据，是实现全球供应链系统和企业生产系统的精准对接、产品的全生命周期管理和智能化服务的前提和基础。

为了促进工业互联网标识健康有序发展和应用，规范工业互联网标识服务，保护用户合法权益，保障工业互联网标识系统安全、可靠运行，工业和信息化部于2020年发布了《工业互联网标识管理办法》。

工业互联网标识具有如下应用。

1. 智能化产品追溯

基于工业互联网的智能化产品追溯，是标识解析技术的典型应用场景之一，通过标识技术，记录和查询产品相关信息，实现资源区分和管理，并将分散的产品信息进行关联，提供面向产品的信息追溯。

2. 供应链管理

生产制造企业普遍存在供应链主体间信息不互通及库存数据难以随时更新共享的问题，通过标识解析技术，实现供应链全流程信息分布式存储、按需共享、动态集成，同时以供应链中的关键企业为核心，建立有效的信息共享信任机制，基于标识解析技术，构建库存管理系统，实现供应链中上下游企业库存信息共享，从原料、产品、仓储、销售、消费的全产业链可追溯管理，最终达成客户的需求目标，提升企业工作效能。

3. 产品全生命周期管理

工业互联网标识解析服务是促成产品全生命周期管理的基础，通过标识解析，能推进企业实现各环节、各企业间信息的对接与互通，实现规划、设计、生产、出厂、售出信息的全面数字化与交互，提升企业的价值，优化产品开发与业务工艺。

4. 智能远程运维

对许多生产大型工业产品的企业来说，远程运维是痛点，设备一经销售，便分布在全国各地，很难进行有效远程运维支持，一旦无法快速处理，将直接影响企业的正常使用。但通过标识解析技术，可以将智能监控设备融入，实现设备定位、远程故障预警诊断及智能调度等服务，还可以依据标识解析体系对每台设备进行档案管理，掌握运行数据，可以有效降低运维成本、减少企业损失。同时，还能借由标识解析实现产品联网和数据采集为客户提供更多服务。

5. 网络化协同

标识解析能使不同企业之间可以通过标识解析进行统一数据交互，进而实现企业间的设计协同、制造共享、供应链优化，促成供应链内、跨供应链间的企业在产品设计、制造、管理和商务等开展合作的生产模式，有效提升企业资源优化配置，推动企业制造敏捷性。

6. 个性化定制

定制是工业企业智能化改造的常态，但定制往往需要大量的数据、技术、资金作为支撑，而标识解析能让定制“事半功倍”。通过标识解析实现海量工业领域中设备物品相关信息的智能索引和整合，通过对工厂中的人员、机器、物料、产品、设备参数、环境参数、质量状况等进行标识化，所有资源所对应的信息必须要在生产系统中互联互通。可以说，运用标识服务体系能将大规模制造升级为大规模定制，通过传感器、大数据信息化工具和机器人的协作，实现高效地定制化批量订单的生产，构建起全流程实时可联可视的互联工厂体系。

六、其他认证指标

根据各认证标准的要求，结合互联网技术应用对其他认证指标进行细化，如。

1. 基础设施的符合性

部分有特殊要求的基础设施，如恒温恒湿、废气处理设施等，可以通过温湿度自动仪、废气自动监测系统，实时将监测数据发送到控制平台。

2. 管理体系文件的符合性

可以通过文本解析，或将工序作业指导书、记录在系统关联，实现查询、参数自动匹配、预警等功能。

3. 人员能力的符合性

实现管理系统人员定期培训、考核指标提醒、记录功能等。

第五章 “互联网+认证”确定技术

第一节 合格评定确定技术

一、确定的概念

根据ISO/IEC 17000：2020《合格评定 词汇和通用原则》，合格评定由四项功能有序组成，具体包括：选取（selection）、确定（determination）、复核（review）、决定（decision）与证明（attestation）、监督（surveliance）。

由此可见，确定活动是合格评定功能之一。确定活动的目的是获得关于合格评定对象或者其样品满足规定要求的完整信息。

二、确定活动的类型

确定功能活动的选择应综合考虑产品认证目标、产品特点及专业领域、产品要求、认证风险和认证所需资源与成本，一般情况下确定活动由以下一个或几个组成：

——检测；

——检查；

——设计评价；

——服务评定；

——审核。

（一）检测

检测的概念是按照程序确定合格评定对象的一个或多个特性的活动，其主要适用于材料、产品或过程。它通常是指按照一定的程序，对合格评定对象的样品进行测试，已证实其是否符合规定要求。

检测一般需要关注的要素包括：产品检测项目、检测方法、检测样品抽样方法、检测结果判定方法、对其他检测结果的接受要求、检测结果要求。

（二）检查

检查的概念是审查产品设计、产品、过程或安装并确定其与特定要求的符合性，或根据专业判断确定其与通用要求的符合性的活动。它通常指专业人员到生产场地进行现场观察和访问，工程检查必须按照规定的程序和要求进行，一般开展产品检验的认证，在之前或之后需要到现场检查产品的一致性，也必须制定相应的程序和方法。

检查活动一般要关注的要素包括：检查依据、检查内容、检查方法、检查程序、检查人员要求、检查时限要求、对其他检查结果的接受要求、检查结果要求。

（三）设计评价

设计评价是指对一个产品的设计文件和设计结果进行的评价活动，通过评价来确定产品是否满足规定要求。设计评价一般适用于产品的质量、性能、安全、环保等特定的评价。

设计评价一般要关注的要素包括：设计评估依据、设计评估方法、设计评估程序、设计评估结果要求。

（四）服务评定

对于服务过程，不适合开展产品检测，则需要采用这类服务评定的方法开展评价活动。服务评定一般包括服务管理、服务提供过程的评定，根据服务过程的特点，还包括神秘客户体验以证实服务是否满足规定要求。

服务评定一般要关注的要素包括：服务评定依据、服务评定方法、服务评定程序、服务评定结果要求。

（五）审核

审核的概念是获取记录、事实陈述或其他相关信息应对其进行客观评定，以确定规定要求的满足程度的系统的、独立的和形成文件的过程（源自GB/T 27000—2006《合格评定　词汇和通用原则》）。审核一般指对于质量管理体系的审核，旨在正式组织根据本身的具体情况建立质量体系，具备持续稳定生产符合要求产品的能力，包括文件审核和质量体系各个要素的审核。

审核活动一般要关注的要素包括：审核依据、审核内容、审核方法、审核程序、审核人员要求、审核时限要求、对其他审核结果的接受要求、审核结果要求。

三、“互联网 + 认证”过程中确定活动的特点

（一）典型领域传统认证模式的确定活动

典型管理体系认证的确定活动包括预审核（第一阶段审核）和现场审核（第二阶段审核）。

1. 预审核（第一阶段审核）

该阶段主要工作包括：受审核方将正式发布的相关管理体系手册、程序文件以及其他资料送交认证公司，由审核组长根据认证要求在企业现场进行文件审查，并将审查结果书面告知受审核方。如有不符合处，受审核方即做出修改，直至满足相应要求为止。

2. 现场审核（第二阶段审核）

该阶段主要工作包括：审核组按照认证计划实施现场审核。审核要求覆盖申请认证全部范围并符合相关认证标准的全部要求。审核可采用抽样的方法，审核组通过交谈、调阅文件与记录以及查看现场的方式，寻找受审核方相关情况符合认证标准及职能文件的证据。第二阶段审核将指出不符合项，并要求实施纠正。该阶段审核将给出书面审核报告，宣布现场审核结果，告知是否予以推荐注册。

（二）典型产品认证确定活动的传统模式

20 世纪 70 年代以来，为了适应产品质量认证的发展，尤其是为发展中国家的产品质量认证活动提供建议和指导，国际标准化组织基于对产品的危险性分析、认证成本投入与认证效果评估等因素的综合权衡，在《认证的原则和实践》中总结了 8 种产品认证模式，见表 5-1。

表 5-1 传统产品认证模式

认证模式	型式试验	质量体系评定	认证后监督		
			市场抽样检验	工厂抽样检验	质量体系复查
1	√				
2	√		√		
3	√			√	
4	√		√	√	
5	√	√	√	√	√
6		√			√
7	√			√	
8	√			√	

在传统的认证模式下，确定活动主要内容包括。

1. 型式检验

按照规定的检验方法对产品的样品进行检验，以证明符合标准或技术规范的全部要求。

2. 工厂质量体系评定

对产品生产厂的质量管理体系的检查、评定，已确认其是否具备持续生产符合要求产品的能力。

3. 批检

即根据规定的抽样方案，对产品进行批量检验，并据此做出该批产品是否符合标准或技术规范的判断。

4. 百分之百检验（全数检验）

对每一件产品在出厂前，均要依据标准进行检验，主要用于危险性极高的产品。

四、“互联网+”背景下典型领域确定活动的突破

（一）“互联网+”的基本特征

从1994年我国首次实现与国际互联网完全连接，到如今互联网时代的风起云涌，互联网已经极大地改变了人们的生产方式和消费模式。互联网作为一种通用技术，和100年前的电力技术、200年前的蒸汽机技术一样，正在对人类经济社会产生巨大、深远而广泛的影响。

第一代互联网时代是从1994—2002年，是门户网站的时代，典型特征是信息展示，基本属于单向的信息流动，交互性不强。第二代互联网时代是从2002—2009年，是搜索与社交的时代，典型特征是用户生产内容，实现人与人之间双向的互动。第三代互联网时代是从2009年至今，是由智能移动设备为代表的移动互联网的鼎盛发展时期，数据是这个时代的典型生产要素，以云计算、大数据等为代表的新一代信息技术蓬勃发展，市场空间加速放大，线上线下日趋融合，大数据时代到来。

“互联网+”可以理解成是第四代互联网发展阶段，是互联网思维和互联网技术广泛应用于实体经济各领域，进而改造传统产业发展模式，实现物与物、物与人、物与计算机的交互联系，通过泛在网络形成人、机、物三元融合的世界，进入万物互联时代。万物互联时代，所拥有的生产资料不再是决定因素，资源整合和大

数据处理能力将成为核心竞争力，如 Uber 没有一部车，却是全球最大的出行公司；Airbnb 没有一家酒店，却是全球最大的酒店公司。“互联网 +”时代的基本特征有以下几个方面。

第一，互联网改变了社会的生产方式和消费模式。互联网时代，生产者与消费者以及合作伙伴之间，依靠现代信息技术大幅降低交易成本，能够敏捷回应用户需求，按照顾客的个性化需求进行生产，不断扩大社会协作，并通过工业信息系统、云平台、3D 打印技术、工业大数据应用等，推动生产制造向数字化、网络化、智能化方向发展，引发了生产方式的深刻变革。同时，互联网也在改变人们的消费模式，摆脱地域和时间的限制，增加消费的互动性，带来全新的消费体验，通过满足特色化、趣味化、个性化、多样化的消费需求，优化消费结构，释放消费潜力。

第二，数据成为产业发展的基础支撑。越来越多的企业正使用大数据支持市场营销、财务管理、技术研发、设备运营等工作。以数据流引领技术流、物质流、资金流、人才流，将有效促进生产组织方式的集约和创新。大数据推动社会生产要素的网络化共享、集约化整合、协作化开发和高效化利用，可显著提升经济运行水平和效率。大数据持续激发商业模式创新，不断催生新业态，已成为互联网等新兴领域促进业务创新增值、提升企业核心价值的重要驱动力。

第三，移动终端广泛应用于生产过程和消费环节。截至 2015 年，中国已经有 6.49 亿网民，5.57 亿智能手机用户。通信网络的进步以及互联网、智能手机、智能芯片在企业、人群和物体中的广泛安装，为下一阶段的“互联网 +”奠定了坚实的基础。

第四，资源整合更加高效和深入。随着“互联网 +”技术的不断成熟，沟通和业务模式的改变，使得供给和需求能够更有效地对接，降低了信息不对称，减少了交易费用，提升了资源的利用效率，资源整合能够在更大的范围和更深的层面实施。尤其是针对一些传统行业或产业，许多过去未能实现或未能完全彻底实现的事情，在“互联网 +”手段的帮助下均得以实现。

（二）确定活动突破的基础

认证活动的本质是数据收集、分析和判定的过程。无论是认证活动所依据的标准，还是认证活动开展的程序，都具有标准化、规范化的特征。同时认证活动是一个多方参与的过程，其过程和结果的公开透明对认证活动的可信度至关重要。因此认证活动的自身特征非常适合用信息化的手段进行管理，也需要使用信息化的手段来保障其客观性和公信力。

我国认证行业信息化起步较晚。20世纪80年代末，伴随着中央和地方党政机关的办公自动化工程，信息化的萌芽才初步在认证领域产生。20世纪90年代，信息化手段作为辅助性工具出现在个别的认证活动当中，监管部门开始使用简单的电子办公设备，进行录入信息、汇总计算等简单的信息处理工作。2001年8月，国家认监委成立，认证成为一个独立的行业，行业信息化快速蔓延，从中央到地方，从政府监管机构到认证认可机构，认证认可信息化建设全面渗透开来，各种门户网站开始建立。2002年，国家质检总局成立信息化领导小组，对全国质检系统的信息化工作进行管理与协调。2003年，国家认证认可监督管理委员会信息中心成立，并设置专门的信息系统管理机构。

近年来，认证行业信息化建设发生了质的飞跃。通过前几年的基础性工程建设，在认证行业的许多领域都建立了基础保障性的信息系统，为日常工作开展的有效性和科学性提供了必要的技术保障。但是，大量信息系统的建设存在盲目性和独立性，缺乏长远的战略规划，导致认识上重建设轻整合、重硬件轻软件、重管理轻服务，多个项目一哄而上，而相关的业务系统不联不通，形成了一个个信息孤岛，导致数据不能交互，效率提升的成果不显著，也很难实现真正意义的信息文件共享与协同，而且重复建设现象严重，浪费了大量的人力、物力及财力。同时，由于认证行业发展的区域化差异和领域化差异，导致各地区和各领域在信息化资源分配和建设力度上的极大差异，东部发展快于西部，强制性产品领域快于自愿性产品领域，国际接轨比较少的行业快于其他行业，这使得信息鸿沟现象愈加明显。这种情况下，只有进行统一的规划和建立统一的平台，才能实现有效的融合、整合、联合。

互联网的发展改变了传统的生产和消费模式，认证活动的服务对象——企业和消费者对认证活动产生了新的需求，如对认证活动效率提升的需求、对认证过程和结果公开透明可信的需求以及增值服务的需求等。如电商企业在电商平台上的交易往往瞬时完成，其产品的设计、投产和更新速度也非常快，他们往往希望几天甚至一天内就能得到产品检测或认证结果，而传统的产品检测或认证往往需要10天，甚至1个月的时间，这也必须借助于信息化和互联网手段来优化流程、整合资源，才能大幅度提升效率。互联网时代使信息爆炸式增长，信息传播速度加快的同时也带来了信息的泛滥，而单一碎片化信息的可信度大大降低，其价值也急剧贬值，传统的认证结果以一纸证书的形式体现，也迫切需要用信息化和互联网的手段挖掘和传播隐藏在证书背后的信息，提高证书的可信度，提供增值服务。

国务院发布《关于积极推进"互联网 +"行动的指导意见》《"十三五"规划纲要》中明确提出要"实施'互联网 +'行动计划，促进互联网深度广泛应用，带动生产模式和组织方式变革，形成网络化、智能化、服务化、协同化的产业发展新形态"，各行业主管部门和各省市也纷纷出台"互联网 +"行动计划或规划，形成了全社会各行业"互联网 +"的氛围。

（三）典型领域认证确定活动的突破点

1. 数据的全样本选取

在互联网和大数据技术越来越成熟应用的前提下，组织可以获取到的数据已经是非互联网时代的几何级别增长，对数据进行处理的能力也早已非人工所能比拟。传统的抽样分析，是在只能获取和处理有限数据的条件下，为降低风险，通过相对科学的抽样方法，对样本进行检测，并由此得出有代表性的一批或同类对象是否满足规定要求的结果。而在互联网条件下，合格评定对象的所有样本数据均可以获取，并在短时间内进行分析和处理，极大降低了抽样所带来的风险；同时，所有时间段的数据均可以获取，同时降低了各个维度可能存在的样本偏差。互联网和大数据技术给抽样分析带来的变革是根本性的。

2. 数据的智能化采集、分析、验证

互联网技术使企业开启智能制造时代，生产大规模实现自动化，利用机械手、自动化控制设备或流水线对生产进行智能技术改造，与此同时，所有的流程开始标准化、数据化。尽可能多地使用软件进行产品设计、样品制造、性能测试，数据全部可以通过互联网平台进行采集和分析。在设备上增加传感器，使生产数据能够实时传递。互联网使得机器、原材料、控制系统、信息系统、产品和人之间的网络互联为基础，实现工业数据的全面深度感知、实时传输交换、快速计算处理和高级建模分析，实现了生产组织方式的变革。

对于能耗数据也同样如此。大数据技术能够帮助企业在足够多的历史数据的基础上，智能分析生产和能耗情况，确定能源基准；能够实时采集能源数据，去除非正常数据和冗余数据，对相关参数进行计算，并对比能耗基准和能耗标杆，进行统计分析；同时通过底层数据的关联，智能得出故障诊断和方案改进的建议。

3. 审核方式的互联网化

企业生产过程的智能化、数据化，使得管理体系认证必然要适应这一形式的变化，从人员访谈和文件记录审查，向认证证据数据化，审核过程在线化，以数据采

集分析验证结合观察访谈的方式进行转换。无论是质量能源管理体系或能源管理体系认证，数据都将成为核心要素。互联网实现了数据的在线收集、监控、分析计算和共享，就为认证审核的在线化带来了可能。认证的审核环节可以以“远程数据审核 + 在线管理审核”结合的方式，减少现场审核人日，简化审核员工作，提高审核效率；同时数据部分的确定也比人工方式更加准确和有效。

传统模式下，审核员去现场进行文件审核和现场检查，检查方式太过单一，抽样检验只能送实验室，工厂检验资源未得到有效的利用。“互联网 +”将充分利用了“物联网 +”“互联网 +”信息技术的便利性，采取视频、录音、拍照、协同相关数据信息的来源渠道等多形式获取认证所需的信息与数据，以支撑认证的评价。通过大数据云计算人工智能运用可以大大缩短工厂检查时间，同时，利用多方渠道数据与信息支撑的评价，将大大提高认证有效性。

目前，部分认证机构在审核环节中利用互联网技术已经实现的内容如下：

（1）审核方案策划实现在线推送、实时更新，优选推荐审核人员，保留历史记录，实现全过程追溯。

（2）审核过程管理智能化。现场审核员自动获取客户基本信息，实现自动查重、校验，实现审核员在线监管、在线远程审核，客户对审核组在线评价、审核组对客户在线评价、审核组长对组内人员在线评价、认证评定人员对审核员在线评价。

第二节 典型领域“互联网 + 认证”确定技术的数据基础

数据是认证的核心基础。认证的核心过程实际是数据收集 - 数据分析 - 数据判定过程。

因此，我们将认证全过程的所有活动进行分析，建立数据元清单，可以将认证全过程的数据输入系统，打造数据化的认证体系。

以下就质量管理体系认证和能源管理体系认证的数据需求分析、数据元类别和数据元清单建立等内容进行举例分析。

一、认证过程数据需求分析

在认证机构的认证管理层面，以质量管理体系认证为例，主要的管理流程分为认证申请、申请评审、审核方案策划、审核准备、现场审核、认证决定、监督审核、再认证（表 5-2）。

表 5-2　质量管理体系认证过程数据需求分析

<table>
<tr><th>认证环节</th><th>相关方</th><th>角色</th><th>职责</th><th colspan="2">核心工作内容</th></tr>
<tr><td>申请</td><td>申请组织</td><td>认证联络人</td><td>提交认证申请材料</td><td>数据 / 信息收集</td><td>申请书；
营业执照；
管理体系手册和程序文件；
适用的法律法规清单；
设备设施清单、主要工艺流程；
其他认证证书（如有）；
其他要求文件</td></tr>
<tr><td rowspan="4">申请评审</td><td rowspan="4">认证机构</td><td rowspan="2">申请评审人员</td><td rowspan="2">负责受理企业的申请</td><td>数据 / 信息收集</td><td>资料由申请组织提供</td></tr>
<tr><td>数据 / 信息分析与判定</td><td>申请资料齐全性；
确认申请认证的范围；
组织名称、经营场所、过程和运作的重要方面、人力资源和技术资源、职能、关系；
组织的任何法律义务；
确定外包过程；
适用的标准和其他要求；
完成审核需要的时间和任何其他影响认证活动的因素</td></tr>
<tr><td>业务人员</td><td>合同签署</td><td></td><td></td></tr>
<tr><td>申请评审人员</td><td>认证申请材料的传递</td><td>数据 / 信息传递</td><td></td></tr>
<tr><td rowspan="4">审核方案策划</td><td rowspan="4">认证机构</td><td rowspan="4">项目管理</td><td>负责审核方案策划</td><td>数据 / 信息分析与判定</td><td>策划初次（包括一阶段和二阶段）、监督审核、再认证审核；
审核时间；
多场所的抽样；
审核目的、范围和准则；
审核组成员的能力</td></tr>
<tr><td>负责安排审核组</td><td rowspan="3">数据 / 信息分析</td><td rowspan="3">收集过程、职能方面的信息</td></tr>
<tr><td>发审核任务通知</td></tr>
<tr><td>负责审批审核计划</td></tr>
</table>

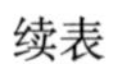

续表

认证环节	相关方	角色	职责	核心工作内容	
审核方案策划	认证机构	项目管理	文件审查	数据 / 信息判定	了解体系文件范围和程度的概况以发现可能存在的差距
			负责编制审核计划	数据 / 信息分析 数据 / 信息判定	审核目的、范围和准则； 实施审核的地点、日期、预期时间和期限； 审核组成员的作用和职责
			与企业沟通，给企业发送审核计划		
一阶段审核	认证机构	检查组	审核前准备	数据 / 信息收集	审核组工作分配； 准备工作文件
			首次会议		
			审核实施（信息收集、分析）		审核客户的文件化的管理体系信息； 评价客户现场的具体情况，并与客户人员讨论，确定第二阶段准备情况； 审查客户理解和实施标准要求的情况情况； 收集管理体系范围的必要信息； 第二阶段所需资源的配置情况，商定第二阶段细节； 充分了解客户的管理体系和现场运作； 内部审核与管理评审情况
			内部沟通		
			外部沟通		
			末次会议	数据 / 信息分析	
二阶段审核	认证机构	审核组	审核前准备		
			首次会议		
			审核实施（信息收集、分析）	数据 / 信息收集、分析	与适用的管理体系标准或其他规范性文件的所有要求的符合情况和证据； 依据关键绩效目标和指标，对绩效进行的监视、测量、报告和评审； 客户管理体系的能力以及在符合适用法律法规要求和合同方面的绩效； 客户过程的运作控制； 内部审核和管理评审； 针对客户方针的管理职责

续表

认证环节	相关方	角色	职责	核心工作内容	
二阶段审核	认证机构	审核组	内部沟通	数据 / 信息传递	
			外部沟通	数据 / 信息传递	
			末次会议	数据 / 信息传递	
			出具审核报告和结论	数据 / 信息判定	审核类型、审核准则； 审核范围，尤其是受审核的组织单元和职能单元或过程，及审核时间； 偏离审核计划的情况及其理由； 任何影响审核方案的重要事项； 审核中的参与人员； 进行审核活动的日期和地点； 审核发现、对审核证据的引用及审核结论； 影响客户管理体系的重要变更； 识别出的任何未解决的问题； 对抽样过程的免责声明； 审核组的推荐意见； 认证文件和标志使用的控制； 不符合纠正措施有效性的验证情况
	认证委托人	认证联络人	提供材料，配合检查	数据 / 信息传递	
认证决定	认证机构	认证决定人员	负责评价审核材料的符合性	数据 / 信息判定	认证范围确认； 审核组提供的信息是否满足认证要求； 不符合是否得到了审查、纠正和验证
证书	认证机构	证书打印人员	负责打印证书		
		邮寄人员	负责邮寄证书		
认证监管	政府监管机构	监管人员	对认证过程和结果进行监管		

续表

认证环节	相关方	角色	职责	核心工作内容	
监督审核	认证机构	审核组	实施 现场审核	数据／信息收集 数据／信息分析	内审和管理评审； 对上次审核确定的不符合采取的措施； 投诉的处理； 管理体系在实现获证客户目标和各管理体系预期结果方面的有效性； 为持续改进策划的活动的进展； 持续的运作控制； 任何变更； 标志的使用和任何其他对认证资格的引用
再认证	认证机构		策划和实施 现场审核	数据／信息收集 数据／信息分析	结合内部和外部变更，看能用管理体系的有效性和认证范围的持续适宜性； 经证实的保持和改进管理体系的有效性，以提高整体绩效的承诺； 管理体系在实现获证客户目标和管理体系预期结果方面的有效性

二、认证数据元清单建立

根据认证过程的数据需求分析，按照以下认证标准数据元、认证审核数据元、认证业务数据元和支持性数据元等不同数据元类型，建立对应的认证数据元清单。

（一）认证标准数据元

根据GB/T 19001质量管理体系认证，结合认证要求分解，建立组织环境、领导作用、策划、支持、运行、绩效评价和改进等对应要素部分的数据元清单，见表5-3～表5-9。

表5-3 质量管理体系认证标准数据元清单－组织环境部分

数据元名称	数据类型	数据格式	值域	说明
外部影响因素	字符型	an..50	不做要求	影响实现质量管理体系预期结果的能力的因素
内部影响因素	字符型	an..50	不做要求	
监视周期	字符型或数字型	an..10	可取值“六个月”“一年”“一年六个月”等	

续表

数据元名称	数据类型	数据格式	值域	说明
评审周期	字符型或数字型	an..10	可取值"六个月""一年""一年六个月"等	
相关方名称	字符型	an..50	不做要求	
相关方关系	字符型	an..50	不做要求	顾客、供方、监管方等
相关方要求	字符型	an..50	不做要求	
监视周期	字符型或数字型	an..10	可取值"六个月""一年""一年六个月"等	
评审周期	字符型或数字型	an..10	可取值"六个月""一年""一年六个月"等	
组织的产品和服务	字符型	an..50	多个产品和服务时，以","分隔	
质量管理体系范围	字符型	a..70	不做要求	质量管理体系的覆盖的范围
质量管理体系过程	字符型	an..50	多个所需过程时，以","分隔	
过程的职责与权限	字符型	an..50		与过程相匹配
资源	字符型	an..50		
风险	字符型	an..50		
机遇	字符型	an..50		
是否对过程进行评价	布尔型	a2	可取值"是"或"否"	
是否实施改进	布尔型	a2	可取值"是"或"否"	
……	……			……

表 5-4　质量管理体系认证标准数据元清单 - 领导作用部分

数据元名称	数据类型	数据格式	值域	说明
最高管理者姓名	字符型	a..8	不做要求	
最高管理者职务	字符型	a..10	不做要求	组织内的实际职务，如总经理
最高管理者职责（与质量管理体系有关的）	字符型	an..100	不做要求	
最高管理者承诺（与质量管理体系有关的）	字符型	an..100	不做要求	

续表

数据元名称	数据类型	数据格式	值域	说明
质量方针	字符型	an..30	不做要求	
质量方针文件	字符型	an..30		描述质量方针的文件名称
发布版本	字符型	an..5		文件版本号
发布时间	日期型	YYYY-MM-DD	用阿拉伯数字将年月日标全，月日不标虚位	
发放人员	字符型	an..10		
职责权限是否明确	布尔型	a2	可取值“是”或“否”	

表 5-5　质量管理体系认证标准数据元清单－策划部分

数据元名称	数据类型	数据格式	值域	说明
组织环境因素	字符型	an..50		
相关方需求	字符型	an..50		
风险	字符型	an..50		
机遇	字符型	an..50		
风险应对措施	字符型	an..50		
机遇应对措施	字符型	an..50		
是否实施措施	布尔型	a2	可取值“是”或“否”	
是否评价措施有效性	布尔型	a2	可取值“是”或“否”	
质量目标	字符型	an..50	不做要求	
实现质量目标的措施	字符型	an..50	多项措施时，以“,”分隔	
实现质量目标的资源	字符型	an..50		
质量目标负责人	字符型	an..10		姓名
措施完成时间	日期型	YYYY-MM-DD	用阿拉伯数字将年月日标全，月日不标虚位	
评价结果的措施	字符型	an..100	不做要求	
变更条件	字符型	an..100	不做要求	
变更评价	字符型	an..100	不做要求	

表 5-6 质量管理体系认证标准数据元清单 - 支持部分

数据元名称	数据类型	数据格式	值域	说明
内部资源	字符型	an..100	不做要求	
内部资源能力	字符型	an..100	不做要求	
内部资源局限	字符型	an..100	不做要求	
外部资源	字符型	an..100	不做要求	
外部资源来源	字符型	an..100	不做要求	
人员是否满足管理体系运行控制要求	布尔型	a2	可取值“是”或“否”	
基础设施	字符型	an..100		如建筑物、设备、运输资源、信息和通信技术
社会环境	字符型	an..100		如非歧视、安定、非对抗
心理环境	字符型	an..100		如减压、预防过度疲劳、稳定情绪
物理环境	字符型	an..100		如温度、湿度、照明、空气流通、噪声
监视测量资源	字符型	an..100		
资源是否适合	布尔型	a2	可取值“是”或“否”	
资源是否得到维护	布尔型	a2	可取值“是”或“否”	
是否要求测量溯源	布尔型	a2	可取值“是”或“否”	
测量溯源设备	字符型	an..50	多个设备时，以“,”分隔	
是否校准检定	布尔型	a2	可取值“是”或“否”	
设备状态	字符型	a10	可取值“正常”“异常”“停用”等	
是否得到保护	布尔型	a2	可取值“是”或“否”	
是否有对不符合预期用途的考虑	布尔型	a2	可取值“是”或“否”	
是否考虑以往结果有效性	布尔型	a2	可取值“是”或“否”	
所需的知识	字符型	a..100		内部来源或外部来源
获取渠道	字符型	a..100		
是否更新	布尔型	a2	可取值“是”或“否”	
工作人员是否知晓质量方针	布尔型	a2	可取值“是”或“否”	

续表

数据元名称	数据类型	数据格式	值域	说明
工作人员是否知晓质量目标	布尔型	a2	可取值“是”或“否”	
工作人员是否知晓对管理体系有效性的贡献	布尔型	a2	可取值“是”或“否”	
工作人员是否知晓不符合质量管理体系的后果	布尔型	a2	可取值“是”或“否”	
沟通内容	字符型	an..50		
沟通时间	日期型	YYYY-MM-DD		
沟通对象	字符型	an..50		
沟通方式	字符型	an..50		
负责人	字符型	an..50		
成文信息	字符型	an..50		文件名称
文件是否被评审和批注	布尔型	a2	可取值“是”或“否”	
文件版本	字符型	an..5		
发放对象	字符型	an..10		
发放时间	日期型	YYYY-MM-DD		
更新时间	日期型	YYYY-MM-DD		
发放方式	字符型	an..20		
保管方式	字符型	an..20	可取值“纸质存档”“电子存档”“保密存档”等	

表 5-7 质量管理体系认证标准数据元清单 - 运行部分

数据元名称	数据类型	数据格式	值域	说明
产品和服务要求	字符型	an..100		如法律法规要求和其他必要要求
建立过程的准则	字符型	an..50		准则文件名称
产品服务接收准则	字符型	an..50		准则文件名称
所需资源	字符型	an..50		确定所需资源的文件名称
是否按准则实施过程控制	布尔型	a2	可取值“是”或“否”	

续表

数据元名称	数据类型	数据格式	值域	说明
过程是否按策划进行	布尔型	a2	可取值“是”或“否”	
产品和服务符合性是否证实	布尔型	a2	可取值“是”或“否”	
策划输出是否适合组织运行	布尔型	a2	可取值“是”或“否”	
顾客沟通内容	字符型	an..50		
产品和服务是否满足声明要求	布尔型	a2	可取值“是”或“否”	
是否对产品和服务要求进行评审	布尔型	a2	可取值“是”或“否”	
评审内容	字符型	an..100		
是否对顾客要求进行确认	布尔型	a2	可取值“是”或“否”	
服务要求更改内容	字符型	an..50		如有
修改的对应文件	字符型	an..50		如有
是否将修改的内容通知人员	布尔型	a2	可取值“是”或“否”	
设计开发策划内容	字符型	an..100		
设计开发输入内容	字符型	an..100		
是否有相互矛盾	布尔型	a2	可取值“是”或“否”	
矛盾是否得到解决	布尔型	a2	可取值“是”或“否”	
设计开发评审内容	字符型	an..100		
设计开发验证内容	字符型	an..100		
设计开发确认内容	字符型	an..100		
确定的问题	字符型	an..100	有多个问题时，用“，”分隔	
对应的措施	字符型	an..100		与问题相匹配
设计开发输出内容	字符型	an..100		
设计开发更改内容	字符型	an..100		如有
是否对更改进行了评审	布尔型	a2	可取值“是”或“否”	如有
评审结果	字符型	a10	可取值“通过”“不通过”等	如有
授权人	字符型	a10		

续表

数据元名称	数据类型	数据格式	值域	说明
为防止不利影响采取的措施	字符型	an..100		
外部供方名称	字符型	an..50	有多个供方时，用“,”分隔	
提供产品服务名称	字符型	an..50	有多个产品时，用“,”分隔	
评价内容	字符型	an..100		
评价周期	字符型	an..10	可取值“六个月”“一年”“一年六个月”等	
监视内容	字符型	an..50		
监视方式	字符型	an..50		
再评价要求	字符型	an..50		
是否与外部供方沟通	布尔型	a2	可取值“是”或“否”	
外部供方沟通内容	字符型	an..100		
生产服务控制条件	字符型	an..100		
输出标识	二进制			图片或文件
外部供方财产	字符型	an..100		材料、零部件、工具、设备、场所、知识产权、个人资料等
保护措施	字符型	an..100		
是否报告丢失损坏情况	布尔型	a2	可取值“是”或“否”	
输出防护措施	字符型	an..100		标识、处置、污染控制、包装、储存、传输或运输及保护
交付后活动	字符型	an..100		维护、回收、最终处置等
生产服务提供更改要求	字符型	an..100		
评审日期	日期型	YYYY-MM-DD		
评审内容	字符型	an..100		
评审结果	字符型	a10	可取值“通过”“不通过”等	
授权更改人	字符型	a10		

续表

数据元名称	数据类型	数据格式	值域	说明
放行要求	字符型	an..100		
授权批准人	字符型	a10		
不合格处置方法	字符型	an..50		
不合格描述	字符型	an..100		
不合格种类	字符型	an..30	可取值“一般”“严重”等	
消除不合格的措施	字符型	an..100		
让步措施	字符型	an..100		
授权人	字符型	a10		

表 5-8　质量管理体系认证标准数据元清单 - 绩效评价部分

数据元名称	数据类型	数据格式	值域	说明
监视测量项目	字符型	an..10	不做要求，但应准确描述具体对象，可以是多个对象	对决定能源绩效的关键特性进行定期监视测量
监视测量方法	字符型	an..20	不做要求	与对象相匹配
监视测量条件	字符型	an..50		
监视测量日期	日期型	YYYY-MM-DD	用阿拉伯数字将年月日标全，月日不标虚位	上一次监视测量时间
监视测量周期	字符型	an..10	可取值“六个月”“一年”“一年六个月”等	
是否对结果进行分析评价	布尔型	a2	可取值“是”或“否”	
顾客满意评价内容	字符型	an..50		
评价方式	字符型	an..20		顾客调查、反馈、顾客座谈、市场占有率分析、顾客赞扬、担保索赔、经销商报告等
内部审核内容	字符型	an..50		
内部审核日期	日期型	YYYY-MM-DD	用阿拉伯数字将年月日标全，月日不标虚位	上一次内审日期

续表

数据元名称	数据类型	数据格式	值域	说明
内部审核周期	字符型	an..10	可取值“六个月”“一年”“一年六个月”等	
审核员	字符型	a..10	有多个姓名，可用“，”分隔	姓名
审核结果	字符型	an..50	不做要求	
纠正和纠正措施是否有效	布尔型	a2	可取值“是”或“否”	
是否向相关管理者报告	布尔型	a2	可取值“是”或“否”	
管理评审输入	字符型	an..100	不做要求	
管理评审输出	字符型	an..100	不做要求	

表 5-9 质量管理体系认证标准数据元清单 - 改进部分

数据元名称	数据类型	数据格式	值域	说明
改进途径	字符型	an..100		
改进方法	字符型	an..100		纠正、纠正措施、持续改进、突破性变革、创新和重组
是否出现不合格和投诉	布尔型	a2	可取值“是”或“否”	
不合格纠正	字符型	an..100		
不合格原因	字符型	an..100		
纠正措施	字符型	an..100		与不合格数量相匹配
纠正措施是否评审有效性	布尔型	a2	可取值“是”或“否”	
是否更新风险和机遇	布尔型	a2	可取值“是”或“否”	
是否变更体系	布尔型	a2	可取值“是”或“否”	
持续改进的需求和机遇	字符型	an..100		

（二）认证审核数据元

根据质量管理体系现场审核需收集的文件、记录、数据分解而成的数据元，建立对应的认证审核数据元清单，见表 5-10。

表 5-10 质量管理体系认证审核数据元清单

数据元名称	数据类型	数据格式	备注
影响因素清单	二进制	文件	
影响因素监视和评审要求	二进制	文件	
监视和评审记录	二进制	记录	
相关方名单	二进制	文件	
相关方的监视和评审要求	二进制	文件	
监视和评审记录	二进制	记录	
营业执照范围	二进制		
确定过程的要求	二进制	文件	
过程的关系图	二进制	二进制	如组织机构、工艺流程
过程的策划要求	二进制	文件	
过程的评价	二进制	记录	
过程的变更	二进制	记录	
过程的改进	二进制	记录	
岗位职责与权限	二进制	文件	
管理体系策划权限	二进制		
变更策划记录	二进制	文件	
岗位人员名单	二进制		
监视和测量资源要求	二进制	文件	
测量溯源校准验证记录	二进制	记录	
不符合预期用途时的操作要求	二进制	文件	
知识清单	二进制	文件	
知识更新记录	二进制	记录	
人员的意识	二进制	访谈记录	
文件管理程序	二进制	文件	
运行策划控制程序	二进制	文件	
对产品和服务要求的评审记录	二进制	记录	
产品和服务的新要求	二进制	记录	
设计开发输入要求	二进制	文件	
设计开发评审、验证、确认要求	二进制	文件	
设计开发输出要求	二进制	文件	
外部供方评价、选择、监视、再评价及处理措施	二进制	记录	

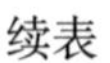

续表

数据元名称	数据类型	数据格式	备注
顾客财产清单	二进制	记录	
与顾客与供方报告财产情况	二进制	记录	
生产服务更改评审	二进制	记录	
验证放行的证据	二进制	记录	
授权放行人员	二进制	记录	
不合格处理记录	二进制	记录	
监视测量要求	二进制	文件	
监视测量记录	二进制	记录	
结果分析评价记录	二进制	记录	
顾客满意度调查要求和方式	二进制	文件	
顾客满意记录	二进制	记录	
内部审核要求	二进制	文件	
内部审核方案	二进制	记录	
内部审核记录	二进制	记录	
管理评审要求	二进制	文件	
管理评审记录	二进制	记录	
不合格和纠正措施	二进制	记录	

（三）认证业务数据元

根据质量管理体系认证申请、受理、方案策划、计划、认证决定、证书等流程所需的数据元，建立认证业务数据元清单，见表 5-11 ～表 5-15。

表 5-11　质量管理体系认证业务数据元清单 - 组织基本信息部分

数据元名称	数据格式	an..100	不做要求	
中文名称	字符型	an..100	不做要求	
英文名称	字符型	an9	GB 11714《全国组织机构代码编制规则》中的组织机构代码编制规则	由全国组织机构代码中心统一颁发的组织机构代码
组织机构代码	字符型	a..20	GB/T 16987《组织机构代码信息数据库（基本库）数据格式》中的枚举值	
组织机构类型	字符型			
注册地址	字符型	a..30		

续表

数据元名称	数据格式	an..100	不做要求	
法人代表	字符型	a..50		
通信地址	字符型	an..18		完整的电话号码包括国际区号、国内长途区号、本地电话号和分机号，用“-”分隔
联系电话 / 传真	数字型	an..50		
电子邮箱	字符型	an..100	不做要求	

表 5-12　质量管理体系认证业务数据元清单 - 受理过程部分

数据元名称	数据格式	数据格式	值域	备注
申请范围	字符型	an..50	不做要求	
组织人数	数字型	n10		
质量管理体系覆盖人数	数字型	n10		
场所数量	字符型	n5		适用于多个场所
场所地址	字符型	an..100		与场所数量匹配
体系运行时间	日期时间型	YYYY-MM-DD	用阿拉伯数字将年月日标全，月日不标虚位	
组织结构	字符型	an..30		
申请文件齐全性	布尔型	a2	可取值“是”或“否”	
认证机构能力是否满足	布尔型	a2	可取值“是”或“否”	
已有证书	字符型	a..50		已有证书的类型
是否其他机构转入	布尔型	a2	可取值“是”或“否”	
原获证时间	日期型	YYYY-MM-DD		现有效证书的颁证时间
原颁证机构	字符型	a..50		
内审、管理评审是否已进行	布尔型	a2	可取值“是”或“否”	
生产特点	字符型	a..200		
外包情况	布尔型	a..200		
风险评估等级	字符型	a..10	可取值“高”“低”或“一级”“二级”	
是否认可	布尔型	a2	可取值“是”或“否”	申请的范围本机构是否通过认可
审核费用	数字型	n10		单位：万元

表 5-13 质量管理体系认证业务数据元清单－策划过程部分

数据元名称	数据格式	数据格式	值域	备注
审核类型	字符型	a..20	可取值“初审”“监督”“再认证”“扩项”“变更”等	
专业类别	数字型 / 字符型	an..30		按认可相关文件中对能源管理体系的分类代码
审核开始时间	日期型	YYYY-MM-DD		
审核结束时间	日期型	YYYY-MM-DD		
审核组长	字符型	an..20		姓名
审核组员	字符型	an..20		姓名
审核人数	数字型	n2		
审核人日	数字型	n3		
是否删减条款	布尔型	a2	可取值“是”或“否”	
删减的条款编号	字符型	an..10		按 GB/T 19001 的条款编号

表 5-14 质量管理体系认证业务数据元清单－认证决定部分

数据元名称	数据格式	数据格式	值域	说明
认证范围是否未发生变化	布尔型	a2	可取值“是”或“否”	
行政许可是否得到保持	布尔型	a2	可取值“是”或“否”	
是否具备业务 / 认可范围	布尔型	a2	可取值“是”或“否”	
删减理由是否持续合理	布尔型	a2	可取值“是”或“否”	
是否持续遵守认证有关的规定	布尔型	a2	可取值“是”或“否”	
是否正确使用认证证书	布尔型	a2	可取值“是”或“否”	
监测结果是否持续满足适用的法 / 规 / 标准要求	布尔型	a2	可取值“是”或“否”	
审核是否符合程序 / 指南要求	布尔型	a2	可取值“是”或“否”	
运作是否符合逻辑规律	布尔型	a2	可取值“是”或“否”	
不符合的提出及处置是否符合要求	布尔型	a2	可取值“是”或“否”	
是否做出了推荐保持认证的结论	布尔型	a2	可取值“是”或“否”	
是否不存在遗留问题	布尔型	a2	可取值“是”或“否”	
遗留问题是否解决	布尔型	a2	可取值“是”或“否”	
是否未接到与组织认证有关的负面信息	布尔型	a2	可取值“是”或“否”	

表 5-15　质量管理体系认证业务数据元清单 - 认证证书部分

数据元名称	数据格式	数据格式	值域	说明
认证证书编号	字符型	an..50		
获证组织名称	字符型	an..50		
获证组织地址	字符型	an..100		
分场所地址	字符型	an..100		
认证类型	字符型	an..20		
认证依据标准	字符型	an..50	取质量管理体系标准编号和名称	
初次发证日期	日期型	YYYY-MM-DD	用阿拉伯数字将年月日标全，月日不标虚位	
本次发证日期	日期型	YYYY-MM-DD	用阿拉伯数字将年月日标全，月日不标虚位	
证书有效期	字符型	YYYY-MM-DD	用阿拉伯数字将年月日标全，月日不标虚位	
认证机构名称	字符型	an..100		
认证机构地址	字符型	an..100		
认证机构联系电话	数字型	an..18		完整的电话号码包括国际区号、国内长途区号、本地电话号和分机号，用“-”分隔
认证机构负责人	字符型			应为电子签章
暂停原因	字符型	an..50		可选择项
暂停开始时间	日期型	YYYY-MM-DD	用阿拉伯数字将年月日标全，月日不标虚位	
暂停截止时间	日期型	YYYY-MM-DD	用阿拉伯数字将年月日标全，月日不标虚位	
撤销原因	字符型	an..50		可选择项
撤销时间	日期型	YYYY-MM-DD	用阿拉伯数字将年月日标全，月日不标虚位	
是否换证	布尔型	a2	可取值“是”或“否”	
换证日期	日期型	YYYY-MM-DD	用阿拉伯数字将年月日标全，月日不标虚位	

续表

数据元名称	数据格式	数据格式	值域	说明
换证原因	字符型	an..50		
原颁证机构批准号	数字型	an..20		按国家认监委批准号格式
原认证证书编号	字符型	an..50		
证书使用的认可号	数字型	an..20		按中国合格评定国家认可委员会认可号格式
认可标识代码	字符型	an..20		按中国合格评定国家认可委员会认可号格式
风险等级	字符型	an..20	可取值“高”“低”“一级”“二级”等	
认证证书附件文件名	字符型	an..50		可选择项

（四）支持性数据元

建立机构信息、人员信息、相关方信息等对应部分的支持性数据元，见表 5-16～表 5-18。

表 5-16　质量管理体系认证支持性数据元清单 - 机构信息部分

数据元名称	数据格式	数据格式	值域	说明
批准号	数字型	an..20		按国家认监委批准号格式
批准范围	字符型	an..50	有多个范围时，以“,”分隔	
认可范围	字符型	an..50	有多个范围时，以“,”分隔	
范围专业类别名称	字符型	an..50		
专业类别代码	数字型	an..20		按国家认监委专业代码要求

表 5-17　质量管理体系认证支持性数据元清单 - 认证人员部分

数据元名称	数据格式	数据格式	值域	说明
人员编号	数字型	an..30	不做要求	
姓名	字符型	an..20		
年龄	数字型	n5		

续表

数据元名称	数据格式	数据格式	值域	说明
电话	数字型	an..11		
注册资格	字符型	a2	可取值“是”或“否”	
注册级别	字符型	a..10	可取值“审核员”“主任审核员”“实习审核员”	
注册起始日期	日期型	YYYY-MM-DD	用阿拉伯数字将年月日标全，月日不标虚位	
注册到期日期	日期型	YYYY-MM-DD	用阿拉伯数字将年月日标全，月日不标虚位	
专业类别	字符型	an..20		按国家认监委能源管理体系专业类别代码
管理资格	字符型	an..20	可取值“申请评审”“资格评定”“认证决定”等	
管理专业类别	字符型	an..20	不做要求	

表 5-18　质量管理体系认证支持性数据元清单 – 相关方部分

数据元名称	数据格式	数据格式	值域	说明
质量监管信息	字符型	an..		包括市场抽查、政策执行情况、监管处置等信息
市场评价信息	字符型	an..		包括客户反馈、相关方评价、行业曝光等
产业链上下游评价信息	字符型	an..		来自供方和需方的评价
消费者反馈信息	字符型	an..		来自消费者的评价

第三节　“互联网 + 认证”确定技术与应用

一、“互联网 + 认证”流程总体构想

按照数据收集 – 数据分析 – 数据判定的核心思路，设计互联网认证实施流程如图 5-1 所示。

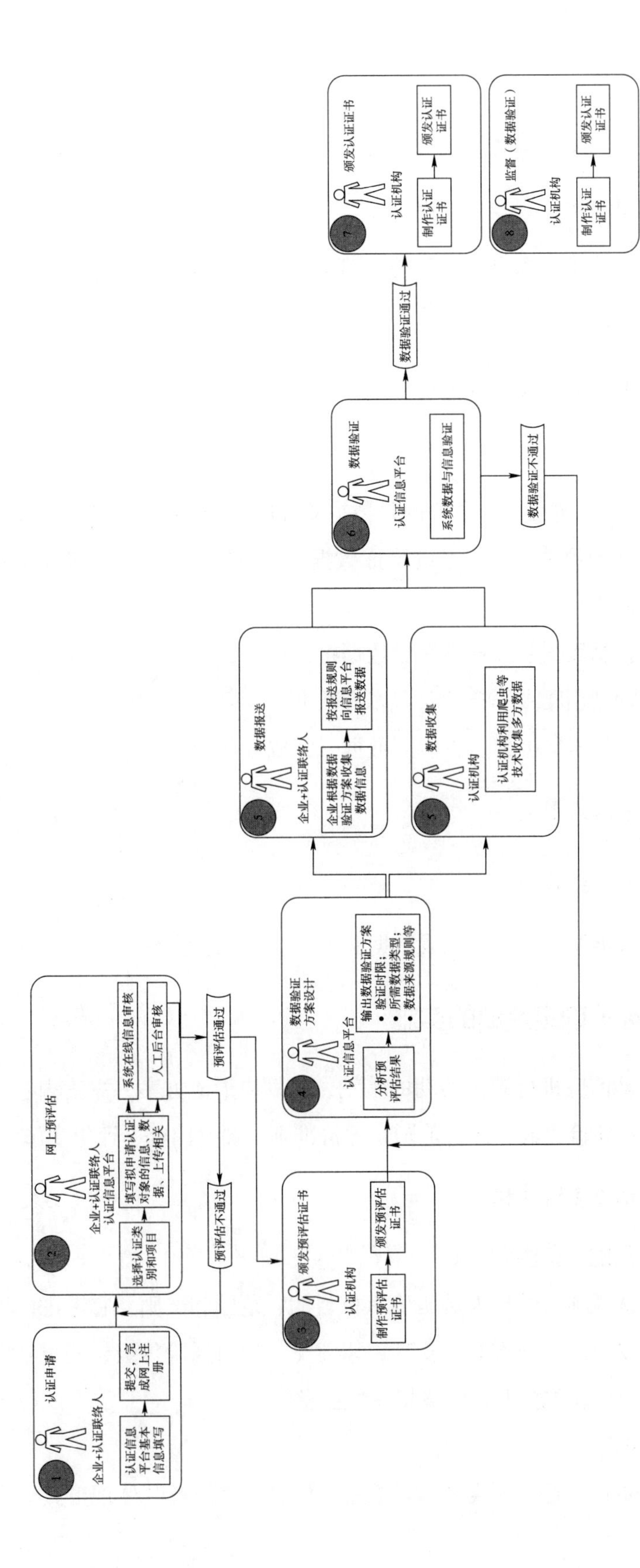

图5-1 “互联网＋认证”流程总体思路

（一）注册申请

企业在网上填写基本信息，完成注册。

（二）网上预评估

企业根据认证需求，在自评价系统中填报相关信息与数据，完成认证预评估。

（三）颁发预评估证书

符合预评估要求的，颁发预评估证书。

（四）数据验证

“互联网 + 认证”过程中最重要的是数据验证的过程，主要包括以下方面：

（1）根据企业预评估结果，系统形成数据验证方案，具体报告验证时间、需要的数据、数据来源规则等；

（2）由企业根据数据验证规则完成数据报送；

（3）认证机构利用爬虫等技术获取多方数据；

（4）综合企业报送数据和多方协同数据，完成数据验证。

（五）颁发认证证书

（六）监督（数据验证）

根据获证后数据验证规则，完成数据验证，确认证书状态。

二、互联网 + 确定活动的实施

实施认证活动前应进行评价活动的策划，策划应形成方案，方案内容一般情况下包括但不限于：评价目的、评价范围、评价准则、评价内容、评价实施安排等。

（一）评价活动策划过程

1. 明确评价目的、范围和准则

具备资质的认证项目管理人员明确审核目的、范围和准则，宜考虑的因素包括但不限于：规定要求、认证方案、受理评审意见、项目风险等级、通过互联网等其他渠道可获取的与认证委托人和申请相关的信息。

2. 确定评价内容

评价内容主要包括评价所需获取的数据 / 信息、来源及其体现形式。评价所需获取的数据/信息宜综合以下因素确定：规定要求、在线预评估结果、认证委托人所申请业务的规模、认证委托人生产和管理数据/信息化管理水平。

3. 数据/信息来源

包括但不限于：企业提供数据、政府监管数据、行业数据、第三方平台数据、企业用户提供的数据、消费者数据等。

4. 数据/信息的体现形式

包括但不限于：文件、生产记录、数据清单。

5. 评价实施

应依据选取阶段所确定的评价方法，提出具体的评价实施要求，包括但不限于：检测要求、检查要求、审核要求、设计评估要求、服务或过程评价等。

（二）评价方案

评价方案宜包括但不限于以下内容：评价时间、评价频次、评价人日、评价流程、评价人员组成。

（三）评价实施

评价实施的核心环节是数据/信息收集、数据/信息分析和数据/信息判定。

数据/信息收集方式，包括但不限于：记录/文件查阅、人员访谈、现场观察、产品测试/检测、会议等。

1. 记录/文件查阅

远程审核的查阅方式包括但不限于：非在线方式，如文件传送给审核员查阅；在线方式，如共享屏幕、视频查看等，未经受审核方许可，审核员不得拷屏、拍照。

2. 人员访谈

访谈宜以适于当时情境、审核组及被访谈者的信息化程度进行，审核员宜在远程访谈开始时确认远程被访谈者的身份，向其说明访谈主要事项并告知访谈是获取审核证据的方法之一。

3. 现场观察

观察适用于受审核方的运行现场，宜采用实时视频的方式进行，观察时宜考虑：证明实况画面的真实性；通过时间特征、人员特征等必要信息，确保画面的实时性；现场工作环境，如光线、噪声等，宜满足审核证据收集的要求。

4. 产品测试 / 检测

当抽样样本的测试、抽样检测过程应用远程审核方法时，宜在实施远程审核前编制远程抽样 / 测试方案，确定测试 / 抽样检测方法，并与受审核方协商一致。

当抽样 / 测试方案确定需见证受审核方的测试 / 抽样检测活动时，审核组的见证人员宜采用全程录制视频方式实施见证，并宜至少有：

（1）全景视频，对场地、检测人员、设备等的情况予以记录；

（2）近景视频，对样品铭牌 / 包装标识、关键结构件、检测设备的校准标识、检测 / 校正数值等予以记录；

（3）见证人员和检测人员同时确认检测结果的视频记录。

当抽样 / 测试方案确定需将抽样样本送检测机构实施测试 / 抽样检测时，审核组的见证人员宜采用全程录制视频方式指导受审核方的取样人员进行现场取样和封样，并宜至少有：

（1）样本全景视频，对抽样总数予以记录；

（2）抽样、取样过程视频，对符合抽样规则或要求的情况予以记录；

（3）封样过程视频，对样品现场粘贴封条，取样人签字、盖章等予以记录；

（4）封样后的样品照片。

当抽样 / 测试方案确定需对受审核 / 检查方的系统直接测试时（例如，评审系统的设置、配置或功能），审核组人员宜按测试方案进行远程测试，并宜至少：

（1）与受审核方商定陪同人员见证测试过程的方式；

（2）留存受审核方确认测试结果的证据。

5. 会议

远程审核会议宜采用视频会议的方式进行。会议主要包括审核组内部沟通会议、审核首次会议、末次会议前与受审核方的沟通会议和审核末次会议等。

针对首次会议宜至少包括但不限于以下涉及远程审核的特定内容：

（1）介绍远程审核取证的方式方法和特殊要求；

（2）远程审核的风险及远程审核结论的可能性；

（3）审核组对相关信息安全控制措施的说明及保密承诺；

（4）企业遵守相关要求，如受审核人员实时在线要求、远程在线巡视要求、诚信提供有关审核证据的承诺要求等。

针对末次会议宜至少包括但不限于以下涉及远程审核的特定内容：

（1）说明远程审核抽样的方法和可能存在的风险；

（2）是否达到远程审核的目的，如未达到目的宜说明后续可能进行的活动（如补充现场审核等）；

（3）说明远程审核结论性意见以及远程审核不确定性的风险；

（4）后续可能发生的确认活动。

采用远程审核时，审核组需保留参会人员通过视频或音频设备参加会议的图片。使用远程会议截屏的方式对首、末次会议情况进行记录时，截屏宜体现首末次会议的时间和参会人员。

（四）数据/信息分析

宜采取线上与线下结合的方式实施。数据分析的方法包括但不限于：原始数据间交叉核验、原始数据处理后交叉核验、原始数据与标准数据比对、原始数据处理后与标准数据比对。

（五）数据/信息判定

数据判定宜采取线上与线下结合的方式实施。需比对的认证要求包括但不限于：

（1）认证实施规则中规定的认证基本要求，包括认证委托人基本信息、资质、认证对象应符合的法律法规、市场准入要求等；

（2）认证依据标准中规定的每项技术要求，包括所有定性要求和定量要求；

（3）认证确定环节的其他要求，包括体系审核要求、产品工厂检查要求、服务审查要求、设计评价要求等。

第六章 “互联网+认证”复核与证明技术

第一节 “互联网+认证”复核技术

一、“互联网+认证”复核技术概述

认证活动的主要环节分别为评价指标的选取、样本选取、评价（确定）、复核与证明、监督。其中，复核（有时复核也称为审查）是指针对认证对象满足规定要求的情况，对选取和评价（确定）活动及其结果的适宜性、充分性和有效性进行的验证。复核是认证过程中必不可少的环节，它是保障认证证明真实有效的重要前提。

传统的认证中，复核活动的形式比较单一，分为非现场审核和现场审核，非现场审核的实施是现场审核进行的前提，现场审核是认证复核活动的关键环节。非现场审核就是依据相关技术标准，对申请认证组织或个人所提供的材料是否满足要求进行判定。现场审核就是审核组按照《审核计划》，对认证对象开展现场审核工作，判断认证对象是否符合相关技术标准。这种认证复核方式基本上都是人工审核，需要大量的人力投入，而且耗时长，综合来说成本高但效率低。近年来，在国务院推进质量认证体系建设工作的背景下，认证的工作要求提高，工作量也相应增加，但传统的认证方式无法适应愈来愈多的认证工作，传统的认证方式亟须得到优化。

技术的革新与利用，推动了认证行业的发展，互联网为认证认可的实施提供了高效、便利的平台。“互联网+认证”复核的意义在于将传统的认证复核方式信息化、网络化、智能化，比起传统的认证复核方式，信息化和网络化的“互联网+认证”复核方式交互性强，可以实现信息互通，通过科学算法可以高效地处理认证复核信息，并且还使用大数据分析对以往的复核信息加以有效利用，实现智能化，真正提高认证复核效率。

2015年，国务院印发《国务院关于积极推进“互联网+”行动的指导意见》，“互联网+认证”开始兴起。“互联网+认证”技术的探索历史并不长，到目前为止还未形成完整的“互联网+认证”体系。本文基于现有的互联网关键技术，提出

多方协同评价技术、网络爬虫技术、聚类分析技术、权重分配与加权综合技术4种“互联网＋认证”复核技术。

二、多方协同评价系统

（一）多方协同评价系统的提出背景

2019年6月，市场监管总局、国家认监委联合发布《关于改革调整强制性产品认证目录及实施方式的公告》，规定音视频设备、信息技术设备、低压电器、小功率电动机、电焊机、家用和类似用途设备、机动车辆及安全附件等领域20种质量稳定、安全风险较低的产品，允许企业运用自我声明评价方式替代第三方认证。企业直接提供证实性材料，并在产品说明书、产品包装等信息中如实公开规范的符合情况，向社会做出承诺，以证明自己符合标准。证明的内容不仅包括产品本身是否符合规范标准，还包括产品开发、制造过程以及企业本身、生产环境是否达标等。企业自我声明评价方式通过加强事中事后监管、加大对违法违规行为的处罚力度，对企业承担质量风险责任提出了更高要求，有利于强化企业的市场主体责任意识；通过简化认证流程，有效降低企业制度性交易成本，节省了认证时间，有助于企业产品研发、生产、上市的提速增效，激发企业自主创新，加快产品提质升级；同时，企业自我声明方式有助于消费者获得企业及产品信息，使消费者更便捷地对产品进行监督。

2019年10月1日，强制性产品认证自我声明符合性信息报送系统正式上线运行。自此，对特定产品申请强制性认证（CCC认证）的企业，可以自愿采用自我声明方式证明其产品持续符合强制性认证相关要求，并通过该系统完成产品符合性信息报送后加施CCC标志。自我声明符合性信息报送系统是大数据监管的信息化基础，将该系统与国家企业信用信息公示系统对接，实现“一处失信，处处受限”，有助于推动企业质量诚信体系建设，提升市场监管效率，营造公平市场环境。

从企业自我声明的提出，到自我声明符合性信息报送系统的出现，认证方式越来越灵活，认证主体也从认证机构增加到企业本身。但这似乎忽视了消费者的认证参与，无论是产品、服务，还是管理体系，最终的体验者是消费者，他们的评价信息也应当可以作为认证的内容之一，这有利于促进企业对自身产品、服务、管理体系的创新升级，推动质量提升。多方协同评价技术融合了云存储、权限分配等技术，保证了评价的收集，确定了认证主体的权限，自动识别与处理恶意评价或刷评等不客观评价。

（二）多方协同评价系统的意义

多方协同评价技术的核心观点在于将监管部门、企业、认证机构、消费者作为认证主体，结合了认证信息共享、企业自我声明、现场审核发现、用户体验等信息，融合了云存储、权限分配等技术。多方协同评价技术，用多种技术相互支撑而打造出用于收集与处理多方认证主体评价的平台，其实质是多种技术的集合。认证复核是针对认证对象满足规定要求的情况，对选取和评价（确定）活动及其结果的适宜性、充分性和有效性进行的验证。从测量学角度来看，要验证选取和评价（确定）活动及其结果的有效性，可以通过再次收集与分析选取和评价（确定）内容，与之前的选取和评价（确定）比较误差是否可接受，从而确定其内容有效性。多方协同评价技术通过再次收集认证主体的评价并使用相应算法进行处理，从而快速得出认证复核结果。多方协调评价技术具有高效、经济的特点，因此对于认证复核活动很实用，应当给予推广。

（三）多方协同评价系统的开发原则

1. 安全性

多方协同评价系统的开发，需要遵守的首要原则即为安全性。安全性的落实，应从两方面进行。其一，保障输入评价信息的安全，通过身份认证保障用户信息的真实性，以规避恶意用户的侵入而输入虚假评价、非法利用系统信息等有害行为，通过 IP 地址识别、使用验证码等来防止恶意破解密码、刷评，保障系统中收集的各类信息的真实性，以避免该系统形成的认证复核结果造成对认证对象所属企业的恶意有害后果；其二，系统本身的安全，通过打造和升级网络防火墙将局域网和互联网分开，过滤掉不安全的服务而降低风险，通过加强系统安全与运营维护来规避网站因安全防护等级不足，造成网站病毒的侵入和个人信息泄漏等不良现象。

2. 保密性

多方协同评价系统的主要功能为收集认证评价、按照规定公布部分认证复核信息、处理认证评价信息等。其中各类操作对应单一或多个用户，在此过程中为合理引导用户进行网络身份认证，必要的开发原则即为保密性原则。保密性一方面应从用户发布认证评价信息中的个人身份安全保障落实；另一方面则应从数据安全方面落实，避免数据携带的有害信息泄露用户隐私，通过合理设定防护系统，确保数据应用的安全性，并且保障网站系统在运行中逻辑的合理性。

3. 便捷性

基于我国推进质量认证体系建设的背景下，认证的工作量会越来越大，因此亟须高效的认证方式，多方协同评价系统最主要的特性在于其便捷高效的特性，集收集与处理认证评价信息于一体，综合各种技术，快速得出认证复核的结果。便捷性主要从两方面落实，一方面，快速多样完成身份认证，可通过简化认证程序和创新认证方式减少认证时间，例如，采用以虹膜识别技术为基础的人脸识别技术，可从匹配移动端、PC 端的接口兼容性方面增加身份认证渠道，打破身份认证渠道局限，使用户的身份认证更加便捷；另一方面，智能处理认证评价信息，通过大数据分析技术对已有的认证评价信息和认证复核结果进行分类和数学建模，针对不同认证对象，推出各认证评价的最优综合计算公式，并在计算程序的运行下自动计算出认证结果。

4. 可扩展性

任何程序的开发原则上要求具有可扩展性，因为程序和系统会因需求的变化或技术的更新而不断成长，需要不断增加新功能或修改完善现有的功能，因此，多方协同评价系统的开发应具备可扩展性。开放系统时，在构建代码框架的阶段应考虑到代码框架之间的可插入性，在编写代码时应考虑代码内容的标识可识别性，以应对未来系统需要修改的可能。

多方协同评价系统未来可以扩展 PC 端和移动端的远程复核服务。通过远程审核服务子系统，认证机构可以处理以下认证复核事务：受理企业认证申请，对企业资质合规性及有效性进行在线验证，给出受理意见；通过平台进行审核委派、编制审核计划、出具审核报告和数据报告；利用音视频流媒体、视频直播等技术开展远程审核；通过 App 进行现场智能化验证；通过平台实现认证过程追溯及证书真伪查询等功能。

5. 权限管理严谨性

多方协同评价系统是国家质量技术基础的“互联网 +”系统之一，提供了国家质量管理的部分功能，其管理对象应由具有权威性、公益性的政府部门或经过授权的机构担任，主要为质量监管部门。多方协同评价系统的使用对象为质量监管机构、企业、认证机构、消费者，其中，企业、认证机构、消费者为普通用户，不可编辑或更改网站内容，质量监管部门为管理用户，可对相应信息进行更改、下载、删除等操作。政府部门或授权单位具有权限管理权利，但应对其进行相关权限管理的限制，如对政府人员根据行政级别、技术级别开放和设定相关操作权限，规避因权限设定混乱出现的信息管理责任不清的问题。

6. 数据管理同步性

用户使用多方协同评价系统的渠道已不再局限于PC端，移动端的运行量和访问量在快速增加，更多的用户出于习惯和为了方便会使用移动端来操作多方协同评价系统，因此，在完善PC端、移动端接口兼容性的同时，要实现PC端和移动端的数据同步，可减少了普通用户在应用中的操作步骤，并且减少了因不同终端多次认证，造成的数据重合、不良冗余增多等现象，降低了服务器的运行压力，合理控制了电子政务网络的运行质量。

三、多方协同评价系统的关键技术

多方协同评价系统是一个在互联网开放的综合了储存信息、收集信息、处理信息的集合系统。其应用了多种技术，技术之中镶嵌了几种技术，彼此之间相互支撑，构成一个功能完整的多方协同信息系统。系统应用的有云存储、权限分配、网络爬虫、聚类分析、权重分配与加权综合5个关键技术，其中，云存储技术构建了信息储存子系统，权限分配技术和网络爬虫技术构建了信息收集子系统，聚类分类技术、权重分配与加权综合技术构建了信息处理子系统。

（一）云存储技术

云存储是在云计算概念上延伸和衍生发展出来的一个新的概念。云计算是分布式处理、并行处理和网格计算的发展，透过网络将庞大的计算处理程序自动分拆成无数个较小的子程序，再交由多部服务器所组成的庞大系统经计算分析之后将处理结果回传给用户。通过云计算技术，网络服务提供者可以在数秒之内，处理数以千万计甚至亿计的信息。云存储的概念与云计算类似，它是指通过集群应用、网格技术或分布式文件系统等功能，网络中大量各种不同类型的存储设备通过应用软件集合起来协同工作，共同对外提供数据存储和业务访问功能的一个系统，保证数据的安全性，并节约存储空间。使用者可以在任何时间、任何地方，透过任何可连网的装置连接到云上方便地存取数据。云存储是一种网上在线存储的模式，即把数据存放在通常由第三方托管的多台虚拟服务器，而非专属的服务器上。云状存储系统中的所有设备对使用者来讲都是完全透明的，任何地方的任何一个经过授权的使用者都可以通过网络与云存储连接，对云存储进行数据访问。CDN内容分发系统、数据加密技术保证云存储中的数据不会被未授权的用户所访问，同时，通过各种数据备份、容灾技术和措施可以保证云存储中的数据不会丢失，保证云存储自身的安全和稳定。

云存储的作用在于给各认证主体输入和储存认证评价的平台，当监管部门、企业、认证机构、消费者提交认证评价的时候，云存储会直接自动上传数据并储存，在运营能力有限的情况下，多方协同评价技术的云存储功能可以从云托管公司购买，现在的云存储技术比较成熟，云托管公司的服务比较齐全和完善，购买云存储服务的成本比起直接开发云存储功能更加节省运营成本。

根据认证复核的要求，云存储系统的设计应考虑储存信息的属性，包括其文件类型和大小，以使得系统能兼容提交的复核信息，云储存系统应能储存以下数据信息：

（1）监管机构提供认证对象所在企业信用的相关信息，如行政认可，即认证范围是否在营业范围之内，是否取得安全生产许可证等相应的行政许可证书；行政处罚，即是否曾受行政处罚；失信惩戒，即是否曾受失信惩戒；风险提示，即企业是否存在生产、财务、经营等重要风险；

（2）企业提供的具有第三方证明效力的企业自我声明，有权限提供该信息的企业仅局限于企业的认证对象为音视频设备、信息技术设备、低压电器、小功率电动机、电焊机、家用和类似用途设备、机动车辆及安全附件等领域20种质量稳定、安全风险较低的产品；

（3）第三方认证机构对认证对象进行审核之后形成的现场审核发现报告，以及企业在非现场审核环节所提交的材料；

（4）消费者提供的关于认证对象的评价信息，包括用户对产品或服务的使用体验、产品状况的完好程度、服务状况的真实程度等。

（二）权限分配技术

权限分配技术用于对多方协同评价系统中用户的管理，即对监管机构、企业、认证机构、消费者的权限进行相应的限制，保证其各司其职，便于系统对信息进行分类，便于系统对于信息的快速处理。由于用户是有区别的，不同用户提供的信息差异较大，呈现不同的特点，如监管机构掌握企业的运营信息，可用于评价企业的质量管理体系，而消费者掌握产品、服务体验信息，可作为产品、服务的认证评价信息。

权限分配功能工作时涉及的步骤主要有以下几步：第一步是对操作主体（用户

和管理员）进行身份认证，通过身份证件或机构证件验证用户身份的合法性；第二步是操作主体（用户和管理员）的分组管理，对通过身份验证的用户进行自动身份识别，并进行分组管理；第三步是进行受控权限的验证，判断操作主体（用户和管理员）是否具有对某资源进行某操作的权限，如判断监管机构是否具有提交企业信用信息的权限；第四步是对数据权限的验证，获取操作主体（用户和管理员）权限范围内的数据的功能，如判断消费者是否可以下载企业自我声明；第五步是对权限操作时间范围验证，验证权限是否需要进行时间控制，如果需要时间控制，判断当前时间是否在时间范围内，权限是否可用，如在规定消费者提交评价信息只有两次并且提交评价的间隔时间在 1 个月以上的情况下，判断消费者提交的评价信息是否符合时间限制。

权限分配技术的核心是对操作主体的身份认证，这也是权限分配的第一步，它是后面所有权限分配步骤的前提。身份认证技术可以采用短信验证码技术和身份认证技术。

1. 短信验证码技术

服务器通过预设规则生成随机验证码，通过 web service 方式将手机号、验证码发送至短信平台。短信平台验证身份后，将验证码信息整合到信息模板中推送给指定手机号。用户提交验证码，服务器对提交的验证码和服务器存储的验证码做对比，如果两者对比无误则验证成功。传统的验证方式如网站自带的数字验证、滑块验证等，不能像短信验证码这样可以很好地防止有人利用机器人或是自动程序进行自动批量的注册，所以使用短信验证码技术更好地避免脏数据的产生，保证一个手机号对应一个注册用户，充分加强系统信息的真实性、安全性，提升用户的体验感，对系统的推广有很大的帮助。

2. 用户身份认证技术

传统的身份识别技术是口令方式，是应用最广的一种身份识别方式，一般是长度为 5 ～ 8 的字符串，由数字、字母、特殊字符、控制字符等组成。但是随着各类软件系统的不断集成，在开放系统间采用复制口令共享身份识别的方式就不太合适了，因为第三方服务可能为了后续的服务会保存用户的密码，这样对用户很不安全。OAuth2 是一个开放授权标准，它允许用户让第三方应用访问该用户在某服务的特定私有资源，但是不提供账号密码信息给第三方应用。OAuth2 能将认证和授权解耦，它是事实上的标准安全框架。其主要优势是，客户端不接触用户密码，服务端更易集中保护；客户端可以具有不同的信任级别等。

（三）网络爬虫技术

1. 网络爬虫技术概述

传统的认证复核通过对现场审核发现进行复核，但该认证复核形式比较单一，丰富认证方式，利用多方的客观评价信息参与认证复核，可提高认证复核的可信度。多方协同评价系统使用客户端和服务器获取认证评价信息，用户在客户端在通过身份认证之后可实时输入认证评价信息，服务器在相应程序指令的操作下自动检索并收集相应网站或者 API 接口的信息，其中，服务器使用的程序为网络爬虫技术。客户端与服务器收集信息的区别在于客户端收集到的是现有信息，而服务器收集到的是已有信息。

网络爬虫技术的实质是一种程序或者脚本，能够按照一定的规则对万维网信息进行自动的抓取。网络爬虫被广泛地应用在互联网搜索引擎或是相关类似的网站，如微博、百度贴吧等网站，对这些网站的内容和检索方式进行获取更新。对于能够访问到的页面内容，网络爬虫技术能够自动收集获取，然后提供给搜索引擎进行进一步的处理，进而方便用户对所需要的信息进行更快的检索。

网络爬虫作为一种自动获取网页的程序，主要分为数据采集、处理以及储存。爬虫对于网页内容的下载一般从一个或多个初始 URL 开始，然后通过匹配或是搜索等对网页中感兴趣的内容进行获取，并在当前页面进行新 URL 的提取，将其按照一定的顺序放入待抓取的 URL 队列中，循环执行整个过程，直到满足条件后对抓取的数据进行整理、存储，通过文本或是体表的方式将相应数据显示出来。待抓取 URL 队列在网络爬虫系统中是很重要的一部分，而其中，URL 的排列顺序也是一个十分重要的问题，这涉及页面抓取的顺序，而对 URL 的排列顺序进行决定的方法则为抓取策略。一般可以分为深度优先、最佳优先以及广度优先。

（1）深度优先

深度优先的思想是从根节点出发，对叶子结点进行寻找。在一个网页中，对一个超链接进行选择，对网页进行深度优先搜索，在搜索其余的超链结果之前，必须先完整地搜索单独的一条链，直至没有其他的超链接则结束搜索。

（2）最佳优先

通过对 URL 描述文本与目标网页相似度或是主题相关性的计算从而进行抓取。

（3）广度优先

广度优先的思想是从根节点出发，对当前层次的搜索进行遍历，之后才进行下一层次的搜索。

2. 网络爬虫技术的设计

（1）网络爬虫技术数据获取流程

互联网用户主要通过两种方式来获取网络中的相关数据信息，一种是对浏览页输入相应请求，并下载网页代码，通过技术解析后形成所需信息界面；另一种是发送请求至模拟浏览器，请求的相关数据被提取和存放到数据库中。鉴于此，网络爬虫技术针对多方协同评价系统认证评价数据获取的设计流程为：

第一步，筛选的网页 URL 经过选取后放入待抓取的队列当中，之后在队列中抓取 URL，并下载相应的网页，相关的搜索请求通过 http 发向目标站点，被发送出去的请求事物由两部分内容组成：请求头和请求体；

第二步，若服务器对发出的请求产生及时的响应，就会产生一个答复，这个答复主要由视频、html 以及图片等组成；

第三步，通过使用数据解析模块来完成 html 的数据解析，主要包含 json 数据以及二进制数据的内容解析；

第四步，分析并整理网页中的数据信息，利用正则表达来提取用户感兴趣的数据信息，并将数据传输给数据清洗模块，清洗后调用存储模块，数据库会自动存储相关的数据信息；

第五步，遵照用户输入搜索引擎中的需求，筛选出数据库中的爬虫结果，并对其进行读取，以文字、图表、图片的形式向用户展示。

（2）网络爬虫技术图片获取应用

首先，准备工作。网络爬虫技术在从网络中获取图片的应用过程中需做好以下准备工作：为了便于检查字符串，爬虫技术需对 re 库进行导入，检查与模式是否匹配，因为 re 库中包含 Python 语言的正则表达式，所以爬虫技术对 re 库的导入能够实现获取用户所需数据信息的根本目的。

其次，抓取图片。当网络爬虫程序对互联网中的图片进行抓取时，需要充分了解网页的编码方式，在随后的源程序中，参照编码方式对数据的格式进行字符串匹配，并将成功匹配后的网址以字符串的形式存储在字典当中。

最后，图片存储。当网络爬虫程序对互联网中的图片进行抓取之后，利用相关的函数打开特定的文件，文件如果不存在，则需新建文件，并将抓取的图片写入到文件当中，文件的位置定义可设置成为可变模式，图片的写入可以通过 response、content 的方式，这种情况主要是考虑到存入图片数量较多的情况。

3. 基于 python 语言下的网络爬虫技术优点与问题

（1）基于 python 语言下的网络爬虫技术的优点

在多方协同评价系统开发中，网络爬虫技术可以使用 Python 编写。Python 对于网络爬虫的编写具有简单易学、语言简单的优点，它不需要笨重的 IDE，只需要一个文本编辑器就能够对大部分中小型应用进行开发，而且功能强大的爬虫框架 ScraPy 能够在数据挖掘、存储历史数据以及信息处理方面体现出重要的作用。除此之外，它还具有强大的网络支持库和 html 解析器，在网络支持库 requests 的作用下仅仅需要编写较少的代码便能够进行网页的下载，而网页解析库的应用能够对网页的各个标签进行解析，再对正则表达式进行结合，从而对网页中的内容进行方便快捷地抓取。

（2）基于 python 语言下的网络爬虫技术的问题

基于 Python 语言下的网络爬虫技术在应用设计过程中应当注意正则表达式、模拟浏览器以及伪装请求等 3 个关键问题：

第一，Python 语言下的网络爬虫技术需借助 re 库来使用正则表达式，字符串在进行搜索匹配的过程中可依托列表类型，进而实现正则表达式匹配结果的分割；

第二，模拟浏览器客户端的图形渲染要求会导致执行效率低下，往往利用无 GUI 界面浏览器来解决这一问题，Python 语言下的网络爬虫技术在应用设计过程中可以有效利用 GUI 浏览器；

第三，在网络中，许多网站不会对浏览器以外的请求进行回应，因此，Python 语言下的网络爬虫技术在应用设计过程中要对发送的请求进行伪装，以自定义的方法在爬虫代码中加入所需内容即可。

4. 需通过网络爬取的信息

（1）企业信用信息

企业信用是企业合法经营的重要证明，是认证风险控制的重要评价指标，通过网络爬虫技术获取的信息中应重点筛选出以下信息：第一，行政许可，如认证范围是否在营业范围之内，是否取得相应的行政许可证书，如安全生产许可证等；第二，行政处罚，即是否曾受行政处罚；失信惩戒，即是否曾受失信惩戒；风险提示，即企业是否存在生产、财务、经营等重要风险。

（2）产品风险信息

产品风险信息可反映产品的质量情况，风险越多，产品质量越差，从网络收集产品的风险信息，线上使用基于大数据分析的智能算法对产品的风险进行评估，线下利用专家判断法评估产品风险，线上线下相结合，按经过严谨验证后的相应比例，核算出产品的风险指数，再根据产品的风险指数判断产品的风险级别，产品的风险等级是结合产品项目危害程度和危害发生概率而设立的。通过网络爬虫技术获取的信息包括产品项目危害程度和危害发生概率。

（3）消费者评价信息

消费者的评价信息可反映产品或服务的质量情况，消费者评价信息遍布互联网的各个角落，无论是电商平台，还是网络论坛，都有消费者评价的影子，因此通过网络爬虫获取的消费者评价信息量较多，需要注意的是消费者的评价信息带有一定的主观性，所以收集到的信息需要一定的筛选。通过网络爬虫技术获取的消费评价信息主要有：电商平台中消费者的优、中、差评价，网络点评论坛中评价信息等。

（4）社会关注和影响信息

社会关注和影响信息可以反映管理体系的情况，因此也可作为互联网环境下认证复核的信息之一。通过网络爬虫技术获取的社会关注和影响信息主要有社会舆情信息、行业口碑、重大事件影响。

（四）聚类分析技术

聚类分析是根据在数据中发现的描述对象及其关系的信息，将数据对象分组，使得组内的对象相互之间是相似的（相关的），而不同组中的对象是不同的（不相关的）。组内相似性越大，组间差距越大，说明聚类效果越好。

在多方协同评价系统中，聚类分析属于处理信息的开端环节，它将网络爬虫收集的已有信息进行分类。由于系统收集的已有信息是按照不同评价对象分类，分为监管机构、企业、认证机构、消费者，所以在通过网络爬虫技术获取的信息使用聚类分析时，分类的维度也是评价对象，保持与系统收集到的评价信息分类维度相当，便于后面的权重分配和权重综合计算。较常见的聚类分析算法的种类有以下4种。

1. K- 均值聚类（K-means）

K- 均值聚类也称为 K-means，K-means 算法是输入聚类个数 K，以及包含 n 个数据对象的数据库，输出满足方差最小标准的 K 个聚类。K-means 算法接受输入量 K；然后将 n 个数据对象划分为 K 个聚类以便使得所获得的聚类满足：同一聚类中的对象相似度较高，而不同聚类中的对象相似度较小。聚类相似度是利用各聚类中对象的均值所获得一个质心来进行计算的。其包含的步骤如下：

（1）选择 K 个初始质心，初始质心随机选择即可，每一个质心为一个类；

（2）把每个观测指派到离它最近的质心，与质心形成新的类；

（3）重新计算每个类的质心，所谓质心就是一个类中的所有观测的平均向量（这里称为向量，是因为每一个观测都包含很多变量，所以我们把一个观测视为一个多维向量，维数由变量数决定）；

（4）重复（2）和（3）；

（5）直到质心不再发生变化时或者到达最大迭代次数时。

2. 层次聚类

层次聚类的核心思想是，把每一个单个的观测都视为一个类，而后计算各类之间的距离，选取最相近的两个类，将它们合并为一个类。新的这些类再继续计算距离，合并到最近的两个类。如此往复，最后就只有一个类。然后用树状图记录这个过程，这个树状图就包含了我们所需要的信息。具体的步骤为：

（1）计算类与类之间的距离，用邻近度矩阵记录；

（2）将最近的两个类合并为一个新的类；

（3）根据新的类，更新邻近度矩阵；

（4）重复（2）和（3）；

（5）到只剩下一个类的时候停止。

3. 根据密度的聚类

根据密度的聚类核心思想是，在数据空间中找到分散开的密集区域，简单来说就是画圈，其中要定义两个参数，一个是圈的最大半径，一个是一个圈里面最少应该容纳多少个点。具体步骤如下：

（1）从数据集中随机选择核心点；

（2）以一个核心点为圆心，做半径为 V 的圆，选择圆内圈入点的个数满足密度阈值的核心点，因此称这些点为核心对象，且将圈内的点形成一个簇，其中核心点直接密度可达周围的其他实心原点；

（3）合并这些相互重合的簇。

4. 根据网格的聚类

根据网络的聚类原理是将数据空间划分为网格单元，将数据对象映射到网格单元中，并计算每个单元的密度。根据预设阈值来判断每个网格单元是不是高密度单元，由邻近的稠密单元组成“类”。具体步骤为：将数据空间划分为网格单元；依照设置的阈值，判定网格单元是否稠密；合并相邻稠密的网格单元为一类。

（五）权重分配与加权综合技术

对认证复核的数据进行分类之后，需要将不同类的认证复核的数据进行整合，整合的过程不是简单求均值过程，而是需要按照一定的权重分配进行加权综合计算，得到综合的认证复核数据。其中，权重分配也是需要通过严谨的推算与验证之后得出的。通过构建分配权重的数学模型，反复进行验证与修改，得出最终的权重分配模型。由于认证对象具有产品、服务、管理体系 3 大类别，每一类别中的个体又有差异，所以模型需要针对特定的认证对象而建构，不能统一建构。

在权重分配计算中，常见的计算方法包括：专家经验法、熵值法、主成分分析、因子分析、AHP 层次分析法、模糊综合评价法、多指标评分加权综合法等。其中，专家经验法是比较传统的权重分配方法，只能采用线下的形式进行，其他的 6 种方法可以在输入数据的情况下使用计算机编程程序自动完成计算。

1. 专家经验法

专家经验法是出现较早且应用较广的一种评价方法，这种方法是聘请有关专家，对评价指标体系进行深入研究，由每位专家先独立地对评价指标设置权重，然后对每个评价指标的权重取平均值，作为最终权重。专家经验法是在定量和定性分析的基础上，以打分等方式做出定量评价，其结果具有数理统计特性。其最大的优点在于，能够在缺乏足够统计数据和原始资料的情况下，可以做出定量估计。专家评价的准确程度，主要取决于专家的阅历经验以及知识丰富的广度和深度。要求参加评价的专家对评价的系统具有较高的学术水平和丰富的实践经验。总的来说，专家评分法具有使用简单、直观性强的特点，但其理论性和系统性尚有欠缺，有时难以保证评价结果的客观性和准确性。专家评价法的主要步骤是：首先，根据评价对象的具体情况选定评价指标，对每个指标均定出评价等级，每个等级的标准用分值表示；然后，以评价等级为基准，由专家对评价对象进行分析和评价，确定各个指标的分值，采用加法评分法、乘法评分法或加乘评分法求出个评价对象的总分值，从而得到评价结果。

2. 熵值法

在信息论中，熵是对不确定性的一种度量。信息量越大，不确定性就越小，熵也就越小；信息量越小，不确定性越大，熵也越大。根据熵的特性，我们可以通过计算熵值来判断一个事件的随机性及无序程度，也可以用熵值来判断某个指标的离散程度，指标的离散程度越大，该指标对综合评价的影响越大。因此，可根据各项指标的变异程度，利用信息熵这个工具，计算出各个指标的权重，为多指标综合评价提供依据。在多方协调评价中，不同评价主体的评价相当于各项指标，信息熵可以计算出不同评价主体评价的权重。

3. 主成分分析法

主成分分析也称主分量分析，是设法将原来众多具有一定相关性（比如 P 个指标），重新组合成一组新的互相无关的综合指标来代替原来的指标，通常数学上的处理就是将原来 P 个指标作线性组合，作为新的综合指标。主成分分析的原理是设法将原来变量重新组合成一组新的相互无关的几个综合变量，同时根据实际需要从中可以取出几个较少的总和变量尽可能多地反映原来变量的信息，也是数学上处理降维的一种方法。主成分分析可以将来自不同评价主体的评价信息进行合并，再重新组合成几个评价指标，即评价信息可能不再实行原来评价主体的分类维度。

4. 因子分析法

因子分析是指研究从变量群中提取共性因子的统计技术。因子分析可在许多变量中找出隐藏的具有代表性的因子，也可以将相同本质的变量归入一个因子，可减少变量的数目。因子分析和主成分分析一样，都有可能使得评价信息可能不再实行原来评价主体的分类维度。

5. AHP 层次分析法

层次分析法（简称 AHP）是指将与决策总是有关的元素分解成目标、准则、方案等层次，在此基础之上进行定性和定量分析的决策方法。AHP 层次分析法根据问题的性质和要达到的总目标，将问题分解为不同的组成因素，并按照因素间的相互关联影响以及隶属关系将因素按不同层次聚集组合，形成一个多层次的分析结构模型，从而最终使问题归结为最低层（供决策的方案、措施等）相对于最高层（总目标）的相对重要权值的确定或相对优劣次序的排列。运用层次分析法有很多优点，其中最重要的一点就是简单明了。层次分析法不仅适用于存在不确定性和主观信息的情况，还允许以合乎逻辑的方式运用经验、洞察力和直觉。也许层次分析法最大的优点是提出了层次本身，它使得买方能够认真地考虑和衡量指标的相对重要性。AHP 层次分析法的基本步骤。

（1）建立层次结构模型

在深入分析实际问题的基础上，将有关的各个因素按照不同属性自上而下地分解成若干层次，同一层的诸因素从属于上一层的因素或对上层因素有影响，同时又支配下一层的因素或受到下层因素的作用。最上层为目标层，通常只有 1 个因素，最下层通常为方案或对象层，中间可以有一个或几个层次，通常为准则或指标层。当准则过多时（譬如多于 9 个）应进一步分解出子准则层。

（2）构造成对比较阵

从层次结构模型的第 2 层开始，对于从属于（或影响）上一层每个因素的同一层诸因素，用成对比较法和 1-9 比较尺度构造成对比较阵，直到最下层。

（3）计算权向量并做一致性检验

对于每一个成对比较阵计算最大特征根及对应特征向量，利用一致性指标、随机一致性指标和一致性比率做一致性检验。若检验通过，特征向量（归一化后）即为权向量：若不通过，需重新构造成对比较阵。

（4）计算组合权向量并做组合一致性检验

计算最下层对目标的组合权向量，并根据公式做组合一致性检验，若检验通过，则可按照组合权向量表示的结果进行决策，否则需要重新考虑模型或重新构造那些一致性比率较大的成对比较阵。

6. 模糊综合评价法

模糊综合评价法是一种基于模糊数学的综合评价方法。该综合评价法根据模糊数学的隶属度理论把定性评价转化为定量评价，即用模糊数学对受到多种因素制约的事物或对象做出一个总体的评价。它具有结果清晰、系统性强的特点，能较好地解决模糊的、难以量化的问题，适合各种非确定性问题的解决。模糊评价法的一般步骤为。

（1）模糊综合评价指标的构建

模糊综合评价指标体系是进行综合评价的基础，评价指标的选取是否适宜，将直接影响综合评价的准确性。进行评价指标的构建应广泛涉猎与该评价指标系统行业资料或者相关的法律法规。

（2）采用构建好权重向量

通过专家经验法或者 AHP 层次分析法构建好权重向量。

（3）构建评价矩阵

建立适合的隶属函数从而构建好评价矩阵。

（4）评价矩阵和权重的合成

采用适合的合成因子对其进行合成，并对结果向量进行解释。

7. 多指标评分加权综合法

这一方法的内容是：对每项指标的实际值，按评分标准打分，一般按五级评分，最优5分，最差1分。除评分外，对各项指标还要确定权数。最后用权数（w）对各项指标的得分（p）进行加权综合，其结果即为多项指标的综合评价值。这种方法的一般步骤是：

第一步，选择进行评价的各项指标并收集指标值。

第二步，对指标进行评分。规定各指标值的评分标准，制定评分标准的。方法是用各项指标最大值减最小值的差除以所定的评分等级数，得出每个分数段的组距；然后以此组距从最低值开始，划出各分数段的上限和下限。用式（6-1）表示，即：

$$A=(R_{max}-R_{min})/n \tag{6-1}$$

式中：

R_{max}——指标最大值；

R_{min}——指标最小值；

n——评分级数，采用5分制时，n=5；100分制时，n=100；A代表组距。

有了评分标准后，再对各指标实际值评出相应的分数。

第三步，确定各指标的权数。各项指标对信息化发展水平的作用不完全相同，为了能正确衡量信息化总水平，需分别确定各个指标的权数。权数大小应根据各个指标的作用或影响程度的大小而定，各指标权数之和应等于1或100%。

第四步，加权综合，得出总分，并做出分析。具体做法是：将各项指标的评分乘以相应的权数，然后进行综合得出总分，即多项信息化指标的综合评价值。

由于权重分配技术和加权综合技术需要具体分析具体推算和使用，所以本文没有推荐使用哪种权重分配和加权综合技术，建议可以将专家经验法与其他算法进行结合，线上线下的认证复核数据处理方式可以互补，智能权重分配的加入可以在传统的纯人工推算的基础上加快推算效率，而人工权重分配可以避免智能权重分配处理信息不全的局限。

第二节 “互联网＋认证”证明技术

一、“互联网＋认证”证明技术概述

认证证明是指根据复核后做出的决定而出具的说明，以证实规定要求已得到满足。认证证明可以说明认证对象通过认证复核，传统的认证证明凭证是认证标识和纸质证明书。纸质的认证证明书不易携带、不易保存，而且容易被人复制篡改，破

坏了认证证明的公信力，阻碍了认证等合格评定建设工作。“互联网 + 认证”证明融合了各种技术，将认证证明信息化、网络化，并且防伪手段升级，使得认证证明不可篡改。

“互联网 + 认证”证明技术主要有二维码追溯技术和电子证书技术，这两种技术都是复合技术，二维码追溯技术包含了数据库技术和文本匹配技术，电子证书技术包含了电子签名技术或电子签章技术和防伪技术。

二、“互联网 + 认证”证明关键技术

（一）二维码追溯技术

二维码追溯技术，也叫二维码溯源技术。在“互联网 + 认证”证明中，二维码追溯技术的应用是通过给每个产品的认证证明建立一个唯一编码的二维码信息，如同产品认证证明的身份证一样，附在产品的包装上。

“互联网 + 认证”证明的二维码追溯技术核心是为产品的认证证明赋码，该码是唯一的，是产品认证证明的终身身份证号码，通过该号码，认证证明的详细信息及其变更都会被一一记录，认证证明过程中的信息与二维码进行对接和绑定，形成数据链，互相印证，互相衔接，保障记录的信息全面并且是实时更新。

二维码追溯技术的具体形式是二维码追溯系统，二维码追溯系统可采用 Tomcat+JSP，即 J2EE 架构，使用 Java EE（Java Enterprise Edition）来实现整个追溯系统的开发。二维码追溯系统包括追溯信息数据库和追溯系统两大块。

二维码追溯系统的追溯信息数据库所要收集的信息包括：证书名称；证书编号；获证机构名称及其地址；产品、体系或服务的覆盖范围（如产品名称、型号/规格、服务范围、管理体系范围等）；认证依据（如产品标准、服务标准或管理体系标准等）；发证日期；证书有效期；发证机构名称及签章；其他法律法规、技术标准、认证实施规则要求的内容等。数据库可以使用较常见和实用的几种数据库，如 MySQL、SQLServer、Oracal、DB2 等。

追溯系统是基于 Python 编程语言开发的二维码生成系统，更加方便生成二维码，完成信息追溯。Python 是一种计算机程序设计语言，是一种面向对象的动态类型语言，最初被设计是用于编写自动化脚本（shell），随着版本的不断更新和语言新功能的添加，其逐渐被用于独立的大型项目的开发。Python 生成二维码主要用的是 Python 中的 qrcode 库，并将其打包生成一个 EXE 文件，便于实时操作，消费者通

过扫描二维码可以获取实时认证证明信息。

（二）电子证书技术

目前，我国互联网应用进入高速发展期，而认证服务仍以纸质证书加盖印章的模式服务于企业及消费者，存在诸多弊端，衍生出各种问题，如虚假纸质证书泛滥、纸质报告或纸质证书真实性无法甄别、消费者难以获取充分的质量信息等。

电子证书具有加密性强、便捷度高、流通性好、成本低、可追溯等特点，能够在各种电子设备和载体中查看验证，大幅提高了认证的效率和可信度。

“互联网＋”时代下，认证证书的电子化水平需要提高。认证机构可以尝试运用证书内容结构化存储、数字加密、电子签章等技术实现证书的电子化，提升证书的网络电子化防伪水平；通过将证书结构化标准化，实现对证书具体内容的智能化管理、优化行业监管，打通数据壁垒，实现各信息平台间的数据开放共享，促进质量信息的真实、便捷和高效传递。

1. 电子签章技术

签章是指签字盖章的合称，电子签章是指电子签名和电子印章的合称。电子签章，与我们所使用的数字证书一样，是用来作为身份验证的一种手段，泛指所有以电子形式存在，依附在电子文件并与其逻辑关联，可用以辨识电子文件签署者身份，保证文件的完整性，并表示签署者同意电子文件所陈述事实的内容。一般来说，对电子签章的认定，都是从技术角度而言的。主要是指通过特定的技术方案来鉴别当事人的身份及确保交易资料内容不被篡改的安全保障措施。从电子签章的定义中，可以看出电子签名的两个基本功能：第一是识别签名人；第二是表明签名人对内容的认可。

电子签章技术作为目前最成熟的数字签章，是以公钥及密钥的非对称型密码技术制作的。电子签章利用图像处理技术将电子签名操作转化为与纸质文件盖章操作相同的可视效果，同时利用电子签名技术保障电子信息的真实性和完整性以及签名人的不可否认性。

电子签章系统采用COM/ActiveX技术开发，应用通信协议包，将电子印章和数字签名技术完美结合为一体的应用软件系统。它可在WORD、EXCEL、HTML（WEB页面）、PDF、CAD图纸、DGN图纸、TIF传真、XML数据、FORM表单、WPS文字、PHONE移动终端上实现手写电子签名和加盖电子印章；并可将签章和文件绑定在一起，通过密码验证、签名验证、数字证书确保文档防伪造、防篡改、防抵赖。

2. 电子证书的防伪技术

（1）水印防伪

防伪技术一般可分为物理防伪技术、化学油墨防伪技术、生物防伪技术、材料防伪技术、计算机网络防伪技术、防伪印刷技术、防伪包装技术等。我们平时接触的图像、文字等信息最终要通过印刷防伪输出，如商标、产品包装、书刊、证书、证件、邮票、磁卡、出版物、货币、有价票券、单据、护照等证书证件、票据票券，从而突出了防伪印刷技术的重要性。防伪印刷技术在我国是使用最普遍、识别最简单、成本最低的防伪技术手段。

数字水印在防伪印刷方面越来越来得到重视，在许多国家已经得到广泛应用。如德国利用数字水印防伪技术来防止伪造电子照片、美国人广泛普及到产品商标或包装上、日本应用在保险票据中。数字水印防伪技术在我国发展中有短短几年时间，与西方欧美发达国家相比还有很大差距，但是其发展速度之快，始料未及；在防伪印刷方面得到广泛应用，在保护知识产权和防止假冒伪劣方面发挥着越来越大的作用。水印防伪的特点有：

第一，技术独占性强。数字水印的技术含量高，其技术难以仿制，同时对使用者来说嵌入水印和检测水印都很便利。

第二，透明性高。用户可将它们现有包装和设计改良为高度保密的设计，具有技术含量高、难以仿造等特点。不需要特殊材料，无须增加印刷、打印成本和改动原设计，只需通过专用的软件就可以将保密信息嵌入到印刷产品设计中。

第三，技术升级快。根据产品特性，每套产品设计一套专用软件，软件容易变化和升级，而且由于嵌入标志为视觉不可见，不易被发现和伪造。

第四，技术检测便利。由专有的检测仪器或普通扫描仪加上配套软件就可以检测出水印标志。

第五，供应链认证。图像加入水印后，可以在供应链节点上进行认证，辨别是否是原件的拷贝，防止伪造和产品替换。

第六，保密性高。数字水印技术本身具有隐含在媒体内的隐蔽性。另外，可结合密码学的私钥和公钥控制检测，与其他保密技术兼容。

第七，分级分权管理。数字水印技术具有难于扩散、保密性强等特点，可以加多层保密标志，不同权限人员可以见到不同隐蔽性信息。

水印防伪的原理涉及数字水印的嵌入和水印检测。

数字水印的嵌入是将用户密钥（用来控制水印的唯一性）、载体数据、水印作为输入内容，利用独特的嵌入算法输出加了水印的水印载体。在此过程中，嵌入的水印和密钥是一一对应的，也就是说密钥不同，水印就不同，并且不能有两个相同的密钥。

水印检测输入的是加入了水印的载体和用户密钥，通过掌握的检测算法输出水印信息。一般情况下，数字水印应具有如下的基本特性：

1）可证明性：水印应能为受到版权保护的信息产品的归属提供完全和可靠的证据。利用水印算法我们可以识别被嵌入到保护对象中的所有者的有关信息（如注册的用户号码、产品标志或有意义的文字等）并能在需要的时候将其提取出来。水印可以用来判别对象是否受到保护，并能够监视被保护数据的传播、真伪鉴别以及非法拷贝控制等。

2）不可感知性：不可感知是指视觉上的不可感知性（对听觉也是同样的要求），即因嵌入水印导致图像的变化对观察者的视觉系统来讲应该是不可察觉的，最理想的情况是水印图像与原始图像在视觉上一模一样，这是绝大多数水印算法所应达到的要求。

3）鲁棒性：鲁棒性是指在经历多种无意或有意的信号处理过程后，数字水印仍能保持完整性或仍能被准确鉴别。鲁棒性问题对水印而言极为重要。一个数字水印应该能够承受大量的、不同的物理和几何失真，包括有意的（如恶意攻击）或无意的（如图像压缩、滤波、扫描与复印、噪声污染、尺寸变化等）。显然在经过这些操作后，鲁棒的水印算法应仍能从水印图像中提取出嵌入的水印或证明水印的存在。如果不掌握具体的水印嵌入和检测算法，数据产品的版权保护标志应该很难被伪造，若攻击者试图删除水印则将导致多媒体产品的彻底破坏。

由于当前高质量图像输入输出设备空前发展，特别是精度超过1200dpi的彩色喷墨、激光打印机和高精度彩色复印机的出现，使得货币、支票以及其他票据的伪造变得更加容易。此时，数字水印技术便可以作为一个极佳的解决办法，对于各种容易仿造的印刷品，可以采取在印刷过程中加入水印的方法保护版权。具体到印刷过程中，在印前图像处理阶段，向原稿图像和文字中加入带有密钥的水印信息，然后再发排、制版、印刷形成印刷品。如果产品被盗版，可以通过对印刷品进行扫面检测，提取出证明版权的水印信息。

鉴于此，在电子证书中应用水印防伪，首先需要在设计好的电子证书中加入唯一可以识别的水印信息，最后经过排版印刷制作出认证证明书。当使用专用的检测器认证证明书进行检验，正版认证证明书中含有可以证明版权的水印信息，而假的认证证明书则没有。

（2）版纹防伪

版纹防伪是一种古老而又行之有效的印刷防伪手段，因为它产品美观而且仿造难度大的特点，因此一直是古今中外印钞、造币通常采用的一种必要的防伪手段。证券版纹技术是利用特殊手段，对底色、文字、图案、图像等版面内容制成不同的特殊纹理的特种技术。版纹防伪的主要特点是运用线条进行防伪，一次性制作，防伪费用与生产成本相对较低，能产生无穷无尽的丰富的变化，防伪设计基本上在制版过程中完成，以相对精细的印刷技术完成。版纹防伪技术的原理如下：

第一，不使用公开销售的版纹设计系统，造假者即使拥有版纹设计系统也无法做出同样效果的线条和纹理以及隐藏的密文。强大的防止扫描处理，防止电分扫描输出和印刷的复制。

第二，彩色图像防扫描。运用保真的特殊加网技术，印刷品的网点字符化或线条化，所有网点都是字符，形成了一篇密文，只有设计者和厂家知道。造假者即使放大扫描，也不能把整篇密文复制。使用高倍放大镜即可区别。

第三，彩色线条防扫描。扫描仪扫描后，没有识别矢量图形和专色线条的能力，只能解析为点阵式的图像，所以线条微弱的粗细变化和专色线条的色彩变化就无法复制。

（3）缩微防伪技术

缩微防伪技术是一种涉及多学科、多部门、综合性强且技术成熟的现代化信息处理技术。目前，随着科学技术的发展，金融系统、卫生系统、保险系统、工业系统均采用缩微防伪技术复制了纸质载体的文件，改变了过去传统管理方法，提高了档案文件、文献资料的管理水平，提高了经济效益。其主要技术特点有：

第一，存储密度大，技术成熟及稳定性高缩微。缩微防伪技术是经历了一百多年历史的“古老技术”，其记录载体和设备已完全成熟稳定，利用摄影的方法将原件的缩小影像记录在缩微胶片上，普遍缩小比率范围为 1/7 ～ 1/48，超高缩小比率范围可达 1/90 ～ 1/250。按其面积计算，普遍缩小比率的缩小影像是原件面积的 1/49 ～ 1/2304，超高缩小比率的缩小影像是原件面积的 1/8100 ～ 1/62500。缩微品的存储密度同目前光盘的信息存储密度相近似。一个馆藏几万卷的库房档案，缩微后只要一至两节档案柜就可以存放。

第二，记录效果好，寿命长。历史已经证明缩微胶片可保存近百年，现在涤纶片的预期寿命可在500年以上。即使在使用中损伤胶片（如划痕、断裂等），也只是损失有限的画幅，大部分信息不受影响。这是现代数字产品无法替代的。用缩微摄影技术拍摄档案、图书和资料时，可将原件的形状、内容、格式、字体以及图形等的原貌忠实地记录在缩微胶片上，形成与原件完全相同的缩小影像。缩微防伪技术有完整的国际国内标准，不仅能保证制作的质量，也给广泛应用带来方便。

第三，适用范围广。缩微品是利用摄影的方法将原件上的信息记录在缩微胶片上的信息载体。由于缩微摄影机镜头和缩微胶片都具有良好的成像和记录性能，因而在可见光线下，对于可读的各种原件（文字、照片和图表等）均可记录在缩微胶片上。

第四，易于还原拷贝和多功能使用缩微胶片上的影像可方便地进行拷贝、放大阅读和复印。利用高效能的拷贝机，拷贝一盘胶片只需十几分钟，利用阅读复印机放大复印一张纸印件，也只需几秒钟，并且可以进行多份连续放大复印；也可将胶片经扫描加工成光盘，与现代技术相结合，形成一个兼容并存，介质互换，具有存取、保存、联网、阅读、检索、利用和传输的功能，满足读者及用户的多方面需要。

（4）激光防伪

激光防伪或称激光全息防伪。激光防伪技术包括激光全息图像防伪、加密激光全息图像防伪和激光光刻防伪技术三方面。激光全息技术是继激光器于20世纪60年代问世之后迅速发展起来的一种立体照相技术。全息的意思为全部信息，即相对于普通照相的只记录物体的明暗变化，激光全息照相还能记录物体的空间变化。

激光全息转移技术是国际上公认的具有发展前途的防伪技术，是一种新型防伪包装印刷材料。它是根据纸包装行业的防伪要求，将激光全息压模、计算机光刻、特种制版、精密电铸粗细化工、高精度剥离等不同学科的多项技术有机结合，先制成可转移的全息塑料薄膜，然后再将其转移到纸面上，制成激光全息转移纸。

（5）条形码防伪

如果结合简单的目视防伪技术，只能人工识别真伪，而加入金属码防伪之类特殊印刷技术，可以让条形码本身具备显著而难以仿冒的视觉特征，从而实现防伪。也可以加入团花防伪之类防伪防复印元素，让复制造假变得困难。

如果结合美化可追溯二维码防伪等二维码防伪技术，可以使用手机扫码识别。二维码防伪采用的是随机的防伪码数据，仿冒的难度远远高于条形码，可以使用普通二维码防伪搭配彩虹条码实现高强度的可追溯防伪，也可以考虑直接彩色动态二维码搭配普通条码实现高强度可追溯防伪。

（6）二维码防伪

这种防伪技术的关键在于，通过二维码防伪系统生成与产品一一对应的加密的产品信息，并对每一个二维码都设置一个扫码累加计数器，将二维码印刷或标贴于产品包装上，用户只需通过指定的二维码防伪系统或手机软件进行解码检验，即可获知该产品上的二维码的第 1 次扫码时间是否为该验证者，来判断该产品是否是真品，从而达到放心购买和监督打假的作用。其特点为：

第一，二维码唯一性。系统赋予每一个产品一个唯一的防伪编码并标识于产品或包装上，如同每一个人都有唯一的身份证号码一样，产品可以被假冒复制但码却是唯一。

第二，消费者便于识别和查询。消费者无须学习专门的识别技巧，只需通过手机扫描 QR 条形码发送短信息，查询商品的真伪，使用起来非常方便。

第三，低成本。数码防伪标签制作非常简单，只需常见的不干胶、铜版纸和激光防伪标签上加印 QR 条码级即可，增加的成本微乎其微。

第四，使用得一次性。对产品的每一枚防伪标识物在一般情况下，只能使用一次。一经使用，刮开涂层或揭开表层，防伪标识物就会被破坏，从而有别于未使用的其他防伪标识物。经授权的特殊产品或贵重物品，可通过系统服务中心的技术处理，在首次查询后，其合法所有人可享有多次查询权。由此扩大了防伪标识的使用范围。

第五，管理的统一性。此防伪标识物可用于任何种类的商品上，利用遍布全国的电话网络建立起全国性的打假防伪网络，随时监控、统一管理。

第六，打假的及时性。每一个数码在每一次进行系统认证时，均会被系统记录下来认证的相关信息，包括时间、认证的电话号码等。根据某件商品防伪数码被查询的次数，及查询号码的来源，就可以判断商品的真假，可以判断假冒商品所处的地区，可以及时提供准确线索通知执法部门，准确、及时地打击造假者。QR 码防伪既便捷又能够极大地提高企业与消费者的互动性提高企业的知名度、信誉度。

（7）射频识别技术（RFID）防伪

RFID 防伪技术将微芯片嵌入到产品当中，利用智能电子标签来标识各种物品，这种标签根据 RFID 无线射频标识原理而生产，标签与读写器通过无线射频信号交换信息，与传统条形码技术相比，RFID 可以节省更多的时间、人力和物力，降低生产成本，提高工作效率，正被越来越多的人认为是条形码技术的取代者。

RFID具有防伪唯一性和独占性。长期以来，假冒伪劣商品不仅严重影响着国家的经济发展，还威胁企业和消费者的切身利益。为保护企业和消费者利益，保证社会主义市场经济健康发展，国家和企业每年都要花费大量的人力和财力用于防伪打假。然而，国内市场采用的防伪技术绝大部分仍然是在纸基材料上做文章，如激光防伪、荧光防伪、磁性防伪、温变防伪、特种制版印刷等是通常使用的防伪技术手段，这些技术在一段时间内一定程度上发挥着防伪的作用，但到目前为止上述防伪技术还不完善，其技术不具备唯一性和独占性，容易复制，从而不能起到真正防伪的作用。RFID防伪与其他防伪技术（如激光防伪、数字防伪等技术）相比，其优点在于：每个标签都有一个全球唯一的ID号码——UID，UID是在制作芯片时放在ROM中的，无法修改、无法仿造；无机械磨损，防污损；读写器具有保证其自身的安全性等性能。

（8）近场通信技术（NFC）防伪

近场通信（Near Field Communication，简称NFC）是一种新兴的技术，使用了NFC技术的设备（如移动电话）可以在彼此靠近的情况下进行数据交换，是由RFID及互连互通技术整合演变而来的，通过在单一芯片上集成感应式读卡器、感应式卡片和点对点通信的功能，利用移动终端实现移动支付、电子票务、门禁、移动身份识别、防伪等应用。NFC防伪标签是一种电子防伪标签，主要用于识别产品的真伪性，保护企业自主品牌商品，防止假冒防伪商品在市场上流通，维护消费者的消费权益。NFC防伪技术的主要特点为：

第一，NFC防伪标签——MINI身材功能强大。NFC防伪芯片，利用近场通信技术，将商品信息录入到小小的芯片内，通过植入、贴复、合成等技术手段，将防伪标签与商品合为一体，在靠近读取/录入设备时，更新商品的流通/验证信息，而芯片的仿制成本高及商品真实信息难复制，成为NFC芯片能够成为防伪标签最有利的特点。其通信距离仅为10cm左右，“只需碰一下”，便可在不同的电子产品间交换数据。

第二，防伪验证，假货无处遁形。产品防伪的基本思路是给这个产品一个独一无二的标识，并且只和特定的平台关联。如果在信息查询平台上找不到这个独一无二的标识，那么这个东西就被认定为假冒产品。

第三，电子防伪，造假可能性为零。RFID、NFC防伪能力很强，每个芯片都有一个全球唯一的UID，造假者无法获得对应UID的芯片，技术门槛很高，还可以将产品各个环节信息进行写入存储，对产品进行溯源，因此无法造假。特别是NFC技术，完全杜绝了造假的可能。就算制假者花重金弄来设备，拥有芯片制作改写技术也无法造假。

（三）认证证明信息查询平台

认证信息查询系统可用于根据认证证书编号来查询认证证书。用户需要输入证书的编号，点击查询按钮，即可查询该编号所对应的证书，如果系统中有该证书，系统将会以证书的方式展现给用户；若证书不存在，系统将会以提示框的方式提示证书编号输入错误。

1. 认证证明信息查询平台的任务

我们建立一个认证查询平台，期待完成这样 3 个主要任务：

第一，认证数据的信息化和系统化。通过搭建系统平台，收集认证相关及影响认证的信息数据，从而达到快速、准确检索认证信息的目的。并且在分散的产品信息、认证信息、标准信息、制造商信息、关键零部件等信息之间建立系统的联系，能够实现当其中一个要素发生变化时，能够立刻响应到与之关联的整个系统，实现认证管理的体系化、信息化。

第二，广泛的信息共享。利用网络平台使得认证相关的设计、采购、制造、检验、评价等各部门之间实现无延迟的信息共享，以突破交流阻碍、缩短信息传递时间和最大限度地减少人为失误。

第三，实现风险预警。利用认证数据的信息化平台，自动实现对证书有效期、审查时间、法规标准实施时间进行监控，主动进行提醒，杜绝人为遗漏造成的重大风险。

2. 认证证明信息查询平台的技术构架

认证信息查询系统使用的是 web 技术。首先，系统后台需要有一个文件服务器，认证证书以 pdf 的形式存储在该服务器中，并以时间戳作为文件名。认证机构将通过认证的电子证书以 pdf 的文件格式上传至文件服务器，用户查询时，根据输入的证书编号查找到对应的认证证书。

在数据库中，每个证书都关联着文件服务器中的一个 pdf 文件，浏览器可以显示 pdf 文档。用户输入证书编号后，服务器程序获取用户的输入信息，判断数据库中是否存在该证书编号所对应的证书，如果不存在，将会返回给客户端证书编号输入错误的信息，如果数据库中存在该记录，将会查找到该证书在文件服务器上对应的文件。每次上传证书文件到文件服务器时，将会以当前的时间戳作为文件名，并将文件名更新到对应的数据库记录中。

3. 认证证明信息查询平台的优点

第一，认证中心审核通过后，证书以文件的形式保存在服务器，只需要将证书的编号提供给用户，用户自行在网站上下载证书即可；

第二，审核过程和审核结果无须线下操作，节约人力物力，提高工作效率的同时，也给用户带来更好的体验感；

第三，认证中心搭建了认证信息查询网站，用于保存用户的认证信息，做到认证业务的电子化、信息化，让认证操作流程及结果查询融入“互联网＋”的领域。

第三节 “互联网＋认证”复核与证明中的区块链技术

一、区块链概述

（一）区块链的概念

狭义来讲，区块链是一种按照时间顺序将数据区块以顺序相连的方式组合成的一种链式数据结构，并以密码学方式保证不可篡改和不可伪造的分布式账本。在区块链系统中，每个人都可以来进行记账，系统会评判这段时间内记账最快最好的人，把他记录的内容写到账本，并将这段时间内账本内容发送给系统内所有的其他人进行备份，这样系统中的每个人都有了一本完整的账本，我们将这种方式称为区块链技术。

广义来讲，区块链技术是利用块链式数据结构来验证与存储数据、利用分布式节点共识算法来生成和更新数据、利用密码学的方式保证数据传输和访问的安全、利用由自动化脚本代码组成的智能合约来编程和操作数据的一种全新的分布式基础架构与计算范式。从数据的角度看：区块链是通过去中心化和去信任的方式集体维护的一种可靠数据库，数据分布式存储、分布式记录，几乎不可能被更改；从技术的角度看：区块链不是一种单一的技术，而是多种技术整合的结果，是一个集成了多方面研究成果基本之上的综合性技术系统。

（二）区块链核心技术

区块链并不是一项单一的技术创新，而是由 P2P 网络技术、智能合约、共识机制、链上脚本、密码学（或称隐私保护）、跨链技术、分片技术等多种技术深度整合后实现的分布式账本技术。区块链主要涉及的核心技术可以归纳为分布式账本、共识机制、智能合约和密码学 4 类。

1. 分布式账本

分布式账本技术（DLT，Distributed Ledger Technology）本质上是一种可以在多个网络节点、多个物理地址或者多个组织构成的网络中进行数据分享、同步和复制的去中心化数据存储技术。对比传统分布式存储系统执行受某一中心节点或权威机构控制的数据管理机制，分布式账本往往基于一定的共识规则，采用多方决策、共同维护的方式进行数据的存储、复制等操作。其去中心化的数据维护策略恰恰可以有效减少系统臃肿的负担。在某些应用场景，甚至可以有效利用互联网中大量零散节点所沉淀的庞大资源池。

传统分布式存储系统将系统内的数据分解成若干片段，然后在分布式系统中进行存储，普通用户无法确定自己的数据是否被服务商窃取或篡改，在受到黑客攻击或产生安全泄露时更加显得无能为力。而分布式账本中任何一方的节点都各自拥有独立的、完整的一份数据存储，各节点之间彼此互不干涉、权限等同，通过相互之间的周期性或事件驱动的共识达成数据存储的最终一致性。无论是服务提供商在无授权情况下的蓄意修改，还是网络黑客的恶意攻击，均需要同时影响到分布式账本集群中的大部分节点，才能实现对已有数据的篡改，否则系统中的剩余节点将很快发现并追溯到系统中的恶意行为。

2. 共识机制

区块链是一个历史可追溯、不可篡改，解决多方互信问题的分布式（去中心化）系统。分布式系统必然面临着一致性问题，而解决一致性问题的过程我们称之为共识。区块链中必须设计一套制度来维护系统的运作顺序与公平性，统一区块链的版本，并奖励提供资源维护区块链的使用者，以及惩罚恶意的危害者。制度规定是由谁取得了一个区块链的打包权（或称记账权），并且可以获取打包这一个区块的奖励；又或者是谁意图进行危害，就会获得一定的惩罚，这就是共识机制。

3. 智能合约

智能合约是运行在区块链上的一段计算机程序，在于智能合约在一定条件满足时，能够自动强制地执行合同条款，实现“代码即法律”的目标。基于区块链的智能合约包括事件处理和保存的机制，以及一个完备的状态机，用于接受和处理各种智能合约，数据的状态处理在合约中完成。事件信息传入智能合约后，触发智能合约进行状态机判断。如果自动状态机中某个或某几个动作的触发条件满足，则由状态机根据预设信息自动执行合约动作。因此，智能合约作为一种计算机技术，不仅能够有效地对信息进行处理，而且能够保证合约双方在不必引入第三方权威机构的条件下，强制履行合约，避免了违约行为的出现。

4. 密码学

在区块链中，也大量使用了现代信息安全和密码学的技术成果，主要包括：哈希算法、对称加密、非对称加密、数字签名、数字证书、同态加密、零知识证明等。这些技术涉及区块链技术对应 SM2、SM3 和 SM9 国密算法。区块链中密码学的重要特点有。

（1）确保完整性

区块链采用密码学哈希算法技术，保证区块链账本的完整性不被破坏。哈希（散列）算法能将二进制数据映射为一串较短的字符串，并具有输入敏感特性，一旦输入的二进制数据，发生微小的篡改，经过哈希运算得到的字符串，将发生非常大的变化。此外，优秀哈希算法还具有冲突避免特性，输入不同的二进制数据，得到的哈希结果字符串是不同的。

（2）确保机密性

加解密技术从技术构成上，分为两大类：一类是对称加密；一类是非对称加密。对称加密的加解密密钥相同，而非对称加密的加解密密钥不同，一个称为公钥，一个称为私钥。公钥加密的数据，只有对应的私钥可以解开，反之亦然。区块链尤其是联盟链在传输数据时，采用安全网络传输协议（TLS）加密通信技术：通信双方利用非对称加密技术，协商生成对称密钥，再由生成的对称密钥作为工作密钥，完成数据的加解密，从而同时利用了非对称加密不需要双方共享密钥、对称加密运算速度快的优点。

（3）身份认证

单纯的 TLS 加密通信，仅能保证数据传输过程的机密性和完整性，但无法保障通信对端可信（中间人攻击）。因此，需要引入数字证书机制，验证通信对端身份，进而保证对端公钥的正确性。数字证书一般由权威机构进行签发。通信的一侧持有权威机构根数字证书认证系统（CA）的公钥，用来验证通信对端证书是否被自己信任（即证书是否由自己颁发），并根据证书内容确认对端身份。在确认对端身份的情况下，取出对端证书中的公钥，完成非对称加密过程。

二、区块链技术在认证复核与证明活动中的应用

区块链具有去中心化、去信任化、公开透明、可追溯性、不可篡改的特性，因此区块链技术也被誉为是创造信任的机器。而认证本身就要求做到“去中心化、去权威化”，需要不依赖中央权威背书提供可信的第三方信任服务。区块链与认证有天然的契合性，可以说两者能完美兼容。

针对认证认可领域的“乱认证、假认证”“认证物篡改”“认证后合同的强制执行”等业务痛点，我们采用中国区块链技术和产业发展论坛在《中国区块链技术和应用发展研究报告 2018》中提出的 ASMI 四步法进行应用场景分析，以判断认证认可领域场景中的应用区块链技术的可行性，并提供具体可行的区块链应用思路或解决方案。

ASMI 四步法是以业务痛点为出发点，分四步逐步判断应用区块链解决具体业务需求的可行性和必要性，具体包括：分析识别（业务痛点识别和原因分析）、综合归类（痛点原因的综合归类）、匹配映射（痛点原因与区块链价值的匹配映射）以及归纳总结（区块链适用度归纳总结）。认证认可领域场景 ASMI 四步法分析如图 6-1 所示。

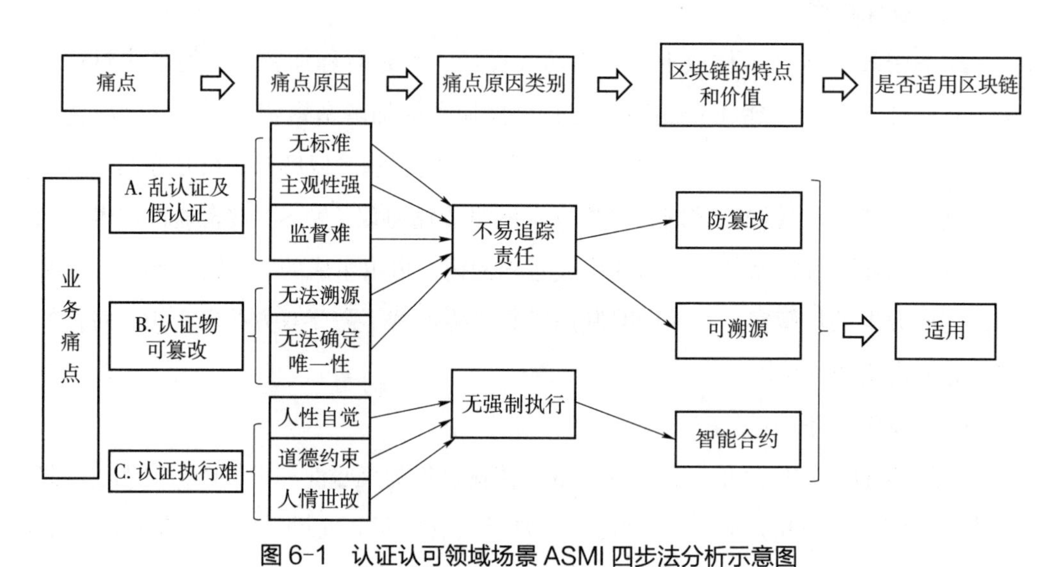

图 6-1 认证认可领域场景 ASMI 四步法分析示意图

（一）区块链技术在电子签章验证中的应用

区块链具有去中心化和去信任的特点，可以在不依赖第三方可信机构的情况下建立同行之间的信任转移，解决认证证明电子证书的互信互认问题。将区块链技术

应用于电子签章应用领域，这有助于建立一体化的电子签章验证体系，降低电子印章管理服务成本，提高电子签章验证效率。

现有的区块链技术应用中，又提出一种基于区块链的电子签章验证平台设计方案，通过构建分布式、去中心化的电子签章验证服务平台，为电子签章提供安全可靠和高效便捷的验证服务，实现电子签章的时空无关性验证，支持电子签章在认证活动以及其他公共应用的全面推广。

1. 数据区块链

利用散列和时间戳技术，构建时序链式数据结构，链中每个节点的完整性由该节点之后所有节点来保证。

节点的组成包括：Noden= { Rand，times-tamp，Hash（Noden-1），Merkle tree }，其中，Rand 为随机数，times-tamp 为时间戳，Hash（Noden-1）为前一节点散列值，Merkle tree 为存储交易信息的树形结构。

2. 区块设计

区块是区块链的基本存储单元，使用统一的数据结构存储记录电子印章签发、注册、变更、废除和签章信息等交易记录。区块结构包括区块头和区块体。区块头封装版本信息、前一区块地址、区块建立的时间戳、Merkle 树根节点、前一区块头散列值。区块体则为 Merkle 树结构，构建过程如下。

（1）叶子节点

TreeNoden（i）=Hash [trans-record-data（i）]，其中，$i \in \{1, 2 \cdots N\}$；N 为交易记录总数；n=1b（N）+1 为 Merkle 树高度。

（2）非叶子节点

TreeNoden（i）=Hash [Tree-Noden+1（2i）‖ TreeNoden+1（2i=1）]，n 每次减 1，循环执行，直到 n=1；TreeNoden1（1）为根节点。

节点中存储的电子印章交易记录数据采用统一的数据结构进行记录，并写入区块链中，记录的信息如下：

1）版本信息：描述电子印章数据版本信息；

2）记录类型：描述该数据所记录的电子印章签发、注册、变更、废除和签章信息等交易类型；

3）时间戳：交易记录时间的时间戳信息；

4）原数据或摘要：记录的电子印章、电子签章信息原始数据或印章数据摘要；

5）记录信息：记录电子印章状态或印章使用信息的数据记录信息；

6）签名证书：对电子印章、印章状态变更或签章信息进行签名时使用签名的数字证书；

7）签名证书链：用于验证签名证书的真实性，通过对根证书的比对及证书链验证可证明该证书链的真实性；

8）签名值：使用签名证书对应私钥对印章信息进行签名的签名值，用签名证书可验证其真实性。

每条交易记录的直接索引为Merkle树根节点到其所在叶子节点的路径上各个节点的值的拼接. 同时可根据电子签章数据和签名证书等信息进行深度索引，例如，可根据证书序列号或者印章编号、摘要信息等进行深度索引。

3. 电子签章验证平台构架

电子印章的签发、注册、变更、废除和签章等过程，均可作为交易数据记录在区块链中。这些交易是为后续对电子印章的使用提供可信验证的基础，区块链和电子印章均依托密码技术保障安全性。鉴于电子签章参与者在网络环境、计算能力、服务意愿等方面存在差异，使所有参与者都开展对区块链的维护管理工作不具有现实可行性，所以，可以采用联盟链方式构建区块链，由多个具有权威性和计算服务能力的印章管理者组成联盟，构建基于联盟链的电子签章验证服务平台。联盟成员负责电子印章的签发、注册、更新、废除和签章信息的记录，组织数据并存入区块链，维护平台各节点的正常运行；非联盟成员可从区块链中查询、获取电子印章信息，以验证电子印章的真实性。

电子印章签发时，印章机构、组织或用户向电子印章制章系统提出申请电子印章，制作系统审核通过后为用户生成印章数据，并利用制章系统。

系统可充分利用电子印章单位已有的印章管理服务系统，通过标准化改造，使其具备区块数据组织、区块存储和交换功能。P2P网络依托互联网或电子政务网络，结合网络安全设备、安全交换协议、安全访问协议进行建设。电子印章机构的密钥和数字证书，通过各个节点的证书系统和印章管理服务系统进行管理，相应的信息和印章数据一起写入区块数据中，接入区块链，保证其不被修改和删除。

4. 电子签章服务流程

基于区块链的电子签章验证平台能够支撑电子印章的主要管理和应用，包括电子印章的签发、注册、更新和撤销等。

电子印章签发时，印章机构、组织或用户向电子印章制章系统提出申请电子印章，制作系统审核通过后为用户生成印章数据，并利用制章系统的制章私钥进行签名，将签名信息、印章数据和私钥对应的制章数字证书等封装为统一的电子印章信息。电子印章管理服务系统将制作好的电子印章信息下发给印章用户，并将本次印章签发的信息按照前述的交易信息记录封装区块数据，将数据发送给当值的印章管理系统，存入区块链。用户机构、组织已经签发的电子印章信息可通过印章注册流程接入平台。印章管理服务系统验证印章状态信息后，可按照类似的流程记录注册交易信息封装数据区块并存入区块链。

用户验证电子印章信息．将获取的印章信息、证书信息等提交电子印章管理服务系统，电子印章管理服务系统验证印章真实性和完整性，并通过印章信息查询区块链中相应印章数据，获取数据分析当前时间印章状态信息，验证印章状态，并将结果返回验章用户。用户验证印章状态后，通过验证签章信息，确认电子签章真实有效。

（二）区块链技术在二维码防伪中的应用

维码防伪主要是指采用二维码标识和通信等技术对产品的编码信息等进行扫描，并进行信息的加载，从而了解产品的真实性。二维码防伪贯穿于产品的各个环节，如产品的出入库环节、流动环节以及后续的经销渠道环节。通过验证产品的编码，用户可以对产品流通的各个环节进行实时监控，也能够有效地识别出假冒伪劣产品，规避产品窜货等现象。二维码防伪的应用过程中，产品的生产等环节工作人员要对产品的数据信息进行相应的加密处理，并形成二维码，之后这些人员可以委派其他人员通过印刷或者其他形式将二维码张贴于产品的外包装上。消费者购买产品之后，出于要了解产品的真伪信息，会主动用智能手机等设备扫描产品外包装上的二维码，并对加密后的信息进行解密，从而获得产品的数据信息。这样一来，消费者对产品也会更为放心。

二维码技术在产品防伪领域得到了较多的应用。但也存在漏洞。一些不法分子拷贝正品商品的二维码信息，张贴于假冒伪劣产品包装上，消费者扫描二维码得到的是正品商品信息，难以对商品进行识别。

区块链技术的出现及其在产品防伪领域的应用确实从较大程度上解决了二维码防伪技术的本身缺陷，有利于真正落实产品防伪工作。区块链技术具有数据不可篡改性、数据可追溯性、隐私保护等特点，能够保证产品的流通正常，并形成独一无二的区块链数字信息。消费者只要利用特定的软件扫描产品的二维码，就会获得产品信息。二维码上的数据是真实有效的。为了推动区块链技术在二维码防伪中的应用，我们要积极构建区块链防伪电子标签信息共享平台。

区块链防伪系统的应用主要基于合约层、数据层和应用层而发挥作用。首先，合约层设计。区块链防伪系统中的合约层是利用低层区区块链监护的形式进行系统数据的封装的，防伪系统用的是智能合约，并利用区块链网络来进行关键业务数据的保存。商品交易的过程中，合约承诺之后，卖家要尽快发货。其次，数据层设计。这一层主要是进行数据的存储，主要由区块链的管理节点和认证节点构成，从而保证防伪系统的信息特征无法更改。最后，应用层设计。区块链防伪系统中的应用层主要确保系统中的防伪服务可以得到实现，该层能够利用系统中防伪智能合约来完成对数据的验证、存储、查询和检验等功能。其主要通过 OPENAPI 理论调用服务器功能，使系统防伪功能得以实现。

区块链技术在二维码防伪中的应用需要重视如下几个方面：

第一，充分发挥区块链技术的安全保护、追溯性等特点，结合产品信息，在全世界范围内形成一个独一无二的数字身份。消费者可以利用某些制定 App 或者利用自己的区块链数字身份进行信息的查询。

第二，积极构建防伪电子标签信息共享平台。所有产品的信息是通过标准化的数据格式采集的，数据信息包括原材料信息、产品成品检测信息、产品验收信息、上市单位信息、地点坐标信息和生产日期信息等，这些信息在整个区块链中流通，实现信息的共享。商品的信息也会自动更新，在监管机构数据库备案登记，之后向消费者开放，消费者可以进行查询。

第三，区块链防伪电子标签的制作。识别出产品的数字信息之后，也会相应形成产品的一个电子标签。产品电子的标签也就是标签信息平台的节点，是建立在联盟链和 POA 共识基础之上的。产品生产、销售单位及其他协助单位都是整个区块链上的节点。

第四，形成特定的 App。基于区块链 P2P 网络和加密手段，建立 App 和区块链防伪电子标签之间的直接验证机制，防止信息被窜货、伪品等现象的发生。这样一来，一是可以充分发挥区块链技术数据安全不可篡改的特征，保证数据溯源的准确性；二是可以避免二维码防伪技术缺陷，实现真正的防伪，造福于民。

第七章　“互联网 + 认证”监督技术

第一节　传统认证监督技术

当认证对象获得认证证书时，认证活动就完成了，但是对于大多数认证来说，认证对象的情况可能会随着时间发生变化，如人员变更、工厂搬迁、生产设备改进等，如要持续证明认证的有效性，必须对认证对象进行监督。由于初次评定已经比较全面地了解了认证对象的情况，因此在监督时没有必要完全重复初次评定时的全部活动，监督活动涉及的内容相对来说会减少。一般来说，监督时可能会有以下几种情况：

（1）证明的前提条件已消失，如企业破产、倒闭、解散、生产结构调整等原因，不再提供证明中的产品或服务；获证产品型号已列入国家明令淘汰或者禁止生产的产品目录等；

（2）获证对象的产品发生严重安全或质量事故，或者违反国家法律法规、国家级或者省级监督抽查结果证明产品出现严重缺陷，产品安全检测项目不合格或一致性存在严重问题的；

（3）获证对象存在较大变更，如股东、主要管理人员变更；产品型号变更；生产流程变更等；

（4）获证对象无变更，体系运行正常，存在不符合项；

（5）获证对象无变更，体系运行正常，无不符合项。

传统的认证监督手段主要有：现场质量管理体系审核、工厂抽样检验、市场抽样检验。

2020 年新冠肺炎疫情暴发给不少认证机构带来难题，人不能去到现场，认证监督到底怎么做呢？在疫情的推动下，利用互联网技术进行认证企业的监督步伐明显加快。

第二节　“互联网 + 认证”监督技术

一、行业规定和要求

2018 年，国际认可论坛（IAF）修订了强制性文件 IAF MD 4：2018《信息和通信技术（ICT）在审核中的应用》，并于 2019 年 7 月 4 日实施。为落实 IAF 强制性文件的要求，中国合格评定国家认可委员会（CNAS）等同采用 IAF MD 4：2018，修订了专用认可准则 CNAS-CC14：2019《信息和通信技术（ICT）在审核中的应用》，于 2019 年 7 月 4 日实施后代替 CNAS-CC14：2008（IAF MD 4：2008）《计算机辅助审核技术（CAAT）在获得认可的管理体系认证中的使用》。与此同时，美国国家标准协会认证机构认可委员会（ANAB）发布了 Heads up 433，旨在告知获认可的认证机构，ANAB 于 2019 年 7 月 4 日起依据 IAF MD 4：2018 对在审核中使用 ICT 的认证机构实施认可评审。

在此阶段，远程审核在风险分析的基础上利用 ICT，提高审核的效率，降低审核成本，在许多审核方案 / 方法中都糅合了的远程审核的内容，如 ISO 19011：2018《管理体系审核指南》附录 A 中，就提出了远程审核的方式和内容，但此阶段的远程审核仅仅作为审核的方式之一，与现场审核互为补充，并不能替代现场评审。

2020 年新冠肺炎疫情暴发，审核员出行受到限制，无法到达受审核方场所实施审核，远程审核成为唯一的审核手段。然而，技术支持在线会议、共享文件和设备屏幕等，这些都是可纳入同行评价进程的有用工具。为规范和统一远程审核的实施，一些机构发布了一些远程审核的指南。

ISO 和 IAF 组织在 2020 年 4 月 16 日联合发布了《ISO 9001 审核实践小组指南：远程评审》（ISO 9001 Auditing Practices Group Guidance on：REMOTE AUDITS）。本文件从审核方案的制定、审核规划和审核实现 3 个方面对远程审核进行了探讨，指出了一些好的和坏的做法，并分享了一些例子，也提出了一些信息和通信技术使用的一般风险和机会分析，可以作为决策过程的基础。

2020 年 12 月 24 日，中国认证认可协会发布了 T/CCAA 36—2020《认证机构远程审核指南》。编制本文件的目的是确保远程审核的有效实施。认证机构及相关方都需在基于风险的原则指导下，了解其在远程审核过程中的输入、预期输出以及风险和机遇等方面的作用，以期实现审核目标。本文件总结了信息和通信技术（ICT）

应用的最佳实践，为规范和指导认证机构开展远程审核活动，确保远程审核的有效性和质量，管理远程审核风险和机遇提供指南。

2021年1月，IAF和ILAC联合发布了《IAF/ILAC在COVID-19大流行期间对区域和单一认可机构进行远程同行评审的方法》，本文件提供了如何在COVID-19大流行期间满足IAF/ILAC A1和A2文件要求的指南。编制本文件的目的是支持IAF和ILAC在COVID-19大流行期间保持对IAF/ILAC和区域同行评审系统的必要协调和信任。该文件反映了IAF/ILAC的立场，即对区域和单一认证机构进行完全远程同行评估在短期内是不可避免的。但同时，IAF/ILAC也表达了这样的观点："不管是什么情况，在正常情况下，同行评估在未来不希望成为一项完全数字化的远程工作。除了确定是否符合规定的要求外，同行评估还应是一个机会，让想法、问题和解决方案在团队和接受评估的认证机构之间以及同行评估团队内协同流动。这对于保持类似水平的协调和成熟以及鼓励认证界的改进是必不可少的。在现场，面对面评估仍然被认为是一种更有益和更有效的方法，在今后的评估协议中始终占有一席之地。"

虽然有上述这些指南，一些认证机构在疫情期间实施了大量的远程评审，保证了认证活动的连续性，但大部分机构和人员都承认，远程审核中所采用的手段仅仅是应对特殊情况下的疫情，如果认证机构在疫情结束后，想常态化使用远程审核技术，就目前认证机构所采用的手段还是远远不够的，因此建立大数据分析手段，改进认证模式才能解决之道。

二、远程审核

（一）远程审核原则

1. 保密性原则

应用ICT实施远程审核，确保电子信息或电子化传输信息的保密性、安全性和数据保护非常重要。认证机构宜考虑与保密性、安全性和数据保护相关的法律法规和客户要求，就遵守的措施和规则达成一致并加以实施。

2. 基于风险的原则

应用ICT实施远程审核，认证机构宜对实现审核目标有影响的风险加以识别、评估和管理。风险可能与下列方面有关，包括但不限于：

（1）审核类型；

（2）所审核活动 / 过程和场所的复杂性、代表性；

（3）ICT 的选择；

（4）ICT 所需的资源与条件；

（5）审核组应用 ICT 获取审核证据的能力；

（6）电子信息或电子化传输信息的真实性、完整性；

（7）其他支持条件。

3. 持续改进的原则

认证机构宜根据对远程审核活动评价的结果，持续改进远程审核的充分性、适宜性与有效性。

（二）远程审核方法的管理

1. 总则

认证机构宜建立远程审核方案，该方案在符合 ISO 19011：2018 中 5.1 所有要求的同时宜考虑本文件对远程审核提出的特定因素的建议，这些因素包括但不限于：

（1）远程审核的目标；

（2）与远程审核方案有关的风险和机遇及应对措施；

（3）远程审核的信息安全原则；

（4）实施远程审核的能力。

注：不断监视和测量审核方案的执行情况，以确保实现其目标。宜定期开展审核方案的审查工作，以便确定变化的需要和可能的改进机会。

2. 确立远程审核方案的目标

在符合 ISO 19011：2018 中 5.2 要求的基础上，当下列（但不限于）情况得到满足时，认证机构可实施远程审核：

（1）实施远程审核所需的信息是充分的；

（2）远程审核的范围（审核内容和边界）基本确定（产品认证除外）；

（3）远程审核的方式 / 方法以及可行性得到确认；

（4）双方实施远程审核活动的能力得到确认；

（5）认证机构和受审核方之间任何已知的有关远程审核理解上的分歧已经得到解决。

适宜时，认证机构宜编制实施远程审核调查表，对受审核方实施远程审核的能力进行调查。

依据本文件，认证机构宜针对所获得的远程审核相关申请信息与受审核方进行沟通，并实施评审，包括：

（1）根据远程审核风险评价需要评审受审核方是否满足实施远程审核条件；

（2）对认证机构自身能力的评审：

1）申请范围及专业风险；

2）实施远程审核的支持条件。

（3）与受审核方沟通实施远程审核的可行性。

注：在与受审核方沟通远程审核意向时，认证机构可以适宜的方式与受审核方沟通远程审核的可行性，并评估远程审核的风险以及后续可能需要采取的措施等。

3. 确定和评价远程审核的风险和机遇

在符合 ISO 19011：2018 中 5.3 要求的基础上，认证机构在策划远程审核方案时，宜考虑前面提及的远程审核原则，对可能影响远程审核有效性的认证项目，或认证项目中的活动 / 过程进行风险评价。对于评价结果为高风险的认证项目，或低风险认证项目中的高风险活动 / 过程，不适宜采用远程审核。策划宜：

（1）保证实现远程审核的预期结果；

（2）预防或降低远程审核风险；

（3）实现远程审核活动的持续改进。

认证机构宜策划：

（1）风险评估准则以及风险应对措施；

（2）如何：

1）在远程审核活动中实施这些措施；

2）评价这些措施的有效性。

4. 建立远程审核方案

认证机构在建立远程审核方案时，宜在符合 ISO 19011：2018 中 5.4 要求的基础上，同时考虑（但不限于）2.4.1、2.4.2 的相关内容。

（1）远程审核协议

认证机构宜针对远程审核与受审核方签订具有法律约束力的合同或协议，合同或协议中可包括但不限于以下涉及远程审核的必要信息：

1）认证机构（含人员）、受审核方及相关方（实施远程审核所使用的 ICT 的提供方，如第三方软件平台）的责任与保密要求；

2）信息安全要求及风险；

3）远程审核的范围及边界；

4）实施远程审核活动的资源、方式、方法；

5）应急响应要求；

6）认证决定后效果及有效性的评估。

可行时，认证机构可提供合同/协议模板。

若认证委托书等具有法律约束力的文件中已明确了远程审核的风险和信息安全等内容，可不再签订合同或协议。

（2）远程审核方案策划

1）远程审核方式的策划

根据受审核方的申请范围、认证项目或认证项目中的活动/过程的情况，以及开展远程审核风险的评价结果，远程审核方式可策划为：

①完全远程审核

审核组全体审核员都不在受审核方的场所，而受审核方的人员和过程要么位于受审核方的场所，要么在另一个场所。

②部分远程审核

审核组中部分审核员在受审核方的场所，而另一部分审核员不在受审核方的场所。对关键场所、活动的审核宜安排在受审核方场所的审核员进行审核，以保证审核的有效性，其他场所或活动/过程可实施远程审核。

原则上，对于有特定认证制度要求的体系，宜按该特定要求进行（如要求部分远程审核中远程审核时间不能大于总审核时间的一半）。

③现场远程审核

审核组全体审核员在受审核方现场，并对另一现场的受审核方的活动/过程或人员进行审核。通常，对于远程审核方式的选择原则是：

a）确保审核的完整性和有效性；

b）确保各体系的审核要求得到满足。

2）审核方案

这里的审核包含了管理体系、产品和服务认证的初次审核、监督审核以及再认证审核，需要考虑的具体内容如下：

①对于初次审核是否采用远程审核以及远程审核的方式及实施远程审核的程度，宜考虑但不限于以下因素：

a）法律法规以及行业的相关要求。

b）认证风险评价结果。

c）认证项目的风险及复杂程度。如高风险认证项目，或低风险认证项目中的高风险活动 / 过程、活动 / 过程复杂的，一阶段审核不宜采用远程审核的方式，二阶段宜采用部分现场和部分远程审核结合的方式，如化工企业的生产现场、危险化学品贮存场所等。

d）其他因素，如有保密要求限制等。

②对于监督 / 再认证项目宜根据所实施的认证项目的风险评价结果，采取适宜的远程审核方式进行。原则上，不能连续两次审核都以完全远程审核的方式进行。

③对于特定的认证制度，宜遵守相关的要求，如职业健康与安全管理体系（OHSMS）、食品安全管理体系（FSMS）、危害分析和关键控制点体系（HACCP）、建设施工行业质量管理体系（EC9000），可在相关制度得到遵守的前提下，在认证风险及项目风险评价结果的基础上选择适宜的远程审核方式进行审核。

④对于产品认证实施远程检查的特定要求如下：

a）产品认证机构在确定包含远程检查的认证方案时，宜考虑认证风险与成本、完全远程审核及部分远程审核的要求，全部或部分纳入管理体系要求，也可不纳入管理体系要求；

b）认证机构应用远程方式实施产品抽样、一致性检查时，宜以适宜的方式方法，确保抽样和检查样本的真实性、代表性；

c）适宜的方式方法包括增加远程检查的频次，利用适宜的 ICT 以获取远程产品抽样、远程一致性检查样本的总体信息等；

d）认证机构宜依据产品要求，编制远程产品抽样实施指南、远程产品一致性检查指南，以确保远程产品抽样和产品一致性检查的效率及检查结果充分、清晰、可追溯，当产品要求变更时，认证机构宜评估产品抽样实施指南、远程产品一致性检查指南的充分性、适宜性及实施效果。

⑤对于服务认证实施远程审核的特定要求如下：

a）对于服务管理审核，可依据 T/CCAA 36—2020《认证机构远程审核指南》的通用要求进行远程审核的策划和实施；

b）对于服务特性的测评，可根据不同服务业态的情况、接触方式和选择的不同模式，进行风险评估，以确定是否适宜远程审核，并保留风险评估的结果，经与受审核方协商后制定远程审核方案，得到受审核方确认后实施；

c）对实施远程审核的效果进行评估。

（3）成文信息

认证机构宜建立、实施并保持远程审核过程控制的成文信息，以确保远程审核的可追溯性和有效性。

1）成文信息的类型

远程审核成文信息的类型可包括但不限于：

①信息随实际变化的动态文件，如视频文件、音频文件；

②信息不随实际变化的静态文件，如照片或截图等；

③电子文档，如 PDF 、WORD 、EXCEL 文件等。

2）成文信息的控制

认证机构宜确保生成、获取、收集、整理、传输、保存和处置的成文信息完整、清晰、真实、可追溯，具有安全性和保密性，并予以保护，防止非预期的更改和使用。

3）成文信息的收集和获取

成文信息的收集和获取宜遵守国家法律法规和受审核方信息安全的有关规定，并宜注意下列事项：

①事先获得受审核方许可，并考虑保密和安全事宜；

②如确需访问受审核方数据信息如数据库时，宜在受审核方授权的前提下进行，并遵守受审核方相关的信息安全保护措施要求，防止未经授权的访问、不当使用、损坏和泄露。一般不建议直接访问受审核方的数据库。

对于由受审核方生成的成文信息，宜至少追溯到：

①信息生成的日期和时间；

②编排整理的方式方法，关注信息是否经过编排整理（如将不同照片合成为一个文件）；

③信息传输的方式方法，如同步的、异步的；通过腾讯会议、邮件等；

④审核组接收信息的日期、时间和人员。

4）成文信息的传输

成文信息传输时，宜采取措施防止数据交换、访问过程中给受审核方带来信息安全风险，并确保电脑等信息处理设备采取相应的保护策略（如开机密码、消空桌面、防止无人值守等），避免审核期间的信息泄露。

不宜在未采取防护措施的情况下，直接在互联网及其他公共信息网络中临时存储、处理含有敏感内容的成文信息。

5）成文信息的保存和处置

成文信息的保存宜注意下列事项：

①远程审核成文信息的保存宜与现场审核成文信息要求一致；

②宜采取适宜的方式，对所保留的成文信息的分发、访问、检索设置权限，防止非预期使用；

③当使用网盘、移动硬盘等保存成文信息时，宜有备份，对于使用网盘保存方式的，还宜在签有保密协议的基础上加密存储；

④远程审核所收集的资料，如涉及保密信息，认证机构需保留，宜征得受审核方同意，如非必要，不建议收集受审核方的保密信息，收集的涉密信息宜进行脱密处理。

成文信息的处置宜注意下列事项：

①认证机构宜确保审核员在远程读取涉及保密信息时，不私自下载、保留这些资料，如有需要下载和保留的，宜得到受审核方的许可，并在审核结束并上交审核资料后进行彻底删除，且经受审核方确认；

②远程审核资料到保存期限后，认证机构宜按规定对这些资料进行销毁，对其中涉及保密信息的销毁，认证机构宜以适宜的方式告知受审核方。

5. 实施远程审核方案

实施远程审核前，认证机构宜就远程审核方案的相关内容与受审核方进行沟通，并取得一致，宜保留受审核方对远程审核方案确认的记录。

认证机构宜指定具有实施远程审核能力的审核组，以审核任务的形式将远程审核方案的相关要求传递给审核组长。对于监督 / 再认证项目实施远程审核的，审核组中宜至少有一名曾经参与该项目审核的熟悉受审核方体系情况的审核员。

审核组长宜根据受审核方提供的相关信息和审核方案的要求，策划和制定远程审核计划，以清晰地确定所要求的审核活动的具体安排，宜与受审核方就远程审核计划的有关事项达成一致。

审核组宜根据远程审核方案的程序，向认证机构报告每次审核的审核发现和结论。负责管理审核方案的人员对审核方案的实施结果进行评审，并记录评审结果，以作为调整审核方案的信息输入。

6. 监视远程审核方案

认证机构宜对远程审核实施过程进行监视，以确保远程审核的有效性。

认证机构宜确定：

（1）监视的内容，包括但不限于：

1）审核组按审核计划实施远程审核的情况；

2）审核方案的合理性；

3）审核资源的充分性和适宜性，包括人员能力及 ICT；

4）主要活动、过程和关键控制点的审核充分性；

5）适用时，应急情况处理的适宜性；

6）信息保密和安全措施的有效性；

7）审核记录的充分性和适宜性；

8）实现审核目标的风险是否得到识别、评估和管理；

9）审核目标的达成情况。

（2）认证机构宜基于风险识别、评估的结果确定监视的频率，监视的方法包括但不限于：

1）采用适当的 ICT，观察审核组的审核活动；

2）对审核方案进行评审；

3）对审核结果进行确认。

（3）监视结果的处理。当监视发现审核过程未按审核方案实施或未达到审核目标时，宜安排补充审核或采取其他补救措施。宜保留适当的文件化信息作为监视的证据。

7. 评审和改进远程审核方案

审核方案管理人员宜根据有关审核活动实施过程反馈的信息（包括审核组和认证复核及决定的反馈、受审核方反馈和认证规则要求的变化等）对远程审核方案策划的适宜性、充分性和当次审核实施的有效性进行评价，评价其是否达到预期目标以及可能存在的潜在风险。

远程审核方案的评价结果，作为远程审核方案调整和持续改进的输入。

如果远程审核方案的评价结果显示所策划的远程审核活动没有达到预期结果、认证风险较大或存在降低认证结果可靠性时，则宜对远程审核方案进行调整或改进。

远程审核方案的调整或改进，包括但不限于：

（1）对认证审核档案进行复核，并根据复核的结果制定调整方案；

（2）对认证项目进行现场补充审核；

（3）对本认证周期内后续审核的审核方案进行调整和完善；

（4）输入本认证周期管理体系绩效评价，以在下一认证周期的审核方案策划时做出适当的调整。

（三）实施远程审核

1. 总则

远程审核活动与典型审核活动的主要差异体现在信息源和收集信息的方式。认证机构宜根据具体审核的目标和范围确定以下内容的适用程度。

2. 审核的启动

在远程审核实施前，审核组宜与受审核方事先商定时间，对远程审核时拟使用的设备、设施、工具、环境进行测试，确保实施记录可远程查阅，确认接受审核人员使用远程工具的能力。宜实施的活动包括但不限于：

（1）确保审核用电子设备具有视频和语音、联网功能；

（2）确保审核期间的物理环境无干扰；

（3）商定审核资源包括网络与设备、环境、人员（备用的向导和迎审人员）的应急方案；

（4）记录测试结果并在必要时修正审核计划保持适宜性；

（5）确认与受审核方关于远程审核保密信息的披露程度和处理的协议；

（6）获得受审核方的充分合作。

3. 审核活动的准备

（1）成文信息评审

宜通过适宜的方式对受审核方的相关管理体系的成文信息进行评审。成文信息的收集、获取、传输等宜遵守国家法律法规和受审核方信息安全的有关规定。

（2）策划和制定远程审核计划

在按照现场审核策划并制定审核计划的基础上，策划远程审核宜考虑如下方面的内容，包括但不限于：

1）与受审核方沟通并确认远程审核所需的设施设备与环境，验证是否具备远程审核的条件，评估远程审核的可行性和风险并形成文件；

2）确定审核组成员分工和日程安排，就使用的ICT要求及获取证据的具体方式、证据的保存及保密性要求达成一致意见，确保审核员分开审核时最大程度地利用好时间，并保持审核组内部良好的沟通；

3）与受审核方沟通确定参与审核的人员，并确保他们在所确定的时间可参与审核活动。必要时各审核员根据确定的审核任务，与受审核方参与人员在审核前预演来测试远程审核方式的使用，确认受审核方参与人员了解并掌握远程审核方法和使用的技术工具。如果发现存在不宜采用远程审核的风险，宜向审核方案管理人员建议改用现场审核；

4）在审核计划中确定不同审核活动所采取的审核方式或工具，包括但不限于如下情形：

①对于仅需要通过访谈、记录抽查、文件审核等方式进行评价的过程及活动（如采购过程、设计开发过程、顾客需求确认活动等），宜采用远程视频对话等方式进行审核与评价；

②对于生产、仓储等现场审核活动，宜采用移动视频等方式进行审核与评价；

③对于产品认证现场抽样活动，宜在移动视频监督下指导受审核方人员按审核员的要求实施。

（3）审核活动的实施

远程审核活动的实施方式主要有文件记录查阅、人员访谈、现场观察、测试/检测、会议等方式，具体做法见第五章第三节。

（4）应急响应

远程审核过程中，如因网络资源（如网络连接断开、访问授权被取消、停电等）等发生变化造成远程审核无法进行时，审核组宜启用应急响应措施，同时宜与受审核方沟通后向认证机构汇报，采取申请延长审核时间、延期审核、变更审核方案或中止等应对措施，并与受审核方达成一致。

（5）审核报告的编制和分发

如审核中采用了远程审核方法，宜在审核报告中予以明确说明。审核报告除应符合通用内容要求外，还宜报告以下内容：

1）实施远程审核的概况（包括地点、范围、使用的设备/设施和工具等）；

2）与受审核方达成的信息安全协议，以及是否符合了受审核方对信息安全的要求（适用时）；

3）远程审核中遇到的可能降低审核结论可靠性的障碍（包括远程审核方法的局限性），远程审核过程中遇到的影响按审核计划完成审核任务的突发事件及其处置措施（适用时），以及对整体审核可能带来的风险；

4）远程审核中使用的ICT的有效性，远程审核是否达到了审核目标；

5）是否需要补充现场审核，以及补充审核时需关注的内容。

（6）审核的完成

当所有策划的远程审核活动已经执行或出现与审核委托方约定的情形时（例如，出现了妨碍完成远程审核计划的非预期情形），远程审核即告结束。

审核的相关成文信息宜根据认证认可法规和认证机构的要求予以保存或处置，以确保远程审核证据的可追溯性和有效性。

除非法律要求，若没有得到审核委托方和受审核方（适当时）的明确批准，审核组和审核方案管理人员宜在审核完成后立即清除无须保留的信息，确保受审核方的信息安全。

（四）远程审核的能力

1. 总则

远程审核过程依赖ICT相关的基础设施和运行环境，认证机构宜确定、提供并保持实施远程审核所需的基础设施、物理环境和网络环境，确保审核过程完整、安全、可信，获取真实和可用的审核证据。

对审核过程的信心和实现审核目标的能力取决于参与审核人员的能力，认证机构宜识别与远程审核相关的认证审核人员、受审核方相关人员及其能力需求，确保符合远程审核的特定能力要求。

2. 基础设施与运行环境

（1）基础设施

基础设施要求如下：

1）认证机构宜确定远程审核所需的ICT相关的基础设施，主要包括获取信息、数据加工、信息转换和电子文件阅议的工具和硬件设备，以及即时通信工具、数据传输的网络通信设备和存储设施及相关的平台和软件；

2）认证机构宜明确ICT在远程审核中的应用范围，如：

①通过音频、视频和数据共享等方式进行远程会议；

②通过远程接入方式对文件和记录的审核；

③通过静止影像截取、视频或音频录制的方式记录信息和证据；

④提供对生产场所或潜在危险场所的视频或音频访问通道等。

（2）运行环境

认证机构宜制定必要的信息安全和保密规则，明确信息分级的要求，制定相关信息安全策略，规定移动电子设备使用、密码设置、恶意软件防范、备份等方面的要求，防范远程审核时信息获取、传输、存储和处置过程的信息安全风险。

认证机构宜就通信畅通和信息安全做出必要安排，如提供远程审核使用的网络、统一的通信工具、存储介质和定制开发的软件等。认证机构宜确保认证审核人员了解信息安全的要求，采取适当的保护措施，包括使用音视频通信工具审核时所处环境宜保持安静和安全、没有与审核无关人员在场等。

（3）沟通和确认

认证机构宜就远程审核中应用ICT的范围和方式，确保设备设施、物理环境和网络环境的适宜性等与受审核方达成一致。受审核方宜确保审核期间能够保持网络稳定，有足够的宽带支持远程审核活动；确保远程接入受审核方系统、使用受审核方的视频监控设备或无人机等遥控设备时，审核人员在审核前知悉信息安全要求并取得相关授权，以及必要时获得受审核方IT人员的支持。

在远程审核实施前，认证审核人员可通过模拟测试等方式确定远程审核所需的基础设施、运行环境等条件均已具备，与受审核方共同识别敏感信息或保密场所审核受限可能造成的审核风险，以及可能导致远程审核中断的基础设施与运行环境问题，并制定相应预案。

3. 人员

（1）认证人员远程审核特定能力要求

参与远程审核认证管理的人员宜具备基本的风险意识、合规意识和保密意识。

承担远程审核的审核人员宜具备以下特定能力：

1）具有风险和机遇意识。如能够识别远程审核项目风险、信息安全风险及职业健康安全风险；知晓应用ICT对信息收集的有效性和客观性的影响；

2）了解信息安全和保密方面的相关要求；

3）熟悉相关法律法规和其他要求、熟悉对于远程审核的相关强制性要求或指导性意见；

4）具有在审核时使用适当的电子设备和其他技术的能力，如熟练使用常用会议软件举行电话、视频会议，利用移动摄像技术、视频监控系统的能力；

5）具有理解和利用所采用的ICT的能力，需要时包括远程接入方式进入受审核方电子信息系统或数据中心的能力；

6）具有良好的统筹、协调和沟通能力；

7）具有风险和机遇的应对能力，如由于技术原因使审核活动受阻时（如中断访问），使用替代技术的能力。

（2）认证人员能力确认、保持和提高

认证人员能力确认的方法可包括对远程审核项目复核和审议、受审核方感受的信息反馈、现场见证等，能力确认的内容宜根据不同岗位来确定，包括认证申请评审准确性、审核方案策划的充分性、审核计划执行与沟通的有效性、审核结果的有效性、远程审核工具应用的熟练程度等方面。

能力的保持和提高可通过ICT培训、参加研讨会、实施远程审核等方式来获得，持续的专业发展还需考虑ICT的发展、法律法规、标准和相关要求的变化等。

（3）对支持远程审核的受审核方人员的能力要求

认证机构宜要求受审核方配置充分和适宜的远程审核支持人员，并具备以下特定能力：

1）良好沟通能力；

2）理解和应用ICT协助审核组获取审核证据的能力；

3）理解ICT可能带来的信息安全风险，能够指导审核组遵守受审核方的信息安全规则，并具备信息安全风险防范能力和补救能力；

4）当出现网络通信不畅等导致远程审核中断的基础设施与运行环境问题时，具备应急处理能力。

4. 评价与改进

认证机构宜按照策划的时间间隔，对远程审核的充分性、适宜性和有效性进行系统性评价。评价的内容包括但不限于：

（1）远程审核风险识别充分性及应对措施的有效性；

（2）远程审核方案策划的合理性；

（3）远程审核资源配备的充分性；

（4）信息保密和安全措施的有效性；

（5）审核目标达成情况；

（6）必要时，还宜评估远程审核应急情况处理的适宜性。

认证机构宜利用评价结果识别改进机会，包括对远程审核程序和方案的必要修订。

三、风险评估技术

（一）风险分类

根据认证对象的上一次评定和风险评估结果，按照风险等级对认证对象进行分类，风险较高的企业予以重点关注。

认证机构收集、整理与认证产品及其生产企业有关的各类质量信息，并据此对生产企业进行分类，一般将生产企业分为 4 类，分别用 A、B、C、D 表示（见表 7-1）。

生产企业分类所依据的质量信息至少包含如下方面：

——工厂检查（包括初始工厂检查和获证后的跟踪检查）结论；

——认证机构的抽样检测结果（生产现场抽样或市场抽样）；

——国家级或省级质量监督抽查结果、专项监督检查结论；

——认证委托人、生产者、生产企业对获证后监督的配合情况；

——司法判决、媒体曝光及产品使用方、社会公众的质量信息反馈；

——认证产品的质量状况；

——其他信息。

表 7-1　企业的分类原则

类别	分类原则
A	（1）近 2 年内的初始工厂检查 / 获证后跟踪检查无不符合项； （2）近 2 年内获证后监督的生产现场抽取样品检测或者检查、市场抽样检测或者检查未发现不符合项； （3）原则上，近 2 年内的国家级、省级的各类产品质量监督抽查、专项监督检查结果均为“合格”； （4）其他与生产企业及认证产品质量相关的信息
B	除 A 类、C 类、D 类的其他生产企业
C	（1）最近一次初始工厂检查 / 获证后跟踪检查结论判定为“现场验证”的； （2）被媒体曝光产品质量存在问题且系企业责任，但没有严重到需暂停、撤销认证证书的； （3）根据生产企业及认证产品相关的质量信息综合评价结果认为需调整为 C 类的
D	（1）最近一次初始工厂检查 / 获证后跟踪检查结论判定为“不通过”； （2）获证后监督检测结果为安全项不合格的； （3）无正当理由拒绝检查和 / 或监督抽样的； （4）被媒体曝光且系企业责任，对产品安全影响较大的； （5）国家级、省级等各类产品质量监督抽查、专项监督检查结果中有关强制性产品认证检测项目存在“不合格”的； （6）不能满足其他产品认证要求被暂停、撤销认证证书的； （7）根据生产企业及认证产品相关的质量信息综合评价结果认为需调整为 D 类

认证机构依据所实时收集的各类质量信息，按照上述分类原则确定生产企业的分类结果（类别），对于无质量信息的初次委托认证的生产企业，其生产企业分类

结果（类别）为B级。

对不同分类的企业进行不同的管理，有利于控制风险，也有助于鼓励企业改善管理，减轻认证成本。

如在产品抽样检测时，根据产品质量状况、外部质量信息情况、企业分级情况等采取不同的抽样方式见表7-2。

表7-2 不同分类企业的抽样方式

企业分类	抽样要求
A、B	按照每个生产场所、每个产品工厂界定码前两位编码
C	每个工厂界定码，必要时，经过风险评估，对不同生产者产品抽样
D	每个工厂界定码，必要时，经过风险评估，按照产品小类、证书数量、不同委托人和生产者抽样

（二）数据监测

1. 认证对象重要信息变化

通过对认证企业的行政许可、行政处罚、失信惩戒、风险提示等方面数据的收集，判断企业是否发生如下变化：

（1）营业执照是否在续；

（2）许可事项是否得到审批；

（3）股东、组织架构和主要管理人员是否发生变更；

（4）是否发生行政处罚，是否与企业生产和产品有关；

（5）是否发生过失信惩戒事件；

（6）是否有重大风险提示，如上市公司发布的重要提示等。

上述信息企业信用查询系统进行采集，用于监督前的预评估，对于营业执照已过期、许可事项未审批、存在重大处罚、失信或风险的企业，应予以暂停或撤销证书。

2. 舆情分析

企业的负面新闻也是认证机构需要考虑的重要因素，可以让认证机构采取及时、科学的处置方式。舆情分析获取途径可以从各大媒体中采集，也可通过对消费者评价结果进行分析，主要包括：主要新闻媒体、行业资讯、自媒体、销售网购平台等。

考虑到全网搜索的成本和效率，认证机构可以采用关注认证对象相关的主要媒体和平台，采用网页自动解析或者手动检索方式。

对存在严重负面报道的企业，认证机构应进行调查，根据调查结果做出合适处理。

3. 监督抽查结果追踪

对于产品认证来说，每年的国家或省级产品监督抽查结果是必须而且重要的评价指标，这些监督抽查结果可以在国家产品质量监督抽查信息服务平台和各省市的市场监管局网站上查询。

认证机构对监督抽查不合格的产品认证证书将做出暂停或撤销的处理。

4. 标准变更

认证标准和产品标准的变更会导致评价指标的变化，标准的变化情况可以在全国标准信息公共服务平台上查询，对标准数据库进行定期更新。

对标准发生变更的情况下，认证机构应该对评价指标做出相应的调整。

四、监督流程和机制

考虑到互联网应用的情况有所差异，认证机构应根据认证项目中的活动/过程的风险评价结果，与客户沟通、协调，采用不同的监督方式：线下监督、线上监督、线下与线上监督相结合。

在制订监督方案之前，认证机构应通过互联网技术对认证对象的信息进行检索，结合上次审核结果，制订对应的监督方案。监督方案应至少包括：

（1）认证对象的风险等级；

（2）企业股权、经营、地址、组织架构、主要质量管理人员、质量负责人等信息的变更情况；

（3）相关产品标准的变化情况；

（4）认证对象的舆情信息；

（5）市场抽查情况；

（6）监督方式和要素。

第八章 “互联网 + 认证认可”共性技术体系的应用

第一节 “互联网 + 认证认可”共性技术标准体系

一、“互联网 + 认证认可”共性技术标准架构

目前我国缺乏统一的“互联网 + 认证认可”共性技术评价体系。我国认证机构设立申请时，业务管理系统也是必要条件之一，但是并没有具体功能的要求。各认证机构可以根据实际需求建立业务管理系统，目前很多机构基本上已实现了网上填报申请资料、审核方案制订、审核结果录入及证书打印等功能，但是基本上还是摆脱不了传统的审核模式。传统认证模式主要采取现场审核，依赖审核人员专业能力、审核周期长、抽样代表性缺乏科学性、结果公开化程度差、公众接收信息滞后。如何利用互联网强大的连接功能，结合中国互联网利用实际情况，建立贯穿认证认可活动的选取、确定、复核与证明、监督四大环节共性技术标准，引导和规范行业开展相关活动，非常重要。

综合考虑认证认可共性技术的创新发展和“互联网 +”技术升级换代规律，从是否存在空白、是否滞后需求、是否需要颠覆创新等角度，对现有认证认可技术体系进行全面梳理和诊断评估。

如图 8-1 所示，选取以家电产品认证、质量管理体系等为代表的认证认可对象，收集产品质量抽查、工厂运行数据、消费者体验、行业报道等相关信息，运用网络爬虫、聚类分析、回归分析、AHP 层次分析法、相关性分析、危害分析等方法，进行大数据分析，通过开发“互联网 + 认证认可”共性技术管理系统，按照“选取—确定—复核与证明—监督”认证认可活动的核心要素，分析每一个关键环节紧密对接“互联网 +”的方式、途径和实现手段，输出对应的“互联网 +”共性技术标准，构建“互联网 +”条件下认证认可共性技术体系。

互联网环境下的认证技术指南系列标准分为 3 部分（图 8-2）：

第 1 部分，制度评价标准：包括一般工业产品认证和其他行业的认证制度评价标准；

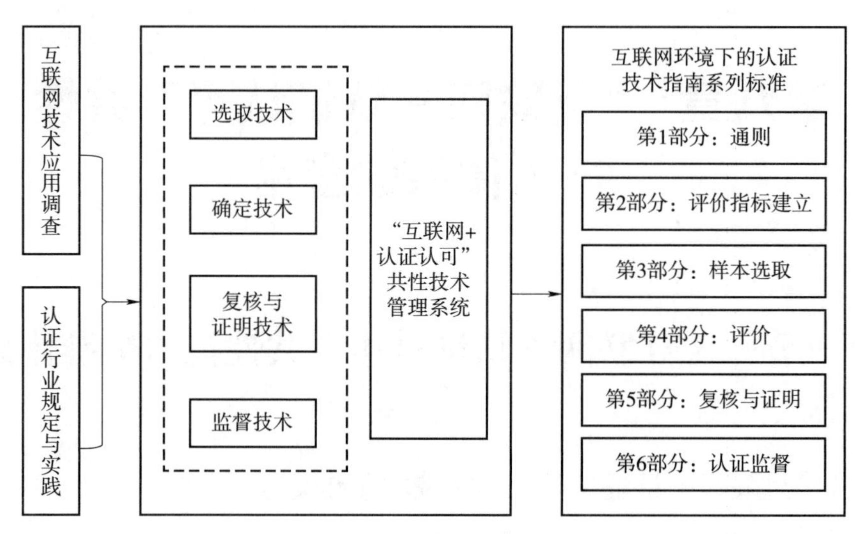

图 8-1 技术路线图

第 2 部分，共性技术通报标准：包括总则、评价指标建立、样本选取、评价、复核与证明、认证监督不同环节的共性技术指南；

第 3 部分，具体领域应用标准：包括农食产品认证、质量管理体系认证、能源管理体系认证、家电产品认证及其他新型的认证，如网络化和定制化产品生产模式下的认证等。

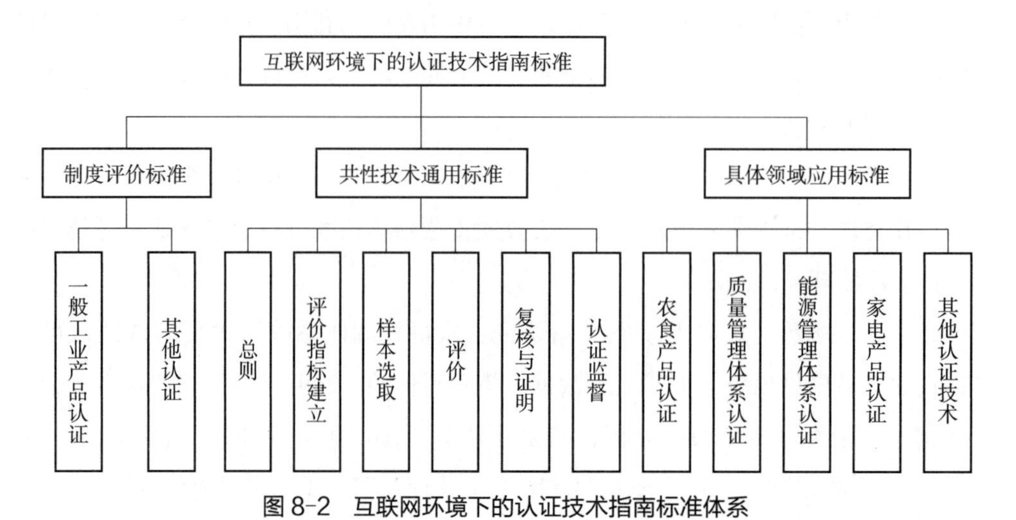

图 8-2 互联网环境下的认证技术指南标准体系

二、“互联网 + 认证认可”模式

互联网技术在中国得到了蓬勃发展，使“互联网 + 认证认可”成为可能，但是考虑到以中小企业为主的中国现状，“互联网 + 认证认可”要兼顾传统制造和新兴产业的需求，覆盖线上和线下两种模式的并存。

认证机构可以根据不同的认证类型和实施条件，可采用以下几种方式中的一种或几种的组合进行：现场审核、远程审核、设计鉴定、软件评估、专家评议、顾客调查、产品检测、特性测评、指定试验、数据分析等。

互联网环境下的认证活动原则上不改变原有的业务流程，改变的是信息获取和评价的方式。如果由于实际客观情况的限制，部分工作只能通过线下方式进行，可以采取线上和线下相结合的方式。

以产品认证为例，互联网环境下的认证活动流程如图 8-3 所示。

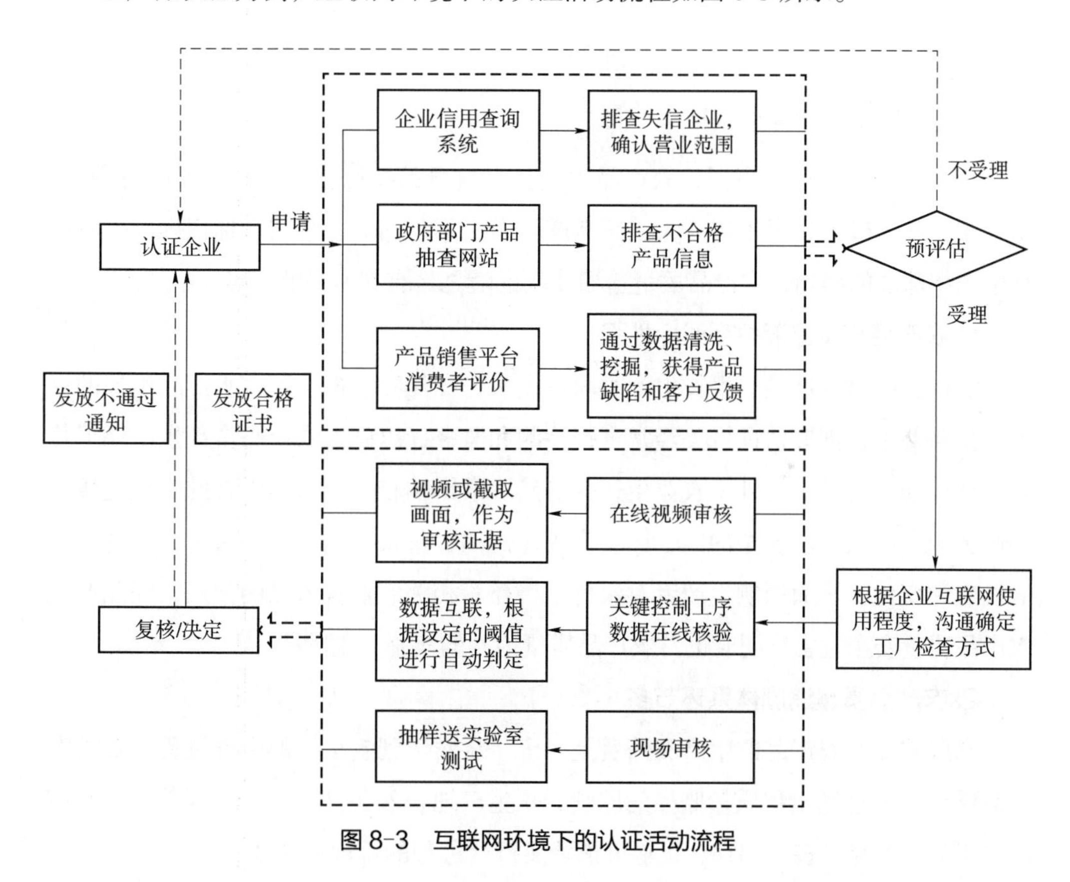

图 8-3 互联网环境下的认证活动流程

第二节 “互联网＋认证认可”共性技术体系的应用

一、传统领域的“互联网＋认证”

传统领域的认证在互联网时代下可实现创新发展。如传统的农产品质量体系认证中遇到的产品追溯难题，在运用互联网技术后可以得到很好解决。

农产品质量安全问题是保障人类生命和健康的重大民生问题，民以食为天是居民长久以来形成观念。改革开放以来，我国经济水平持续提升，人民对生活品质的追求不断提升，消费要求呈现多样化。然而，近些年来，农产品由于农药残留、兽药残留和重金属等有毒有害物质超标造成的食品安全事件接连发生，农产品质量安全问题已经威胁到居民的幸福健康生活。

这些农产品质量安全问题频繁出现引发了消费者的持续恐慌心理，如何在类似的质量安全事件发生后能够有效及时进行追根溯源，就成为新时期摆在我们面前的一个难题。

（一）农产品质量追溯体系的难点

与其他产品和服务不同，农产品生产具有自身的特殊性，比如生产的时令性，受气候、环境等自然因素影响大，鲜活产品多，不易储运、包装和标识等。受农产品生产特殊性的影响，农产品质量追溯体系也随之具有其本身的特点。

1. 农产品质量追溯体系时令性强

农业生产时令性强、生长生产时间跨度大，在作物、禽、畜、水产品生长的一个完整周期中，需要认证机关经常进行检测和监督，以确保农产品全部生产环节符合认证标准的要求。另外，农业生产受自然因素影响较大，自然因素的变化直接对一些影响农产品质量安全的因子产生作用，例如，直接影响植物病虫害、动物疾病的发生和变化，进而影响生产者对农药、兽药等相关农业投入品的使用，因此产生农产品质量安全危害，同时也对农产品质量追溯的实施产生障碍。

2. 农产品质量追溯体系环节多

众所周知，农产品的生产和消费是一个“从农田到餐桌”的全部过程，要求农产品质量追溯遵循全程质量监控的原则，从生产地自然条件、生产过程养殖、种植和加工到农产品包装、储存、运输、消费实行全过程的管理和认证。

3. 农产品质量追溯体系差异性明显

首先，农产品质量追溯的客体既包括植物类产品，又包括动物类产品，物种差异明显，产品质量变化幅度大。其次，当今我国农业仍旧以小农生产为主，规模化、组织化和标准化程度低，农产品质量参差不齐，并且由于农民文化水平和技术能力的不同，生产方式也有较大差异，因此，农产品质量追溯差异性明显。

4. 农产品质量追溯体系的风险评价因子具有复杂性

农业生产的客体是复杂的动物、植物等生命体，包含多变的、非人为控制的因子。农业生产中的农产品受遗传及自然环境影响很大，其发展变化具有内在的规律性，不以人的意志为转移，农产品质量安全控制手段和技术的多样性，导致农产品质量追溯的风险评价因子与其他产品和服务相比具有明显的复杂性。

（二）中国供销电商农产品质量安全保障示范平台

1. 追溯平台核心理念及建设特点

（1）追溯平台以“寻真”为出发点，建设“五端一库”体系，实现产品生产全过程覆盖、多角度监控

“五端一库”系统介绍：农户采集端负责采集种植数据，企业管理端负责采集企业数据，二维码打印端负责监控二维码印制，消费者管理端负责向消费者展示追溯内容，平台展示端负责监管部门整体监管把控。5个模块端口，分别实现不同功能，保障追溯系统的正常运转。“一库”是统一的后台数据库，实现数据快速集合分发，提高系统运转效率，为“五端”功能实现提供坚实后台保障。体系的建成，为后续企业入驻、功能升级、业务开发奠定了基础。系统建成后已在江西安远供销电子商务有限公司、陕西白水兴华果蔬有限公司开展了追溯示范。

（2）追溯平台以“服务”为落脚点，打造“四位一体”综合服务平台

“四位一体”服务介绍：中国供销电商农产品质量安全保障示范平台提供追溯服务，从田间种植到销售流通，全过程覆盖、多角度监控。国家果蔬及加工产品质量监督检验中心提供质检服务，权威机构、专业检测，保障农产品质量安全。中华全国供销合作总社济南果品研究院提供冷链服务，设施完备、经验丰富，保障将产品从基地新鲜地运送到客户手中。全国果品标准化技术委员会贮藏加工分技术委员会提供标准制定服务，专业辅导、个性定制，健全企业标准，提升企业内涵。

2. 质量追溯平台

（1）种植环节

1）基地、企业介绍：当鼠标移到企业、基地所在位置时，可以查看企业、基地等关键地点进行介绍（图 8-4）；

2）基地实时监控：通过安装摄像头，实时监控基地情况（图 8-5）；

图 8-4　山东省生产基地介绍图

图 8-5　生产基地实时监控图

3）基地气象监测：通过在基地安装田间气象站，实时监测基地主要气象因素，比如温湿度、降雨量、风力、空气质量指数、PM2.5 等（图 8-6）；

4）基地土壤监测：通过在基地安装土壤检测仪，可以实时监测土壤重金属含量、N/P/K 元素含量等要素，监测土壤成分，辅助合理施肥（图 8-7）；

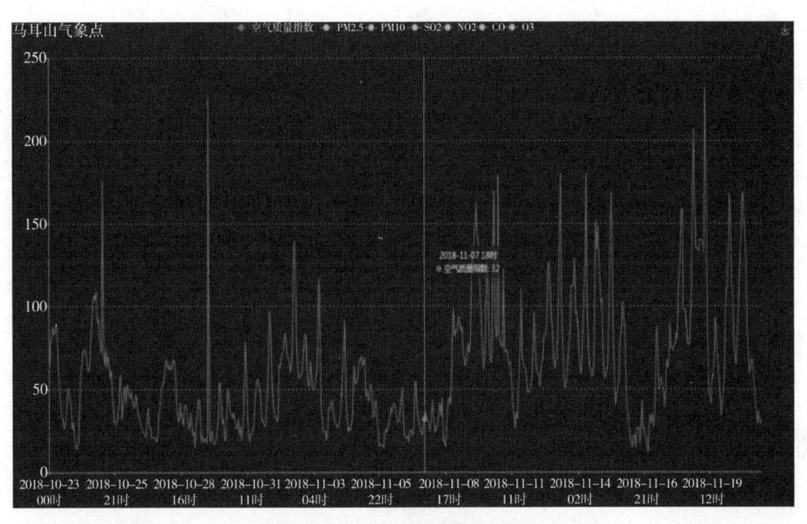

图 8-6 基地气象指数图

图 8-7 基地土壤监测示意图

5）基地信息在线管理：通过基地信息管理界面，管理基地信息，能够实现基地新增、修改和减少，查看 720° 全景图片以及实时监控。还可以通过气象传感器、土壤传感器查看基地环境信息；

6）农户信息管理：可在线查看、修改农户信息，为农户创建农户端账号，方便管理与统计（图 8-8）；

7）农事记录查看与审核：可在线查看农户农事操作记录并进行在线审核，操作规范、上传及时的农户将会获得更多信用分（图 8-9）；

农户管理

新增 修改 删除 农事记录

	姓名	app账户	身份证	手机号	所属机构	所属基地	地址	自有果园面积[亩]	备注	添加时间
1	[illegible]	syl	[illegible]	[illegible]	[illegible]公司	[illegible]基地	[illegible]市	5		2018-10-18 16:17:15.0
2	[illegible]	brf	[illegible]	[illegible]	[illegible]公司	[illegible]基地	[illegible]市	3		2018-10-18 16:15:12.0
3	[illegible]	whx	[illegible]	[illegible]	[illegible]公司	[illegible]基地	[illegible]市	4		2018-10-18 16:13:44.0
4	[illegible]	yjm	[illegible]	[illegible]	[illegible]有限公司	[illegible]基地	[illegible]市	7		2018-10-18 16:11:59.0
5	[illegible]	jyd	[illegible]	[illegible]	[illegible]公司	[illegible]基地	[illegible]市	8		2018-10-18 16:11:00.0

图 8-8　农户信息管理图

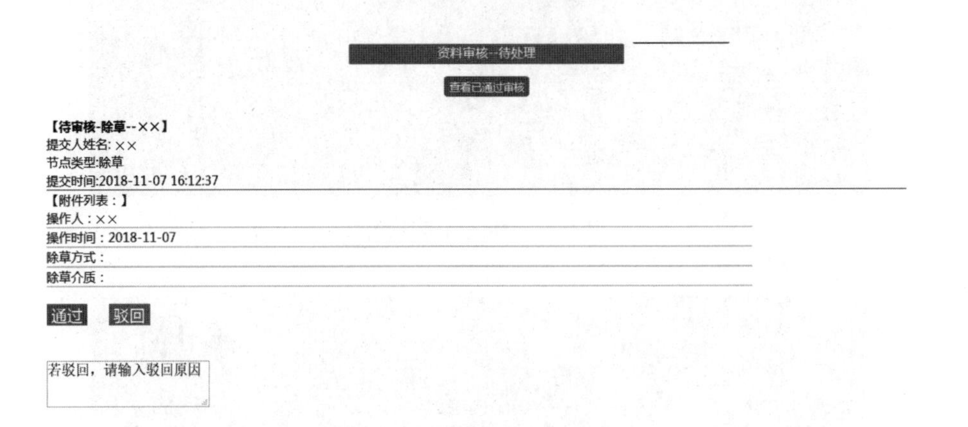

图 8-9　农事记录审核图

8）农事操作录入：将农事操作内容分为 12 项，每项均有农事操作介绍与指导，可以规范操作方法，统一记录格式，分类填写，拍照佐证，方便操作，记录真实（图 8-10）。

图 8-10　农事操作记录页面图

（2）贮藏环节

1）冷库温湿度实时监控：通过温湿度传感器对冷库进行实时温湿度监控，可以对相应温湿度进行预警阈值设置，超出预警值能通过系统发出警报（图 8-11）；

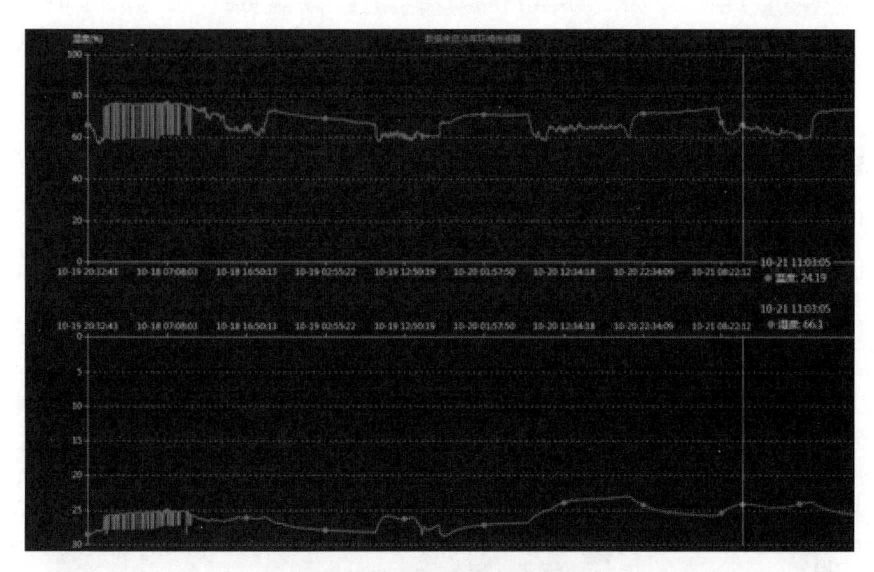

图 8-11 冷库温湿度监控图

2）冷库实时监控：通过在冷库安装监控，随时查看产品出入库情况（图 8-12）；

图 8-12 产品贮藏库实时监控图

3）冷库信息管理：通过冷库信息管理界面，管理冷库信息，能够实现冷库新增、修改和减少，还可以通过温湿度传感器实时监控冷库温湿度信息（图 8-13）。

冷库管理

新增　修改　删除　温湿度信息　查看二维码

	冷库名称	冷库编码	传感器编码	所属机构	备注	添加时间
1	002号冷库	002	66010669	公司	总库	2018-10-18 11:32:28.0
2	冷库	003	66011477	有限公司	存储出口苹果	2018-10-18 11:22:10.0
3	001号冷库	001	66010854		存储鲜苹果，桃子，梨	2018-10-18 11:16:50.0

图 8-13　冷库信息管理示意图

（3）加工环节

加工车间实时监控：实时监控加工车间产品加工情况（图 8-14）。

图 8-14　加工车间实时监控图

（4）流通环节

1）出入库信息管理：通过库存管理模块，管理出入库信息，以及对批次信息进行管理（图 8-15）；

入库信息

	入库名称	入库类别	冷库名称	入库人	入库时间
1	果桶	果桶	001号冷库	水果收购001	2018-10-16 23:11:57
2	果桶	果桶	01号冷库	水果收购001	2018-10-16 23:11:57

出库信息

	出库名称	出库类别	批次名称	冷库名称	出库人	入库时间
1	果桶	果桶	第一批次	001号冷库	水果收购001	2018-10-22 07:29:02
2	果桶	果桶	第一批次	001号冷库	水果收购001	2018-10-22 07:29:02

图 8-15　出入库信息管理

2）在线检测申请：在线提交检测申请，直接推送到相关检测机构，实现在线申请，减少申请步骤，缩短申请时间（图 8-16）；

检验申请信息	
申请人	[illegible]
联系电话	[illegible]
企业名称	[illegible]
申请人区域	山东烟台市莱阳市
申请来源	微信
申请说明	委托检验散装苹果
申请时间	2018-10-24 20:52:57

通过审核　关闭

图 8-16　在线检测示意图

3）在线查看检测结果：快检结果可直接上传到企业后台管理端、检测机构也可将检测报告上传到后台管理端，企业可以直接在网上查看结果（图 8-17）；

快检信息管理

新增　修改　删除

	样本名称	样本编号	检测项目	吸光度	结果	检测时间	送检单位	备注	添加时间
1	栖霞苹果	20181024092831	农药残留	[illegible]	阴性	2018-10-01	[illegible]公司	检验合格	2018-10-24 09:28:31.0
2	海阳秋月梨	20181024092559	农药残留	[illegible]	阴性	2018-10-04	[illegible]公司		2018-10-24 09:26:00.0
3	苹果	20181024092305	农药残留	[illegible]	阴性	2018-10-17	[illegible]公司		2018-10-24 09:23:06.0

图 8-17　快检结果示意图

4）代理商信息管理：可在线查看、修改代理商信息，方便管理与统计；

5）扫描二维码查询真伪：如图 8-18 所示，用手机扫描二维码查看详细产品信息，还可对比防伪编码验证产品真实性；

6）防伪查询：如图 8-19 所示，二维码展示端查询编码与二维码标签中防伪编码进行对比，可进行防伪查询。

图 8-18　二维码标签示意图

图 8-19　防伪查询页面示意图

3. 中国供销电商追溯平台追溯信息记录要求

（1）果蔬供应链外部信息记录要求

1）添加物必须记录：添加物来源信息，包括生产厂商、电话、地址等。比如二维码标签来源、包装箱来源、包装袋来源；添加物的产品信息，包括名称、批次、数量、规格等；购买信息，购买时间、地点。

2）出售必须记录：出售对象信息，包括企业名称、地址、联系人等；出售产品信息，名称、批号、数量、规格等；交易信息，销售时间、地点。

（2）果蔬供应链内部信息记录要求

1）品种繁育必须记录：种子（幼苗）识别信息，如种子（幼苗）名称、批号、数量、规格；亲本信息，如种子（幼苗）“亲本”品种、批号、数量、规格；繁殖信息，繁殖时间、品种、数量。

2）种植环节必须记录：并批、分批信息，种苗名称、原批号、产地、数量与规格、新产生的批号；产品标识，名称、批号、数量和规格；基地信息，基地环境、土壤信息、温度信息、水源信息等；水肥管理信息，施肥品种、时间、数量、操作人、灌溉时间、方式、操作人；病虫害防治信息，病虫害的名称、发病时间，用药名称、剂型、用量、时间、方式、操作人；采收信息，采收日期、采收基地编号、采收数量、采收方式、采收容器、快速检测信息、作业人员。

3）加工环节必须记录：并批、分批信息，产品名称、原批号、数量与规格、新产生的批号；加工产品标识，产品名称、批号、数量与规格；加工水信息，加工水水质信息、消毒方式、消毒剂剂型。添加物信息，添加方式；加工信息，加工车间、生产线编号、生产日期和时间、作业人员。

4）仓储物流环节必须记录：仓储物流信息，仓库编号、出入库数量、时间、运输工具编号、运输时间、温湿度记录、操作人员；检验信息，出入库检测信息。

（三）农产品质量追溯体系的特点

农产品质量追溯的技术体系包括产品信息、产品标识和产品识别方法。

农产品质量追溯体系运行机制的设计与运行，发挥其核心关键点，以各种技术为手段，以畅通信息流动的渠道为主线，有效解决信息不对称在农产品质量安全各利益相关者之间存在的问题，进而实现在信息趋于对称前提下，农产品质量追溯体系的高效运行。

二、定制化产品认证

在以数据为核心的认证方案中，对定制化网络化生产以及认证过程中产生的大数据进行质量控制是重中之重。只有在保证数据质量的前提下，定量模型才能发挥最高效的作用。对定制化生产流程中产生的数据的质量提出一系列规范和要求，从而为我们设计的统计学模型提供数据支撑，为定制化生产模式下的产品认证做技术准备。

（一）认证数据类型

定制化和网络化生产模式的认证，需要收集如下部分类型的数据（根据对产品安全的影响分级）：一级：产品数据、检验验收数据；二级：顾客投诉安全相关数据；三级：订单数据、采购数据、设计与开发数据、生产制造和管理信息数据、物流信息数据、交付信息数据、顾客反馈信息数据。

（二）认证数据质量一般要求

认证数据标准和数据质量可以通过数据质量维度和要求、数据质量管理要求和数据安全管理要求进行规范。

（三）定制化和网络化生产模式下安全认证数据质量要求

定制化和网络化生产模式下的安全认证数据具有特殊性，除了需要满足基本要求之外，还需要满足下面所列的要求。

1. 数据来源

定制化和网络化生产模式下的安全认证数据主要来源于以下几个方面：

（1）国家强制性产品认证标准样机全项试验报告数据；

（2）专家判断信息（定性知识图谱）；

（3）认证实施规则数据；

（4）定制化产品结构、参数、供应商等定制化信息的变更数据；

（5）检验重要程度评分数据；

（6）定制化产品结构变更对应认证涉及章节及条款数据；

（7）企业产品检验报告数据。其中，国家强制性产品认证标准样机全项试验报告数据和企业产品检验报告数据中应该包含足够多的正样本（检验合格）和负样本（检验不合格），以利于后续统计模型的建立和评估。

数据收集需要从短期和长期两个方面进行积累。短期方面应该根据定制化中结构变更及其涉及章节的关系知识图谱，进行表头设计，其中结构变更内容作为自变量 X，检测结果（包括直观判定时所依赖的阈值）作为因变量 Y。根据表头，录入中国质量认证中心已有的全项报告数据以及企业的检测数据。

长期方面应该通过深入企业，探索认证机构和企业、厂商之间的协调和沟通机制，利用因子试验设计等统计手段来进行数据收集，录入已经设计好的结构化数据库内，同时着重积累负样本（检查不合格）信息。

2. 数据存储形式

定制化生产模型下认证数据应以易于计算机分析和处理的结构化方式存储。专家判断信息需要以结构化数据库形式储存。如果原始数据以 PDF 或者 Word 等格式储存，同样需要结合领域知识将其转化为可供分析建模的结构化数据。

3. 质量要求

定制化生产模型下认证数据应满足前面章节提出的数据质量维度和要求、数据质量管理要求和数据安全管理要求，同时，有如下补充要求：

（1）数据中每个变量需要有明确的变量类型标注，变量的值需要符合变量类型；

（2）数据之间需要具有相容性，比如历史数据的维度需要和定性知识图谱的维度相容；

（3）样本中的数据需要包含足够比例（如不少于 10%）的正样本（检验合格）和负样本（检验不合格）；

（4）从多方获取的检测样本数据需要使用数据质量控制程序进行检测，以便后续对数据进行整合建模。

（四）定制化和网络化生产模式下的数据质量控制流程

结合定性知识图谱中定制化项目与检验结果之间的影响关系，对收集到的定制化产品数据进行整理与数据质量评估，具体流程如图 8-20 所示。

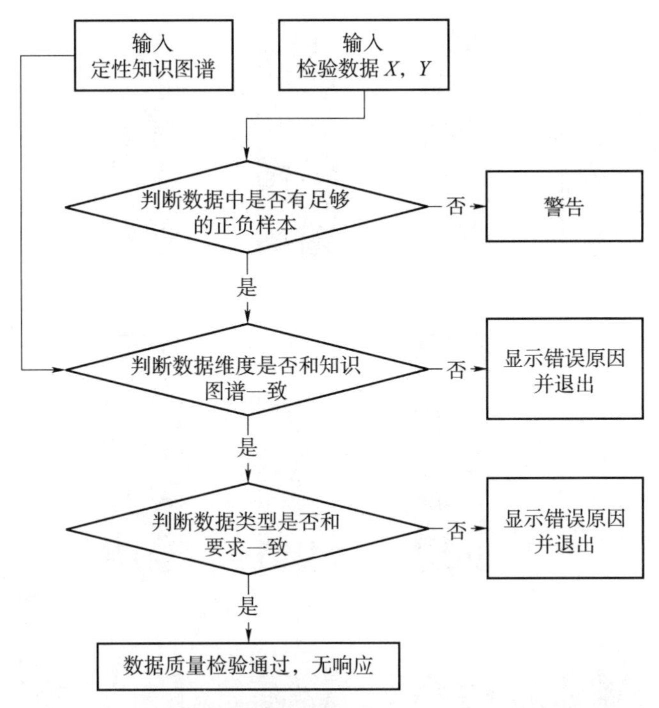

图 8-20 定制化和网络化生产模式下的数据质量控制流程

（五）定制化生产模式下认证方案的统计学模型与算法

在确保定制化和网络化生产模式下认证数据质量的基础上，从统计学原理和方法出发，以冰箱安全认证为实例，以认证大数据为基础，充分利用产品认证专业知识，建立一整套面向定制化生产模式下产品认证的新框架。该框架将定制化生产模式下产品的安全认证问题转化为对产品安全风险的评估问题，通过建立定量统计学模型对定制化产品的安全风险进行量化，并运用实验设计的原理和方法设计经济有效的认证方案。通过基于认证大数据的仿真模拟研究，我们验证了该方法的准确性、有效性和实用性。相关研究成果可以对定制化模式下生产的产品实现可靠、高效、智能的认证，从根本上突破定制化生产模式下产品认证的理论和技术瓶颈，对我国产品认证模式的创新具有重要的理论和现实意义。

（六）定制化生产模式认证流程

图 8-21 以电冰箱安全认证为例得到的定制化生产产品认证新模式，通过将定性专业知识和定量数据分析相结合，对大量的定制化组合构建风险排序，并从中挑选出少数综合风险最高的定制化组合进行认证检测，从而有针对性地配置有限的检测资源，提高认证效率。

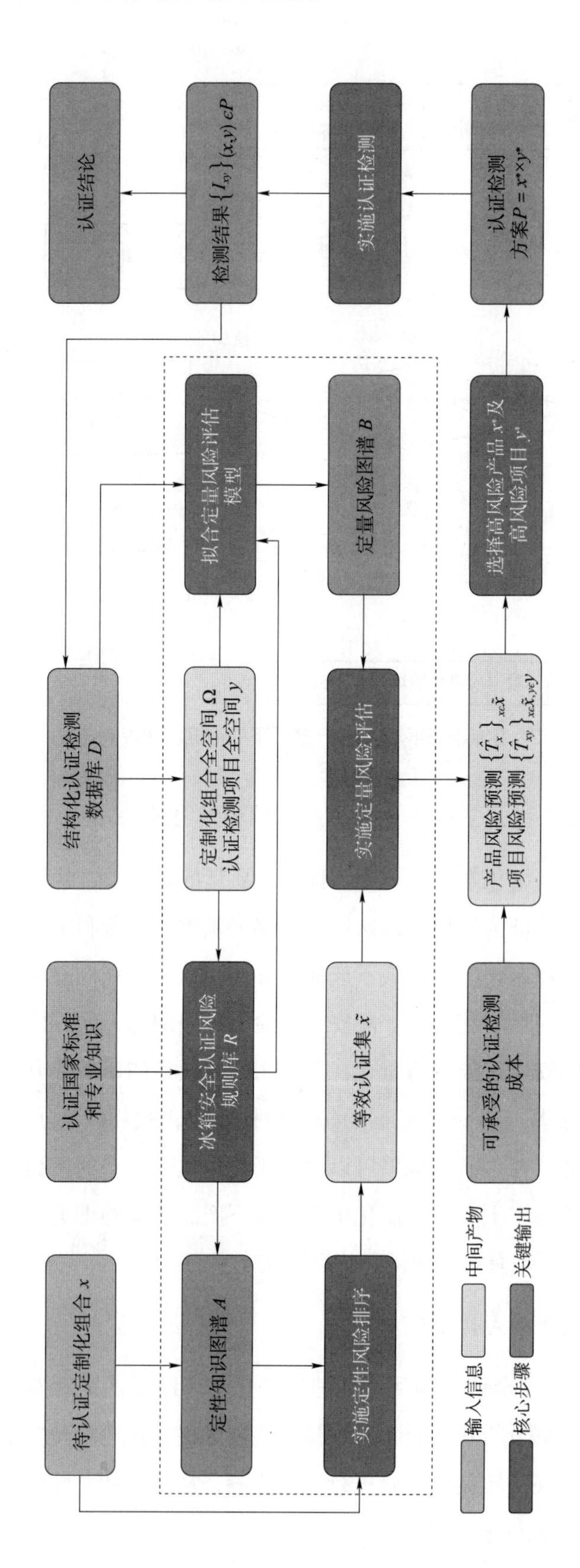

图 8-21 定制化生产模式下认证流程图

（七）定制化生产模式认证方法

定制化生产模式的认证方法见表 8-1。

表 8-1 定制化生产模式的认证方法

认证要求类型	认证条款	认证方法	备注
定制化平台	组织要求	专家评审、材料证明	
	平台要求	专家评审、材料证明	
定制化设计	通用要求	专家评审	
	模块化设计	专家评审、材料证明	
	众创设计	专家评审、材料证明	
	专属定制设计	专家评审、材料证明	
	工程配置器	专家评审、材料证明	
	销售配置器	专家评审、材料证明	
	产品数字化定义	专家评审、材料证明	
	产品数字化样机	专家评审、材料证明	
	产品虚拟仿真	专家评审、材料证明	
	设计可行性	专家评审	
	外部个性化系统要求	专家评审	
数字化车间	智能化程度	专家评审	
	联网与数据采集	材料证明	
	专家知识库、标准作业指导	材料证明	
	生产资源联网情况	专家评审、材料证明	
	工业网络	专家评审	
	数据传输实时性	专家评审、必要的测试	
	数据管理	材料证明	
	数据字典	专家评审、材料证明	
	计划排产	专家评审	
	排产效率	专家评审、必要的测试	
	生产监控系统与可视化信息系统	专家评审	
	生产过程质量数据和产品质检数据	专家评审、材料证明	
	预警、评估	专家评审、材料证明	
	正向、反向追溯	专家评审、材料证明、必要的测试	
	质量判定与评价体系	专家评审、材料证明	
	质量改进策略	专家评审、材料证明	

续表

认证要求类型	认证条款	认证方法	备注
数字化车间	物流管理系统	专家评审、必要的测试	
	库存管理	专家评审、材料证明、必要的测试	
	设备维修维护	专家评审	
智能化实验室	联网与数据采集	专家评审、材料证明	
	数据接口	材料证明	
	样品及辅助设备联网	材料证明、必要的测试	
	实验室信息管理系统	—	

“互联网＋认证”使传统行业的认证因为互联网技术的使用变得更加便捷、科学和有效，极大方便了各利益相关方，同时创新发展了新兴产业和生产模式下的认证模式，丰富了认证工具箱，助推产业的发展，能真正发挥认证传递信任的价值和作用。

参考文献

［1］中国互联网络信息中心 .CNNIC 中国互联网报告发布：新兴技术发展状况［J］. 大数据时代，2019（3）：11-21.

［2］车培谦 . 工业 4.0 中数据分析方法的应用研究［J］. 自动化应用，2018（5）：145-146.

［3］刘颖，王光禹，尹华川，彭丽娟，韩乐 . 基于 TOC 和 CPM 的定制型制造车间生产控制模式［J］. 重庆大学学报，2010（33）：47-53.

［4］高玉珍 . 基于物联网“无人工厂”的研究与探索［J］. 数字技术与应用，2015（10）：160.

［5］谢仁栩，陈丹，徐哲壮，刘兴，刘安国，高佩裕 . 基于物联网的工业定制化生产系统设计［J］. 信息技术与网络安全，2018（37）：72-77.

［6］王志强，杨青海，岳高峰 . 智能制造的基础——工业数据质量及其标准化［J］. 中国标准化，2016（10）：70-74.

［7］陈国权，崔洪海 . 企业实施 CIMS 过程中要全面考虑的管理因素［J］. 中国软科学 . 1999（2）：108-110.

［8］刘锐，杨灵运 . 工业互联网标识解析的行业应用与实践［J］. 中国集体经济，2021（1）：161-163.

［9］余宏，洪如霞，史文津 . 基于大数据的企业主题网络舆情分析系统模型研究［J］. 现代计算机，2018（13）：71-75.

［10］梁循，许媛等 . 社会网络背景下的企业舆情研究述评与展望［J］. 管理学报，2017（6）.

［11］梁循，李志宇 . 社会网络大数据下企业舆情建模和管理［M］. 北京：清华大学出版社，2016.

［12］马梅 . 基于大数据的网络舆情分析系统模型研究［D］. 西安电子科技大学，2014.

［13］任文静 . 基于互联网的数字媒体内容舆情分析系统设计与实现［J］. 电子设计工程，2020，28（7）：82-86.

[14] 王鹏举，薛惠锋，张永恒，等. 基于云服务的政府舆情监测平台架构的设计与实现[J]. 电子设计工程，2015，21（6）：78-81.

[15] 孙昊. 大数据技术下的网络舆情分析系统研究[J]. 自动化与仪器仪表，2018，21（8）：85-86.

[16] 陈晓玲，褚汉，许钧儒. 基于情感分析的商品评价模型构建研究[J]. 铜陵学院学报，2018（6）：10-12.

[17] 赵宇晴，阮平南，刘晓燕，单晓红. 基于在线评论的用户满意度评价研究[J]. 管理评论，2020（3）：179-189.

[18] 王浩，黄健青. 商品评价感知有用性影响因素的研究——基于负二项回归模型的实证分析[J]. 现代经济信息，2019（18）：127-130.

[19] 崔永生. 基于文本挖掘的在线评论感知有用性评价及应用研究[D]. 辽宁大学，2018.

[20] 罗淏文，王小琼. 基于区块链的数据验证和网络安全研究[J]. 科技视界，2020（11）：25-26.

[21] 赵俊杰，李思霖，孙博瑞，李梦浩. 浅谈大数据环境下基于python的网络爬虫技术[J]. 中国新通信，2020，22（04）：68.

[22] 吴相科，王成城. “互联网＋”背景下第三方认证转型创新的探索[J]. 质量与认证，2020（01）：65-66.

[23] 李杰秦. 基于Python语言下网络爬虫的技术特点及应用设计[J]. 数字通信世界，2020（01）：209-210.

[24] 李强，高超航，何智，谢京涛. 一种基于区块链的电子签章验证平台设计[J]. 信息安全研究，2019，5（12）：1089-1095.

[25] 张晓薇. 基于区块链的物联网安全认证系统设计与实现[D]. 西南交通大学，2019.